Martin Voigt

Meßpraxis Schutzmaßnahmen DIN VDE 0100

Weitere Bücher in dieser Reihe:

ElektroMeßpraxis,
Martin Voigt

Instandhaltung von elektrischen Anlagen,
Heinz Lapp

Elektrotechnik in Gebäuden,
Alfred R. Kraner

Alarmanlagen,
Bodo Wollny

Photovoltaik
Siegfried Schoedel

Die bestimmungsgerechte Elektro-Installations-Praxis,
Winfried Hoppmann

In Vorbereitung:

Elektrische Heizsysteme,
Heinz-Dieter Fröse

Martin Voigt

Meßpraxis Schutzmaßnahmen DIN VDE 0100

139 Abbildungen und 41 Tabellen

Fachliche Beratung: Heinz Haufe VDE

4., neu bearbeitete und aktualisierte Auflage

Pflaum Verlag München

Die Deutsche Bibliothek – CIP-Einheitsaufnahme

Voigt, Martin:
Messpraxis Schutzmassnahmen DIN VDE 0100 : 41 Tabellen /
Martin Voigt. Fachliche Beratung: Heinz Haufe. – 4., neubearb.
und aktualisierte Aufl. – München : Pflaum, 1994
(Elektro-Praxis)
ISBN 3-7905-0702-4

ISBN 3-7905-0702-4

Gesamtherstellung: Pustet, Regensburg

Inhaltsverzeichnis

Hinweis

Die Schaltungen in diesem Buch werden allein zu Lehr- und Amateurzwecken und ohne Rücksicht auf die Patentlage mitgeteilt. Eine gewerbliche Nutzung darf nur mit Genehmigung des etwaigen Lizenzinhabers erfolgen.
Trotz aller Sorgfalt, mit der die Schaltungen und der Text dieses Buches erarbeitet und vervielfältigt wurden, lassen sich Fehler nicht völlig ausschließen. Es wird deshalb darauf hingewiesen, daß weder der Verlag noch der Autor eine Haftung oder Verantwortung für Folgen welcher Art auch immer übernimmt, die auf etwaige fehlerhafte Angaben zurückzuführen sind. Für die Mitteilung möglicherweise vorhandener Fehler sind Verlag und Autor dankbar.

Vorwort zur 4. Auflage

Mit Inkrafttreten von DIN VDE 0100 Teil 610 »Prüfungen, Erstprüfungen« am 1. April 1994 liegt nunmehr die zweite VDE-Bestimmung vor, welche die Prüfung der Wirksamkeit der Schutzmaßnahmen beinhaltet. Die bisher gültige Norm DIN VDE 0100 Teil 600 ist zurückgezogen. Auch die neue Bestimmung Teil 610 stützt sich auf DIN VDE 0100 Teil 410 »Schutz gegen gefährliche Körperströme« – im weiteren Text immer mit »Schutzmaßnahmen« bezeichnet – die für Netze bis 1000 Volt gültige VDE-Bestimmung.
Die wichtigste Frage für den Praktiker wird nun sein: Was ist neu, was hat sich geändert? Es gibt nur wenige meßtechnisch relevante sachliche Änderungen:
– Die Wirksamkeit des Potentialausgleichs muß durch Messen festgestellt werden. Siehe hierzu Kapitel 7: Die »Niederohmmessung«.
– Bei der Isolationsmessung genügt eine gemeinsame Messung aller Außenleiter plus Neutralleiter gegen Erde.
– Auch der Isolationswiderstand von Schalterleitungen muß gemessen werden.
Die nunmehr in der 4. Auflage vorliegende »Meßpraxis Schutzmaßnahmen DIN VDE 0100« will dem Praktiker eine Hilfe sein bei den Messungen, die zur Beurteilung der Wirksamkeit von Schutzmaßnahmen gemäß DIN VDE 0100 erforderlich sind. Ziel und Zweck dieses Werkes soll sein:
1. Erläuterung der Messungen und praxisgerechte Darstellung, wie sie einfach durchgeführt werden können.
2. Die detaillierte Beschreibung der Meßkreise.
3. Praxisnahe meßtechnische Hinweise zu geben, damit auch der meßtechnisch weniger Geübte schnell und sicher prüfen kann.

Zum Verständnis des gesamten Textes ist die Kenntnis der Netz-Systeme unabdingbar. Die Tabelle A auf den folgenden Seiten zeigt die drei möglichen Systeme, mit denen Netze betrieben werden können. Die daran anschließende Tabelle B zeigt die den unterschiedlichen Systemen zugeordneten Schutzmaßnahmen (siehe DIN VDE 0100 Teil 410, Abschnitt 6 und Anhang A).
Das große Interesse an der »Meßpraxis« führte innerhalb weniger Jahre zu der vorliegenden 4. Auflage. Eine vollständige Überarbeitung und Aktualisierung wurde nicht nur durch die zu Anfang zitierte Norm DIN VDE 0100 Teil 610 notwendig, sondern auch durch den neu gefaßten Teil von DIN VDE 0701/5.93 sowie die neue Norm DIN VDE 0702 für die Wiederholungsprüfung elektrischer Betriebsmittel. Zudem wurde der aktuelle Stand der Prüfgeräte-Technik berücksichtigt.
Besonderen Dank allen, die mir durch wertvolle Hinweise geholfen haben, das Werk zu ergänzen und damit noch praxisgerechter zu gestalten.

Martin Voigt

Tabelle A: Systeme

1. Buchstabe: Erdungsverhältnisse der Stromquelle		2. Buchstabe: Erdungsverhältnisse der Körper der Anlage	
T	Ein Punkt ist geerdet (Betriebserder) – im allgem. der Transformator-Sternpunkt	T	Körper sind direkt geerdet
I	Isolierung aller aktiven Teile (oder Erdverbindung über eine Impedanz)	N	Körper sind mit dem Betriebserder verbunden
Weitere Buchstaben: Anordnung des Neutralleiters und des Schutzleiters im TN-System			
S	getrennte Neutralleiter- und Schutzleiterfunktion (N und PE)		
C	kombinierte Neutralleiter- und Schutzleiterfunktion im PEN-Leiter		
Hieraus ergeben sich die dargestellten Systeme:			
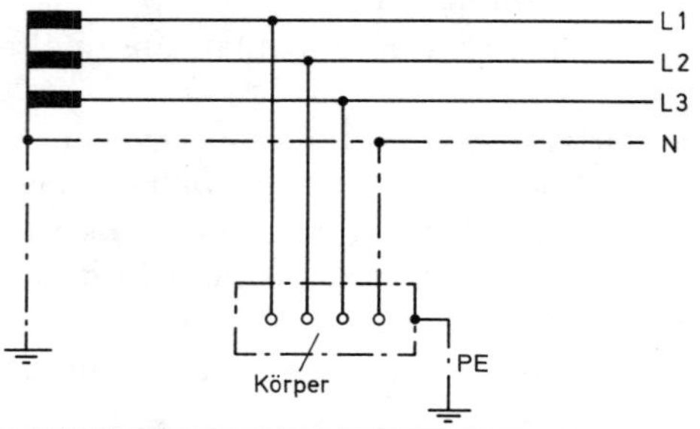 L1, L2, L3, N, PE, Körper		TT-System Stromquelle geerdet. Körper sind vom Betriebserder getrennt geerdet.	
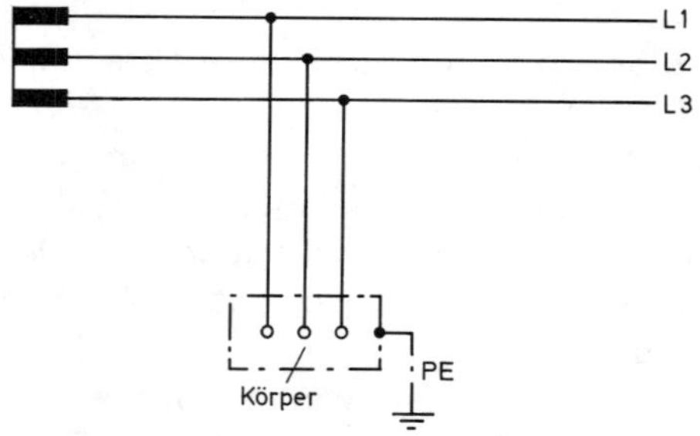 L1, L2, L3, PE, Körper		IT-System Stromquelle nicht geerdet. Körper sind einzeln oder in Gruppen geerdet.	
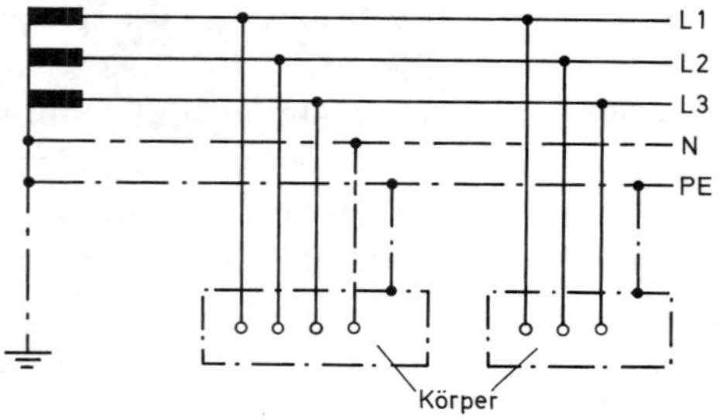 L1, L2, L3, N, PE, Körper		TN-S-System Körper sind mit dem Betriebserder verbunden. Neutralleiter und Schutzleiter im gesamten System getrennt.	

Tabelle A: Fortsetzung

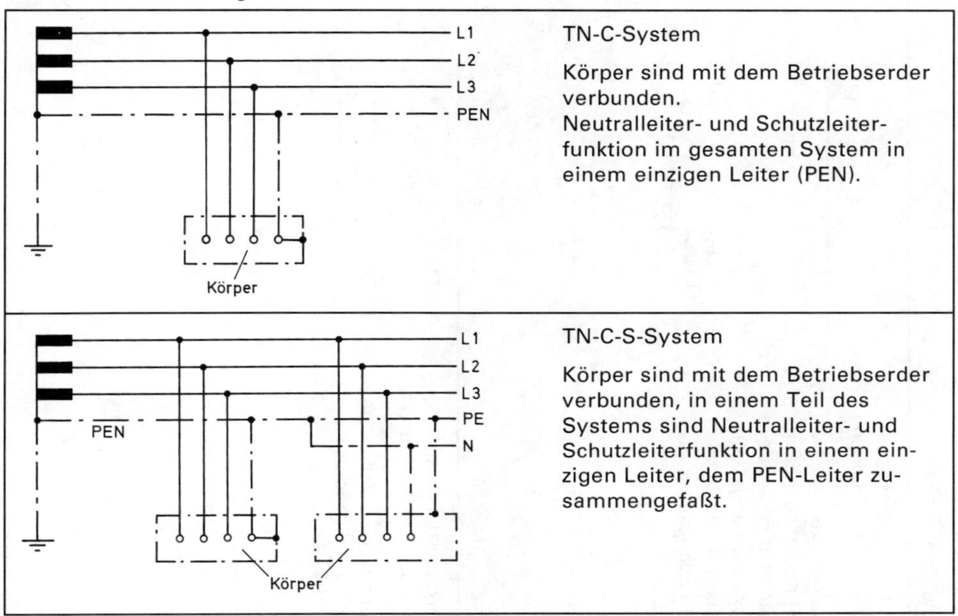

TN-C-System

Körper sind mit dem Betriebserder verbunden.
Neutralleiter- und Schutzleiterfunktion im gesamten System in einem einzigen Leiter (PEN).

TN-C-S-System

Körper sind mit dem Betriebserder verbunden, in einem Teil des Systems sind Neutralleiter- und Schutzleiterfunktion in einem einzigen Leiter, dem PEN-Leiter zusammengefaßt.

Für alle Systeme gilt:
Die Grenze für die dauernd zulässige Berührungsspannung beträgt bei Wechselspannung U_L = 50 V, bei Gleichspannung U_L = 120 V. Für besondere Anwendungsfälle werden ggf. niedrigere Werte gefordert (z. B. 25 V~ oder 60 V=).

Tabelle B: Übersicht über die Schutzmaßnahmen

Schutzmaßnahmen ohne Schutzleiter

Schutzkleinspannung Kleinspannungsstromkreis über 25 V~ bis max. 50 V~: Schutz gegen direktes Berühren erforderlich. Sicherheitstransformator gemäß DIN VDE 0551	Funktionskleinspannung mit sicherer Trennung Bedingungen wie bei Schutzkleinspannung, aber Verbindung des Kleinspannungsstromkreises mit Erde oder dem Schutzleiter zulässig.
Schutztrennung Trenntransformator gem. DIN VDE 0550 bzw. DIN VDE 0551 oder Motorgenerator gemäß DIN VDE 0530 Ortsveränderliche Trenntransformatoren müssen kurzschlußfest oder bedingt kurzschlußfest sein.	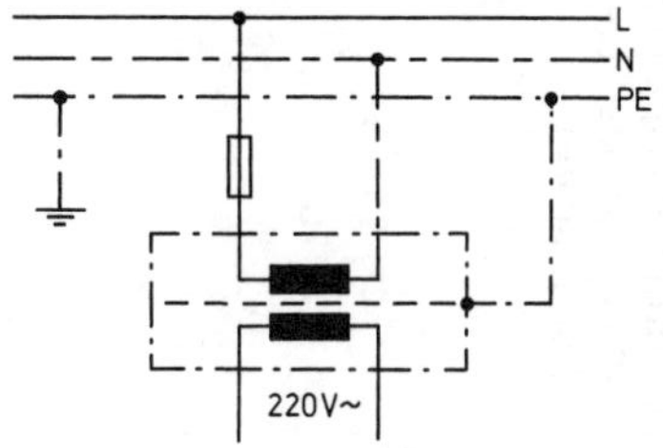
Schutzisolierung Betriebsmittel der Schutzklasse II nach DIN VDE 0106 Teil 1 oder gleichwertige Isolierung.	Funktionskleinspannung ohne sichere Trennung Wenn sichere Trennung nicht möglich ist, sind die Körper der mit Kleinspannung betriebenen Verbraucher mit dem Schutzleiter des Primärstromkreises zu verbinden.

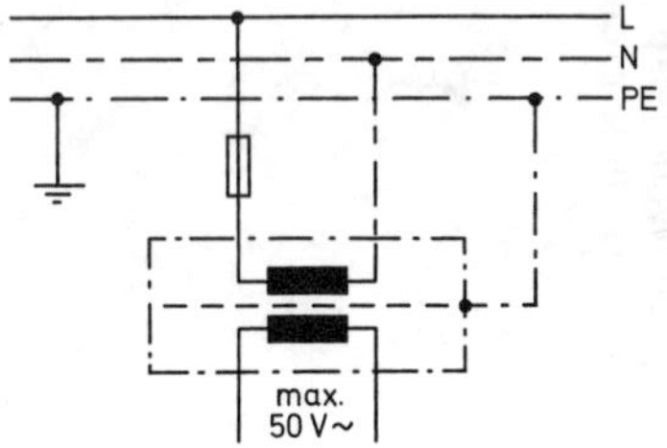

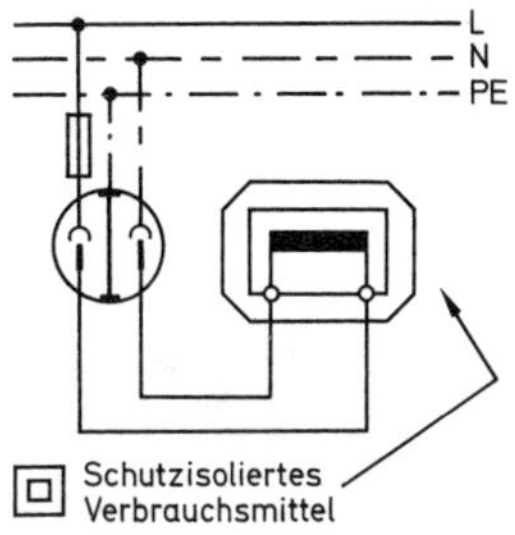

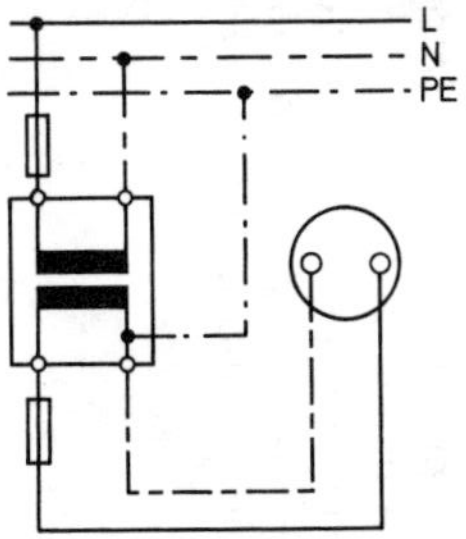

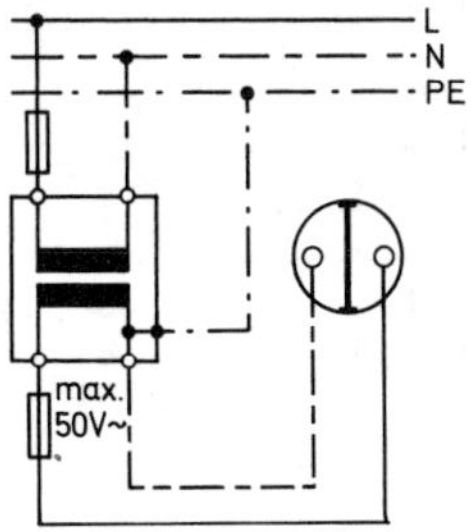

Tabelle B: Fortsetzung

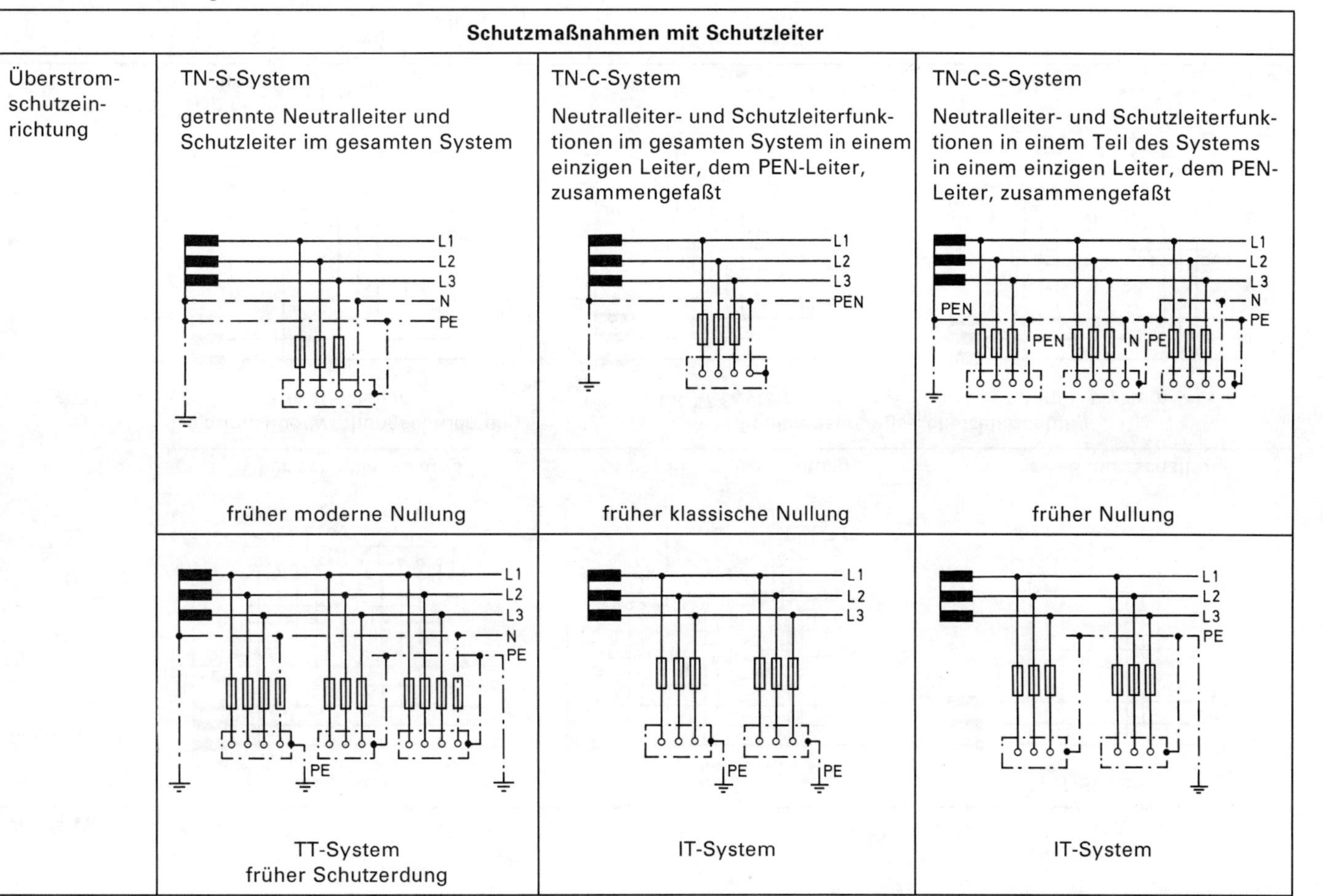

Schutzmaßnahmen mit Schutzleiter			
Überstrom-schutzein-richtung	TN-S-System getrennte Neutralleiter und Schutzleiter im gesamten System früher moderne Nullung	TN-C-System Neutralleiter- und Schutzleiterfunktionen im gesamten System in einem einzigen Leiter, dem PEN-Leiter, zusammengefaßt früher klassische Nullung	TN-C-S-System Neutralleiter- und Schutzleiterfunktionen in einem Teil des Systems in einem einzigen Leiter, dem PEN-Leiter, zusammengefaßt früher Nullung
	TT-System früher Schutzerdung	IT-System	IT-System

Tabelle B: Fortsetzung

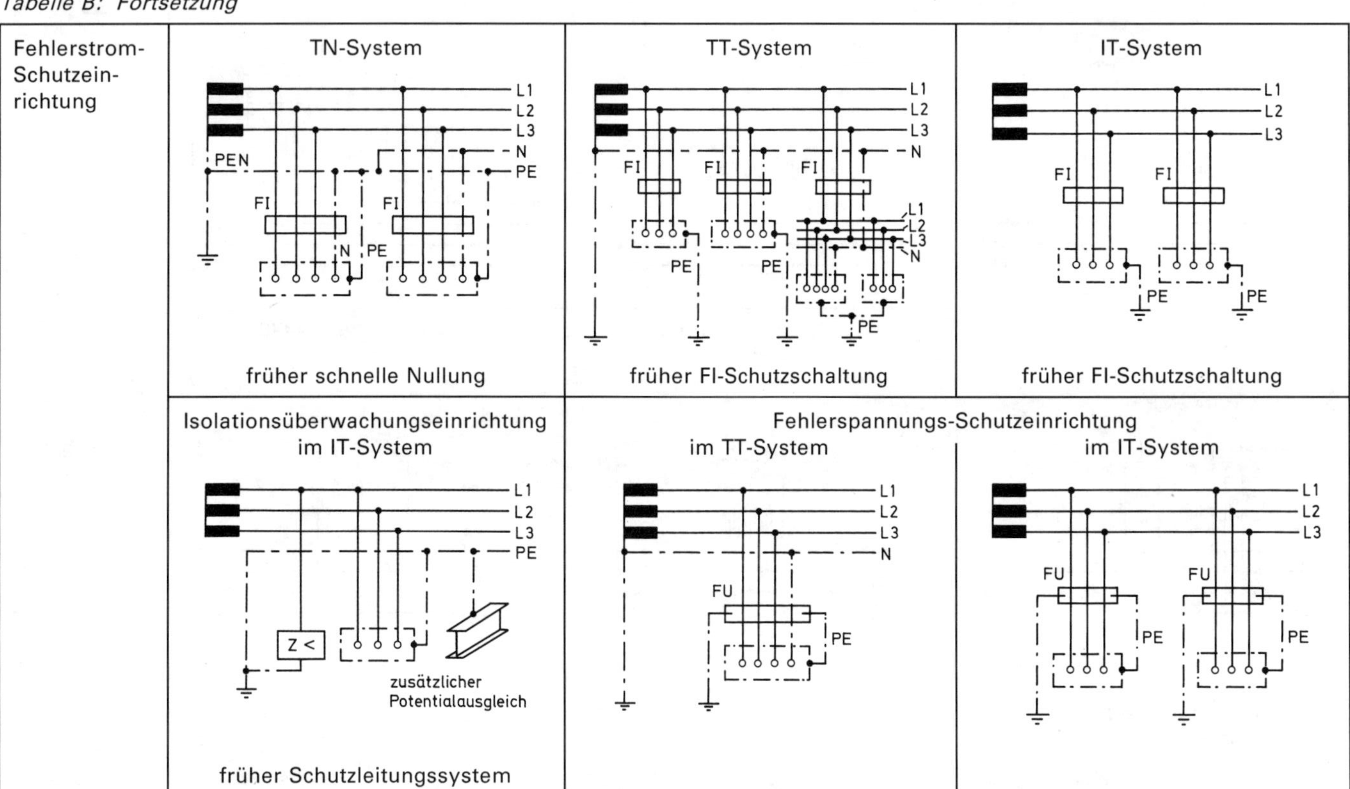

Einleitung

Heinz Haufe VDE

Der Personenkreis, der nahezu täglich im beruflichen und privaten Bereich mit elektrischer Energie Umgang hat, umfaßt inzwischen die gesamte Bevölkerung. Die Anwendungsgebiete wachsen in atemberaubendem Tempo immer weiter, der Elektroinstallateur muß in großen und schwierigen elektrischen Anlagen Eingriffe durchführen und Fehler suchen. Der Mangel an gut ausgebildeten Elektrofachkräften fordert insbesondere von der jungen Generation hohe Anforderungen, die nur erfolgreich zu meistern sind, wenn die noch fehlende Erfahrung durch Weiterbildungsmaßnahmen ersetzt wird. Der Elektroinstallateur ist auf ein umfangreiches Wissen über die mit der Anwendung elektrischer Energie verbundenen Gefahren angewiesen, um die sichere Errichtung, Wartung und Reparatur von elektrischen Anlagen zu gewährleisten.

Verantwortlichkeiten

Im Rahmen seiner Verantwortlichkeit muß der Elektroinstallateur über den neuesten Stand der »allgemein anerkannten Regeln der Technik« informiert sein.
Abweichungen von den »allgemein anerkannten Regeln der Technik« sind zulässig, wenn die »Sicherheit auf andere Weise« gewährleistet ist. Dies erfordert Erfahrung und Abschätzung des möglichen Risikos. Der Elektroinstallateur ist im Zweifel allerdings beweispflichtig.
Soweit Anlagen auf Grund von Regelungen der Europäischen Gemeinschaften dem in der »Gemeinschaft gegebenen Standard der Sicherheitstechnik« entsprechen müssen, ist dieser maßgebend. Die Einhaltung der »allgemein anerkannten Regeln der Technik« oder des in der »Europäischen Gemeinschaft gegebenen Standes der Sicherheitstechnik« wird vermutet, wenn die technischen Regeln des Verbandes Deutscher Elektrotechniker (VDE) beachtet worden sind.
Für die ordnungsgemäße Errichtung, Erweiterung, Änderung und Unterhaltung der elektrischen Anlage ist zwar der Anschlußnehmer verantwortlich, er wird jedoch in der Regel als Auftraggeber die fachliche Verantwortung (stillschweigend) auf den Elektroinstallateur (als Auftragnehmer) delegieren. Damit ist der Auftraggeber seiner Sorgfaltspflicht nachgekommen.
Bei der Ausführung von Aufträgen für Kunden, die Mitglied einer Berufsgenossenschaft sind, ist der Elektroinstallateur weiterhin verpflichtet, die maßgeblichen Unfallverhütungsvorschriften sowie die allgemein anerkannten sicherheitstechnischen und arbeitsmedizinischen Regeln zu beachten. Bei Nichtbeachtung dieser Regeln sind Schadensersatzansprüche wegen sich daraus ergebender Folgen kaum vermeidbar.
Wird der Unternehmer im Elektroinstallateurhandwerk in einen Personen- oder Sachschadensprozeß verwickelt, muß er im Rahmen des sogenannten Ent-

lastungsbeweises nachweisen, daß er sowohl organisatorisch als auch fachlich seinen Sorgfaltspflichten nachgekommen ist. Zu den Sorgfaltspflichten gehört u. a. der Nachweis, daß der Unternehmer selbst und seine verantwortlichen Mitarbeiter befähigt sind, die errichteten elektrischen Anlagen entsprechend den zutreffenden sicherheitstechnischen Festlegungen vor der ersten Inbetriebnahme der geforderten Prüfung zu unterziehen.
Gerade unter dem Gesichtspunkt der erschwerten Beweislage sind für den Unternehmer und seine Mitarbeiter Weiterbildungsmaßnahmen dringend notwendig.
Für elektrische Anlagen, die er in Betrieb gesetzt hat, zeichnet er allein verantwortlich. Um seine Verantwortung abzusichern, ist es unerläßlich, daß die durchgeführte Prüfung mit den entsprechenden Meß- und Prüfgeräten in einem Prüfprotokoll festgehalten wird. Kommt der Elektroinstallateur seiner Prüfpflicht nachweislich nicht nach, ist er allein schadensersatzpflichtig, wenn durch die elektrische Anlage – die nicht ordnungsgemäß in Betrieb genommen wurde – Personen und Sachschäden entstehen! Unabhängig davon kann der Auftraggeber wegen Nichterfüllung des Werkvertrages die Bezahlung der Rechnung verweigern bzw. einen Teil des Rechnungsbetrages einbehalten.
Eine elektrische Anlage soll nicht nur funktionsfähig sein, sie muß auch die notwendige Sicherheit bieten. In Sicherheitsnormen, z. B. in DIN VDE 0100 Teil 610, ist beschrieben, wie die Einhaltung der sicherheitstechnischen Anforderungen für das Errichten von elektrischen Anlagen vollständig und eindeutig geprüft werden kann.

Änderungen und Erweiterungen

Für neu errichtete, veränderte oder erweiterte elektrische Anlagen ist nachzuweisen, daß die zutreffenden Rechtsvorschriften und/oder weitere sicherheitstechnische Regeln (z. B. VDE-Bestimmungen) eingehalten sind.
Dies gilt nicht für die in elektrischen Anlagen eingebauten Betriebsmittel und fabrikfertige Baueinheiten, die vom Hersteller bereits den vorgeschriebenen Prüfungen unterzogen worden sind.
Der Nachweis braucht bei Änderungen oder Erweiterungen von elektrischen Anlagen nur für den geänderten oder erweiterten Teil durchgeführt zu werden. Bereits bestehende elektrische Anlagen sind nur dann in die Prüfung einzubeziehen, wenn die Änderung oder Erweiterung nachteilige Auswirkungen auf die bestehende elektrische Anlage hat. Schließlich hat die bestehende elektrische Anlage doch vor der Erweiterung bzw. Änderung ordnungsgemäß funktioniert, für ihre vorschriftsmäßige Errichtung war doch der Errichter der bestehenden elektrischen Anlage verantwortlich.
Die Erfahrung lehrt allerdings, welch unangenehme Überraschungen zu erwarten sind, wenn man einer älteren elektrischen Anlage auf den Zahn fühlt.
Dazu ist folgendes festzustellen:

> Der mit der Erweiterung der Änderung beauftragte Elektroinstallateur hat die Verantwortung für die vorschriftsmäßige Ausführung und Funktion dieses von ihm errichteten Teils der elektrischen Anlage. Dieses neue Anlagenteil kann nur

vorschriftsmäßig funktionieren, wenn der zur Versorgung mitbenutzte Teil der bestehenden elektrischen Anlage auch unter den neuen Bedingungen vorschriftsmäßig funktioniert.
Der Errichter des erweiterten oder geänderten Teils einer bestehenden elektrischen Anlage trägt nicht nur die Verantwortung für den vorschriftsmäßigen Zustand dieses von ihm erweiterten oder geänderten Teils, sondern auch dafür, daß durch die Erweiterung oder Änderung keine unzulässigen Folgen, d.h. unvorschriftsmäßige Zustände, in dem bereits bestehenden Teil der elektrischen Anlage auftreten.
Der die Erweiterung oder Änderung durchführende Elektroinstallateur muß sich, um die Verantwortung übernehmen zu können, eine fachlich fundierte Meinung über den Zustand der bestehenden elektrischen Anlage verschaffen. Nur er als »verantwortliche Elektrofachkraft« ist in der Lage, dies zu beurteilen, denn nur er muß die elektrotechnischen Regeln kennen!

Anpassung an neue Normen

Im allgemeinen liegt ein Mangel nicht vor, wenn beim Erscheinen neuer elektrotechnischer Regeln an neue elektrische Anlagen oder Betriebsmittel andere Anforderungen gestellt werden. Eine Anpassung bestehender elektrischer Anlagen und Betriebsmittel ist vielmehr dem Grundsatz nach nur erforderlich, wenn dies in der neuen elektrotechnischen Regel ausdrücklich gefordert wird. Für die Anpassung einer bestehenden elektrischen Anlage an neue elektrotechnische Regeln ist der jeweilige Sicherheitsgrad maßgebend. In Einzelfällen können Anpassungsmaßnahmen bei akuten Gefahren oder aufgrund von begründeten Forderungen, z.B. der Berufsgenossenschaften oder Sachversicherer, erforderlich werden.
»Anpassen« bedeutet, daß bestehende elektrische Anlagen und Betriebsmittel so zu ändern sind, daß sie den Anforderungen neuer elektrotechnischer Regeln entsprechen, auch wenn der augenscheinliche Zustand noch »ordnungsgemäß« ist. Dieser »alte ordnungsgemäße Zustand« wird durch die Anpassungsforderung aufgehoben, und an seine Stelle tritt der »neue ordnungsgemäße Zustand«, der in der neuen elektrotechnischen Regel beschrieben ist, die die Anpassung fordert. Die Anpassung einer bestehenden elektrischen Anlage ist z.B. bei einer VDE-Bestimmung unter der Überschrift »Beginn der Gültigkeit« oder an anderer geeigneter Stelle in positiver Aussage angegeben. Es ist also nur dann eine Anpassung zu finden, wenn angepaßt werden muß. Die Forderung einer Anpassung geschieht nur in sehr seltenen Fällen, wobei die Notwendigkeit einer Anpassung sehr sorgfältig geprüft wird.

Wiederholungsprüfungen

Es hat sich in der Praxis gezeigt, daß sich trotz bester Konstruktion des Materials, gewissenhafte Installation durch Elektrofachkräfte und Prüfung vor erstmaliger Inbetriebnahme der elektrischen Anlage Fehler einstellen können, die in der Lage sind, lebens- und brandgefährliche Zustände zu schaffen. Sie sind die Folgen von Alterung bei Gebrauch – jedoch leider oft Mißbrauch – der Anlagenteile. Deshalb

sind auch Wiederholungsprüfungen unabdingbar, sie gehören zu den Sorgfaltspflichten des Benutzers der elektrischen Anlage.
Die Unfallverhütungsvorschrift VBG 4 fordert vom Unternehmer (Betreiber), daß elektrische Anlagen und Betriebsmittel vor der ersten Inbetriebnahme und in bestimmten Zeitabständen auf ihren ordnungsgemäßen Zustand geprüft werden. Diese Forderung ist erfüllt, wenn dem Unternehmer vom Hersteller oder Errichter der elektrischen Anlage bestätigt wird (Prüfprotokoll!), daß die elektrische Anlage und Betriebsmittel der zutreffenden Unfallverhütungsvorschrift entsprechend beschaffen sind. Die Bestätigung des Herstellers oder Errichters der elektrischen Anlage bezieht sich auf betriebsfertig installierte oder angeschlossene elektrische Anlagen, Betriebsmittel und sonstige Ausrüstungen, da insbesondere die Umgebungs- und Einsatzbedingungen mit beurteilt werden müssen.
Als Prüffristen für Wiederholungsprüfungen sind bei normalen Betriebs- und Umgebungsbedingungen für elektrische Anlagen und ortsfeste Betriebsmittel vier Jahre als Richtwert genannt. Fehlerstrom- und Fehlerspannungs-Schutzeinrichtungen sollen auf einwandfreie Funktion durch Betätigen der Prüfeinrichtung bei stationären Anlagen mindestens alle sechs Monate geprüft werden.
Die Prüfung von elektrischen Anlagen hat nach DIN VDE 0100 Teil 610 stattzufinden. Gegenüber den alten Festlegungen in DIN VDE 0100g/07.76 § 22 (nur Prüfungen der Schutzmaßnahmen bei indirektem Berühren) wurde der Prüfungsumfang wesentlich erweitert und – was eigentlich schon immer erforderlich war – umfaßt jetzt auch die Kontrolle der verwendeten Betriebsmittel über die Eignung am Einbauort und die richtige Montage. Durch Erproben müssen jetzt auch Schutz- und Sicherheitseinrichtungen sowie Melde- und Anzeigeeinrichtungen auf ordnungsgemäße Funktion geprüft werden. Es sind hier sowohl die begleitenden Prüfungen des Errichters während der Erstellung der elektrischen Anlage gemeint als auch die Schlußprüfung vor der erstmaligen Inbetriebnahme.
Die Prüfung besteht aus Besichtigen, Erproben und Messen, wobei die Reihenfolge die Wichtigkeit der einzelnen Prüfungsteile deutlich macht. Nur wenn eine Beurteilung des sicherheitstechnischen Zustands der elektrischen Anlage oder des Betriebsmittels durch Besichtigen oder Erproben nicht möglich ist, muß gemessen werden. Messungen sind insbesondere für den »Schutz gegen gefährliche Körperströme« erforderlich. Somit kommt dem Messen eine wesentliche Bedeutung zu. Durch Einsatz und fachgerechtes Bedienen von speziellen Prüfgeräten soll der Ist-Zustand ermittelt werden. Hierzu gehören Kenntnisse und Erfahrungen in der Meßtechnik, die über ein Grundwissen weit hinaus gehen. Die Organisationen der Elektrohandwerke und ihre Fachschulen bieten entsprechende Seminare an, die die notwendigen meßtechnischen Kenntnisse vermitteln.

Problem der Kurzschlußstrom-Messung

Ein typisches Problem sei hier genannt: die Bestimmung des Kurzschlußstromes. Die meßtechnische Erfassung des Kurzschlußstromes ist unter Laborbedingungen durchaus möglich, in der Praxis vor Ort jedoch kaum durchführbar. Es ist dabei der größte und der kleinste Kurzschlußstrom interessant. Der kleinste Kurzschluß-

strom ist in geerdeten Netzen von Bedeutung für die Abschaltung vor Erreichen einer unzulässigen Leitertemperatur. Hier sind die Schleifen Außenleiter–PEN-Leiter, Außenleiter–Neutralleiter, Außenleiter–Außenleiter maßgebend. Der größte Kurzschlußstrom ist von Bedeutung für das Ausschaltvermögen. Hierbei ist jedoch die Feststellung der Schleifenimpedanz nicht ausreichend, da noch andere Sachverhalte eine Rolle spielen (z. B. 1-, 2- oder 3-polige Kurzschlußstrom). Übliche Schleifenwiderstandsmeßgeräte werden dem nicht gerecht. Messungen, die den größten Kurzschlußstrom ermitteln können, werden bisher allenfalls in Hochleistungsprüffeldern vorgenommen und sind für den Elektroinstallateur nicht durchführbar. Da somit bezüglich des »Schutzes bei Kurzschluß« nur ein Teilaspekt berücksichtigt werden kann, ist die Besichtigung nach Abschnitt 5.6.1.1.1 in DIN VDE 0100 Teil 610 ausreichend.
Es bleibt also für die Fehlerschleife nur noch die Messung hinsichtlich des Schutzes »bei indirektem Berühren« mit den Fehlerschleifen Außenleiter–PEN-Leiter, Außenleiter–Schutzleiter übrig.
Der Aufbau des Buches ermöglicht dem Praktiker ein rasches Auffinden von kurzgefaßten Antworten auf seine Fragen. Basis dieses Nachschlagewerkes sind jahrzehntelange Erfahrungen des Autors bei der Lösung meßtechnischer Aufgabenstellungen und der praxisbezogene Dialog mit dem Elektroinstallateurhandwerk bei vielen Vortrags- und Seminarveranstaltungen.

Heinz Haufe VDE, Elektromeister
Bundesbeauftragter für Technik
im ZVEH

1 Besichtigen – Erproben und Messen

Besichtigen – Erproben und Messen, das ist die Reihenfolge, die in DIN VDE 0100 Teil 610 eindeutig vorgegeben ist. Diese Bestimmung mit dem Untertitel »Erstprüfungen« faßt die in einigen anderen Teilen in DIN VDE 0100 zitierten Prüfungen systematisch zusammen. Hier seien besonders Teil 410 »Schutzmaßnahmen«, sowie Teil 540 »Potentialausgleich und Erdung« erwähnt.
Wenngleich sich die vorliegende »Meßpraxis« mit dem Prüfgeschehen »Messen« befaßt, muß eingangs deutlich auf die Wichtigkeit der *Besichtigung* und der *Erprobung* hingewiesen werden. Für den Praktiker ist die Besichtigung der wichtigste Teil der Prüfung überhaupt. In der Tat ist die Inaugenscheinnahme der Installation selbst, sowie der ihr zugehörenden Dokumentation das Wichtigste, was von dem Prüfenden zu tun ist. Bei der Besichtigung offenbaren sich Fehler, und zwar sukzessive im Zuge des Baugeschehens auf einfachste Weise: Der Elektrofachmann *sieht* die Fehler! Voll zu Recht räumt DIN VDE 0100 Teil 610 der Besichtigung den weitaus wichtigsten Platz ein.
Unter *Erprobung* wird das Betätigen von Prüfeinrichtungen zur Funktionsprüfung fest installierter Schutzeinrichtungen verstanden, beispielsweise das Isolationsüberwachungsgerät, der Fehlerstrom-Schutzschalter. Hierzu gehört auch die Prüfung von Schutz- und Sicherheitseinrichtungen, Melde- und Anzeige-Einrichtungen ferngesteuerter Schalter sowie die Prüfung von Drehstrom-Anschlüssen auf Rechtsdrehfeld. Durch die Erprobung wird jedoch nur die *Funktion der Schutzeinrichtungen* festgestellt. Die Erprobung sagt nichts über die *Wirksamkeit der Schutzmaßnahme.*
Die Erprobung darf nicht mit der Funktionskontrolle verwechselt werden. *Funktionskontrolle* ist das Feststellen, ob alle Schaltungen und die angeschlossenen Betriebsmittel im Sinne der Erfordernisse der Installation einwandfrei funktionieren. Die Funktionskontrolle erfolgt erst nach beendeter Prüfung.
Die dritte Arbeit, das *Messen*, wird in dieser »Meßpraxis Schutzmaßnahmen VDE 0100« im einzelnen behandelt. Die Zuordnung der vorgeschriebenen Besichtigungen, Erprobungen und Messungen zu den unterschiedlichen Schutzmaßnahmen ist zur schnellen Übersicht tabellarisch aufgelistet. Dabei ist zu unterscheiden zwischen

- Prüfungen, die für alle Elektroanlagen grundsätzlich gelten, unabhängig von dem vorgegebenen System (Tabelle 1.1),
- Prüfungen der Schutzmaßnahmen ohne Schutzleiter (Tabelle 1.2),
- Prüfungen der Schutzmaßnahmen mit Schutzleiter (Tabelle 1.3).

Neu aufgenommen wurden in DIN VDE 0610 die Prüfung der Spannungspolarität (sind einpolige Schalter im Außenleiter angeordnet?) und – noch in Vorbereitung – die Prüfung von Spannungsfestigkeit, Brandschutz sowie des Spannungsfalls.

Tabelle 1.1: Besichtigen – Erproben – Messen, allgemeine Anforderungen bei allen Schutzmaßnahmen.

Besichtigen	Erproben und	Messen
Betriebsmittel entsprechend Verwendungsort richtig ausgewählt? Kabel, Leitungen und Stromschienen hinsichtlich Belastbarkeit und Spannungsfall richtig ausgewählt? Zusatzfestlegung für besondere Räume, Betriebsstätten und Anlagen berücksichtigt? Äußerlich erkennbare Schäden oder Mängel sichtbar? Isolierung der aktiven Teile vollständig? Schutz durch Abdeckung und Umhüllung zweckentsprechend? Betätigungselemente in der Nähe aktiver Teile: DIN VDE 0106 Teil 100 berücksichtigt? Schutz durch Hindernisse zweckentsprechend? Schutz durch Abstand sichergestellt? Leitungs- und Kabeldurchführungen geschottet? Genügend Abstand von wärmeerzeugenden Betriebsmitteln zu leichtentzündlichen Stoffen? Neutral- und Schutzleiter gekennzeichnet? Richtige Zuordnung der Überstrom-Schutzeinrichtung entsprechend den Leiterquerschnitten? Betriebsmittel können größten Kurzschlußstrom führen und gegebenenfalls unterbrechen? Erforderliche Überwachungseinrichtungen richtig ausgewählt? Leichte Zugänglichkeit zur Bedienung und Wartung? Geforderte Unterlagen, Schaltpläne, Warnhinweise, Betriebsanleitungen und Kennzeichnungen vorhanden?	Isolationsüberwachungsgeräte, Fehlerstrom- oder Fehlerspannungs-Schutzschalter durch Betätigen der Prüftaste. Schutz- und Sicherheitseinrichtungen wie Schutzrelais, Not-Aus-Einrichtungen, Verriegelungen, Sicherheitsbeleuchtung. Melde- und Anzeige-Einrichtungen z. B. von ferngesteuerten Schaltern. Rechtsdrehfeld feststellen. Anordnung von einpoligen Schaltern im Außenleiter prüfen. Funktionsprüfung von Schaltgerätekombinationen, Antrieben, Stelleinrichtungen und Verriegelungen.	Netzspannung. Weitere Messungen entsprechend der angewandten Schutzmaßnahme.

Tabelle 1.2: Schutzmaßnahmen ohne Schutzleiter *(bis Seite 27)*

Schutzmaßnahme	Besichtigen	Erproben und	Messen
Schutzkleinspannung bis max. 50 V~ oder 120 V= (SELV)	Betriebsmittel richtig ausgewählt: Stromquelle nach DIN VDE 0100, Teil 410, Abschnitt 4.1.2 Ortsveränderliche Transformatoren schutzisoliert? Körper nicht absichtlich mit Erde, mit Schutzleiter, nicht untereinander oder mit anderen Stromkreisen verbunden? Sind flexible Leitungen an mechanisch beanspruchten Stellen sichtbar verlegt? Besondere Stecker passen nicht in Dosen für höhere Spannungen und in Steckdosen für Funktionskleinspannung ohne sichere Trennung? Nachweis der sicheren elektrischen Trennung von Stromkreisen mit Schutzkleinspannung zu anderen Stromkreisen? Schutz gegen direktes Berühren sichergestellt, wenn Spannung über 25 V~ oder 60 V= (siehe DIN VDE 106 Teil 101)?	Bei Spannungen von 25 V~ bis 50 V~ bzw. 60 V= bis 120 V=: Isolierung muß einer Prüfspannung von 500 V~ mind. 1 min. standhalten.	Spannungsmessung: Sind die Grenzen der Schutzkleinspannung eingehalten: 50 V~ bzw. 120 V= ? Isolationsmessung: Aktive Stromkreise – gegen Erde – gegen andere Stromkreise
Funktionskleinspannung mit sicherer Trennung (PELV)	Wie bei Schutzkleinspannung.	Wie bei Schutzkleinspannung.	Wie Schutzkleinspannung; eine eventuelle Erdung der Stromkreise ist beim Messen aufzuheben.

Tabelle 1.2: Fortsetzung

Schutzmaß-nahme	Besichtigen	Erproben und	Messen
Funktionsklein-spannung ohne sichere Trennung (FELV)	Wie bei Schutzklein-spannung Entspricht der Schutz gegen direktes Berühren der Spannung des speisenden Netzes?	Wie bei Schutz-kleinspannung.	Isolationswiderstand wie für das spei-sende Netz. Niederohmmessung Körper zu Schutz-leiter bzw. Poten-tialausgleichsleiter des speisenden Netzes.
Schutz-isolierung	Keine Schäden an der Isolierstoff-Umhüllung? Keine Verbindung von leitfähigen Teilen des Be-triebsmittels zum Schutz-leiter? Keine leitfähigen Teile durch die Isolierstoffum-hüllung geführt?	Wie bei den allgemeinen Anforderungen.	Wenn Betriebs-mittel nicht vom Hersteller bereits geprüft sind: Spannungsprüfung 4 kV ~ während 1 min zwischen aktiven Teilen und äußeren Mantel-teilen.
Schutz durch nichtleitende Räume	Körper so angeordnet, daß kein gleichzeitiges Berühren von 2 Körpern oder von einem Körper und einem leitfähigen Teil möglich ist?	Wie bei den allgemeinen Anforderungen.	Bei Verwendung von Betriebsmitteln der Schutzklasse 1: Ableitstrom fremder leitfähiger Teile bei 2000 V ~ Prüfspan-nung max. 1 mA Isolationswiderstand siehe Anm. 6-C »Messen der Widerstände von Fußböden und Wänden.«

Tabelle 1.2: Fortsetzung

Schutzmaß-nahme	Besichtigen	Erproben und	Messen
Schutz-trennung	Stromquelle nach DIN VDE 0100, Teil 410 Abschn. 6.5.1.1? Aktive Teile des Sekundärstromkreises nicht mit anderen Stromkreisen oder mit Erde verbunden? Elektrisch sichere Trennung gegenüber anderen Stromkreisen? Mechanisch beanspruchte flexible Leitungen entsprechen mindestens den Typen HO 7 RN-F bzw. AO 7 RN-F? Keine Kabel oder Leitungen mit Metallmantel verwendet, wenn Stromkreise mit Schutztrennung mit anderen Stromkreisen in gleicher Umhüllung sind? Ist nur ein Verbrauchsmittel angeschlossen wenn bei besonderer Gefährdung der Körper des Verbrauchsmittels mit dem metallisch leitenden Fußboden durch einen besonderen Leiter verbunden ist? Bei mehr als einem Verbrauchsmittel: Körper oder Schutzkontakte von Steckdosen untereinander durch ungeerdete isolierte Potentialausgleichsleitungen verbunden?	Wie bei den allgemeinen Anforderungen.	Isolationswiderstand > 1 MΩ. Bei mehr als einem Verbrauchsmittel: Abschaltung bei Steckdosenstromkreisen in max. 0,2 s, bei anderen Stromkreisen in max. 5 s, im Falle eines Doppelfehlers von verschiedenen Außenleitern mit dem Potentialausgleichsleiter oder damit verbundenen Körpern. Siehe auch Anm. 10-B »Die Fehlerstrom-Schutzeinrichtung im IT-System«.

Tabelle 1.3: Besichtigen – Erproben und Messen bei Schutzmaßnahmen mit Schutzleiter

Schutzmaßnahme	Besichtigen	Erproben	Messen
Alle Schutzmaßnahmen mit Schutzleiter	Schutzleiter, Erdungsleiter und Potentialausgleichsleiter: Mindestquerschnitt? – Richtig verlegt? – Anschluß und Verbindungsstellen gegen Selbstlockern gesichert? Schutzleiter und Außenleiter nicht verwechselt? Schutzleiter und Neutralleiter nicht verwechselt? – Richtig gekennzeichnet? – Anschlußstellen und Trennstellen gem. Vorschrift? Schutzleiter und PEN-Leiter keine Überstromschutzeinrichtungen? – Für sich alleine nicht schaltbar? Entsprechen die Schutzeinrichtungen den Errichtungsnormen?	Allgmeine Anforderungen	Erdungswiderstand R_E Schutzleiterwiderstand R_S Potentialausgleichsleiterwiderstand R_{pot} Isolationswiderstand R_{isol} zwischen – Außenleiter und Erde – Neutralleiter und Erde – den Außenleitern – Außenleiter und Neutralleiter
Schutz durch Überstrom-Schutzeinrichtung im TN-System	Siehe oben und Allgemeine Anforderungen: Besichtigen	Allgemeine Anforderungen	Abschaltstrom I_a durch Messen der Schleifenimpedanz Z_S
Schutz durch Überstrom-Schutzeinrichtung im TT-System	Überstrom-Schutzeinrichtung auch im Neutralleiter vorhanden? Sie schaltet nicht früher als die Überstromschutzeinrichtung der Außenleiter? Durch Planungsunterlagen ist die Abschaltung in max. 0,2 s nachgewiesen?	Allgemeine Anforderungen	Erdungswiderstand $R_A \leq \frac{U_L}{I_a}$ U_L max. zulässige Berührungsspannung I_a Abschaltstrom für Schutzeinrichtung in 5 s

Tabelle 1.3: Fortsetzung

Schutzmaß-nahme	Besichtigen	Erproben und	Messen
Schutz durch Überstrom-Schutzein-richtung im IT-System	Wie Schutz durch Über-strom-Schutzeinrichtung im TN-System.	Isolationsüber-wachungsein-richtung	Widerstand des Potentialausgleichs-leiters Erdungswiderstand
Schutz durch Fehlerstrom-Schutzein-richtung im TN-System	Feststellen, daß $Z_s \leq \frac{U_o}{I_{\Delta n}}$ Z_S = Schleifenimpedanz U_o = Nennspannung $I_{\Delta n}$ = Nennfehlerstrom		Berührungsspan-nung U_B Auslösung bei $\leq I_{\Delta n}$
Schutz durch Fehlerstrom-Schutzein-richtung im TT-System	Feststellen, daß $R_A \cdot I_a \leq U_L$ R_A = Erdungswiderstand I_a = Abschaltstrom für Schutzeinrichtung in 5 sek. U_L = max. zulässige Be-rührungsspannung		Berührungsspan-nung U_B Auslösung bei $\leq I_{\Delta n}$
Schutz durch Fehlerstrom-Schutzein-richtung im IT-System	Wie Schutz durch Fehler-strom-Schutzeinrichtung im TT-System. Feststellen, daß $R_A \cdot I_d \leq U_L$ R_A = Erdungswiderstand I_d = Fehlerstrom beim ersten Fehler zwi-schen einem Außen-leiter und dem Schutzleiter U_L = max. zulässige Be-rührungsspannung	Isolationsüber-wachungs-Ein-richtung falls vorhanden	Siehe Anm. 10-B »Die Fehlerstrom-Schutzeinrichtung im IT-System«

2 Messen und Protokollieren

Nicht alle Fehler sind durch Besichtigung feststellbar. Diese Fehler zu finden und zu orten, ist die primäre Aufgabe von Erprobung und Messung. Als Hilfsmittel für systematisches und konsequentes Vorgehen dient die Protokollierung. Aufgrund der im Prüfprotokoll festgehaltenen Werte kann der Fachmann beurteilen, ob die geprüfte Anlage den anerkannten Regeln der Technik nach ihrem neuesten Stand entspricht. Diese ergeben sich aufgrund der jeweils gültigen Regeln, wie beispielsweise DIN, VDE, VBG 4, 2. D.V. zum Energie-Wirtschaftsgesetz u. a.

2.1 Prüfprotokoll und Übergabebericht

Für die Protokollierung steht der »Übergabebericht und Prüfprotokoll«, herausgegeben vom Zentralverband der Deutschen Elektrohandwerke (ZVEH), zur Verfügung (siehe Seiten 207 ... 209). Dieses für den Praktiker geschaffene Prüfprotokoll beinhaltet eine Checkliste für Besichtigung und Erprobung sowie eine Tabelle zum Eintragen der gemessenen Werte. Im unteren Teil, dem Übergabebericht, wird festgehalten, was den einzelnen Stromkreisen zugeordnet ist. So wird der zum Zeitpunkt der Übergabe vorliegende Umfang der elektrischen Anlage schriftlich fixiert. Die Verantwortung des Errichters ist auf diesen Umfang begrenzt. Dies kann bei Reklamationen oder haftungsrechtlichen Fragen entscheidend sein, insbesondere dann, wenn fehlerhafte Erweiterungen durch Dritte zu Schäden an Personen oder Sachen geführt haben.
Werden erhebliche Mängel einer vorhandenen Anlage durch den Prüfenden festgestellt, beispielsweise anläßlich einer Erweiterung, einer Wiederinbetriebnahme oder einer Wiederholungsprüfung, so müssen diese auf dem Prüfprotokoll aktenkundig gemacht werden. Durch seine Unterschrift unter den Übergabebericht bestätigt der Betreiber, Bauherr oder dessen Vertreter, daß er den Inhalt des Übergabeberichtes zur Kenntnis genommen hat und anerkennt.
Jedoch sei nochmals gesagt: Die Messungen dienen der Sicherheit der elektrischen Anlage. Es gilt, die Anlage im Zuge der Prüfung auf alle Fehler hin »abzuklopfen«. Werden Fehler festgestellt, so sind diese zu beseitigen, und anschließend ist der fehlerfreie Zustand durch eine Messung nachzuweisen. Meßlisten und Prüfprotokolle sind die unentbehrlichen Hilfsmittel hierzu, können aber niemals Selbstzweck sein.
Obwohl moderne Meßgeräte in Bedienung und Ablesung stark vereinfacht werden konnten, sind die Messungen zur Prüfung der Wirksamkeit der Schutzmaßnahmen dem Fachmann vorbehalten. Nur er ist in der Lage, die Meßwerte zu beurteilen und Rückschlüsse auf mögliche Fehler vorzunehmen. Neben den Meßwerten sind auch

die Umgebungsbedingungen der elektrischen Anlage und die Witterungsbedingungen (Erdungsmessung) heranzuziehen. Hierzu bedarf es, und das soll nicht verschwiegen werden, der Erfahrung.

2.2 Altanlagen

Die vorstehende Meßpraxis behandelt die durch Inkrafttreten am 1. 4. 94 von DIN VDE 0100 Teil 610 vorgegebenen Anforderungen für Neuanlagen. Für Anlagen, die vor diesem Zeitpunkt in Betrieb genommen wurden, die sogenannten Altanlagen, gilt für den Zeitraum ab 1. 11. 87 DIN VDE 0100 Teil 600 – mit den gleichen Werten wie jetzt im Teil 610. Für zuvor errichtete Altanlagen gelten die Werte aus VDE 0100 g 7/76 §§ 22 und 23. Die Grenzwerte für die Berührungsspannung von Fehlerstrom- und Fehlerspannungs-Schutzeinrichtungen wurden jedoch zwischenzeitlich von 65 V auf 50 V und (für den Bereich der eingeschränkten Berührungsspannung) von 24 V und 25 V geändert.
Die für diese Altanlagen gültigen Werte enthält die Aufstellung in Tabelle 2.1 »Für Altanlagen zulässige Grenzwerte«.

Tabelle 2.1: Zulässige Grenzwerte gemäß DIN VDE 0100 Teil 610 bzw. Teil 600 und bei Altanlagen gem. VDE 0100 g/7.76

	Werte gemäß VDE 0100 g/7.76 gültig ab 1. 7. 76 für Anlagen die gem. VDE 0100/5.73 *bis 31. 10. 83* errichtet wurden, ggf. mit Übergangsfrist bis 31. 10. 85.	**Werte gemäß DIN VDE 0100 T 600/11.87 und DIN VDE 0100 T 610/04.94** für Anlagen die gem. DIN VDE 0100 T 410/11.83 *ab 1. 11. 83* errichtet sind (Übergangsfrist siehe nebenstehende Spalte)
Isolations-widerstand R_{isol}	§ 23 Mindestisolationswiderstand 1000 Ω je V U_B Bei Nennspannung von 220/380 V: – Außenleiter untereinander 380 KΩ – Jeder Außenleiter gegen Mp-Leiter oder gegen Nulleiter oder gegen Erde 220 KΩ – Abgetrennter Mp-Leiter gegen Erde 220 KΩ Anlagen im Freien und in Naßräumen 500 Ω je V U_B U_B = Betriebsspannung	Abschnitt 5.3 (Abschnitt 9, Teil 600) Mindestisolationswiderstand bei – Nennspannungen bis 500 V 0,5 MΩ Ausnahme: Stromkreise mit Schutzklein-spannung (SELV) oder Funktionsklein-spannung mit sicherer Trennung (PELV) 0,25 MΩ – Nennspannungen $>$ 500 V ÷ 1000 V 1 MΩ
Widerstand von isolierenden Wänden und Fußböden	§ 24 Standortwiderstand bei Nennspannungen bis 500 V ≥ 50 KΩ $>$ 500 V ÷ 1000 V ≥ 100 KΩ	Abschnitt 5.5 (Abschnitt 10, Teil 600) Widerstand bei Nennspannungen bis 500 V~ oder bis 750 V= 50 KΩ $>$ 500 V ÷ 1000 V~ oder $>$ 750 V ÷ 1000 V= 100 KΩ
Erdungs-widerstand R_E bzw. R_A	Tabelle 22-1 *Nr. 2: Schutzerdung* Erdungswiderstand $R_S \leq \frac{65\,V}{I_A}$ I_A = Abschaltstrom *Nr. 3: Nullung* Betriebserdungen $R_B \leq 2\,\Omega$ Ausnahme: Netzausläufer v. Freileitungs-netzen $R_B \leq 5\,\Omega$ *Nr. 4: Schutzleitungssystem* Erdungswiderstand des gesamten Schutz-leitungssystems $R_S \leq 20\,\Omega$ *Nr. 6: FI-Schutzschaltung* $R_E \leq \frac{65\,V\ (bzw.\ 24\,V)}{I_{\Delta n}}$ $I_{\Delta n}$ = Nennfehlerstrom	Abschnitt 5.6.2 (Abschnitt 11, Teil 600) Im TT-System gem. DIN VDE 0100 T 410 Abschnitt 6.1.4.2 Erdungswiderstand der Erder der Körper: $R_A \leq \frac{U_L}{I_a}$ U_L = Maximal dauernd zulässige Berührungs-spannung (50 V~ bzw. 25 V~) I_a = Abschaltstrom der Schutzeinrichtung innerhalb 5 s Bei Fehlerstrom-Schutzeinrichtung der Nennfehlerstrom $I_{\Delta n}$

Tabelle 2.1: Fortsetzung

Fehler-spannung U_F	Tabelle 22-1 *Nr. 5: Fehlerspannung-Schutzschaltung FU* *Nr. 6: Fehlerstrom-Schutzschaltung FI* beim Auslösen durch künstlichen Fehler $U_F \leq 65$ V* bzw. 24 V	DIN VDE 0100 T 410 Abschnitt 6.1.1.4 Max. dauernd zulässige Berührungsspannung bei Wechselspannung: 50 V~ bei Gleichspannung: 120 V= Für besondere Anwendungsfälle (z. B. Nutztierhaltung) gelten 50 % der genannten Werte: 25 V~ bzw. 60 V=
Kurzschluß-strom I_K	*Nr. 3: Nullung* $I_K \geq I_A = K \cdot I_N$ I_A = Abschaltstrom der Überstrom-Schutzeinrichtung I_N = Nennstrom der Überstrom-Schutzeinrichtung k = 2,5 bei HLS-Schaltern bis 25 A, bei Kabel- und Freileitungen, Hausanschlußkästen, Hauptleitungen k = 2,5 bei flinken Schmelzsicherungen, LS-Schaltern bis 25 A und trägen Schmelzsicherungen ab 63 A k = 5 bei trägen Schmelzsicherungen	Tabelle F.1 (Tabelle A 1, Teil 600) Abschaltstrom I_a für Abschaltzeit 0,2 s: Schmelzsicherungen Betriebsklasse gL $I_a \approx 12\,I_n$ LS-Schalter Charakteristik Z $I_a = 3\,I_n$ LS-Schalter Charakteristik B (früher L) $I_a = 5\,I_n$ LS-Schalter Charakteristik C (früher G bzw. U) $I_a = 10\,I_n$ LS-Schalter Charakteristik D $I_a = 20\,I_n$ Leistungsschalter DIN VDE 660 T 104 z. B. mit Charakteristik K $I_a = 15\,I_n$ I_n = Nennstrom der Überstrom-Schutzeinrichtung

* mit der Übernahme der Bestimmungen des Harmonisierungsdokuments (HD) 224 am 1. 5. 78 wurde die zulässige Berührungsspannung von 65 V~ auf 50 V~ gesenkt.

Anmerkung:

Mit Inkrafttreten der Norm DIN VDE 0100 Teil 610/04.94 am 1. April 1994 hat sich im Bezug der Grenzwerte gegenüber der zuvor gültigen Norm DIN VDE 0100 Teil 600 nichts geändert. So sind im rechten Teil der Tabelle in Klammern zusätzlich die zuvor gültigen Abschnitte (Teil 600) angegeben.

3 Das Messen bei der Prüfung von Schutzmaßnahmen

Die häufig geforderten Meßgrößen sind Spannung, Strom, Wirk- und Blindleistung, Leistungsfaktor, Frequenz sowie elektrischer Widerstand, Induktivität und Kapazität. Zum Erfassen dieser zahlreichen Meßgrößen bedient man sich einer Vielzahl von Meßmethoden und sehr unterschiedlicher Meßgeräte, deren Auswahl entsprechend den Gegebenheiten dem Anwender offensteht.
Im Rahmen der Meßaufgaben im Bereich der Elektrotechnik nehmen die Messungen zur Prüfung von Schutzmaßnahmen eine Sonderstellung ein. Eine Übersicht zu diesen Messungen gibt Tabelle 3.1. Sie zeigt die Zuordnung der Messungen zu den einzelnen Schutzmaßnahmen. Im Vorwort in Tabelle B sind die Schutzmaßnahmen, unterteilt nach dem Kriterium mit und ohne Schutzleiter, im Detail dargestellt, die Erläuterungen zu den verschiedenen Netzsystemen sind in Tabelle A des Vorwortes enthalten.
Bei diesen Messungen bedient man sich sehr genau definierter Meßmethoden und dementsprechend gebauter Geräte. Wichtigste Grundlage hierfür ist die Baubestimmung für Prüfgeräte DIN VDE 0413 in ihren verschiedenen Teilen, die im rechten Teil der Tabelle 3.1 angegeben sind.
Wenn die Elektrofachkraft die Wirksamkeit von Schutzmaßnahmen durch Messungen prüft, so muß sie zwingend nach den in DIN VDE 0100 und DIN VDE 0413 angegebenen Meßmethoden und Meßschaltungen vorgehen und sich dabei der dort beschriebenen Geräte bedienen. Nur so kann bei späteren Reklamationen oder Regreßansprüchen der Nachweis geführt werden, daß nach den anerkannten Regeln der Technik gearbeitet wurde. In der Regel sind folgende Messungen erforderlich.

- Isolationswiderstand
- Niederohmiger Widerstand
- Erdungswiderstand
- Schleifenimpedanz bzw. Kurzschlußstrom
- Berührungsspannung
- Auslöseprüfung von Fehlerstrom-Schutzeinrichtungen
- Netzspannung

Hinzu kommt die Prüfung des Drehfeldes an Drehstrom-Steckdosen.
Zu einer zuverlässigen Aussage über den Zustand der zu prüfenden Installation gehört nicht nur die Ermittlung der Meßwerte, sondern auch deren Beurteilung. Die durchzuführenden Messungen lassen sich auf drei Meßschaltungen zurückführen.

DIN VDE 0100 Teil 410 Schutzmaßnahmen Schutz gegen gefährliche Körperströme		DIN VDE 0100 Teil 610 Prüfungen; Erstprüfungen Übersicht der Messungen						
		Messung von	R_{isol}	$R_{\ll}$	Z_S	R_A	$U_{B/Ausl}$	U_o
		Meßgerät gem. DIN VDE 0413 Teil	1	4	3	5/7	6	*
Teil 410 Abschnitt ⇩		Teil 610 Abschnitt ⇨ ⇩	*5.3*		*5.6.3*	*5.6.2*	*5.6.4*	*Tab. 2*
	Schutzmaßnahmen ohne Schutzleiter	5						
4.1	Schutzkleinspannung (SELV)	5.4.1	⊗					⊗
4.3	Funktionskleinspannung (PELV)	5.4.2	⊗	⊗				⊗
6.2	Schutzisolierung	4.2	keine Messung erforderlich					
6.3	Widerstände von isolierenden Fußböden und isolierenden Wänden	5.5	⊗	⊗				
6.5	Schutztrennung	5.4.3	⊗	⊗	⊗			
6.1.2	Durchgängigkeit der Schutzleiter, der Verbindungen des Hauptpotentialausgleichs und des zusätzlichen Potentialausgleichs	5.2		⊗				
6.1.6		5.2		⊗				
	Schutz durch automatische Abschaltung der Stromversorgung	5.6						
	Messungen für alle Systeme	5.6.1.1.3	⊗	⊗		⊗		
6.1.7.1	Überstrom-Schutzeinr. im TN- oder TT-System	5.6.3	⊗					
6.1.7.2	Fehlerstrom-Schutzeinr. im TN- oder TT-System	5.6.4			⊗			
6.1.5	Messungen im IT-System	5.6.1.4	wie TN oder TT je nach Abschaltbedingung					

* nach IEC 51 (Deutsche Norm in Vorbereitung) DIN 43 780 bzw. DIN 43 751. Innenwiderstand 0,7 ... 1 KΩ/V.

Im Mittelteil sind die Schutzmaßnahmen gemäß DIN VDE 0100 Teil 410 aufgeführt. Die linke senkrechte Spalte nennt die zugehörigen Abschnitte aus Teil 410. Der rechte Teil beinhaltet DIN VDE 0100 Teil 610 mit den dort geforderten Messungen. Hier sind in 2 Spalten (siehe Pfeile), eine senkrecht, die andere waagerecht, die Abschnitte aus Teil 610 angegeben. Die Kreise zeigen die Zuordnung der Messungen zu den Schutzmaßnahmen. Unterhalb der Meßgrößen, im gerasterten Feld, ist die Baubestimmung für Prüfgeräte, DIN VDE 0413, in ihren verschiedenen Teilen genannt, nach der das Prüfgerät gebaut sein muß. R_{isol} = Isolationswiderstand (siehe Kapitel 6), $R_{\ll}$ = Niederohmwiderstand (siehe Kapitel 7), Z_S = Schleifenimpedanz (siehe Kapitel 8), R_A = Erdungswiderstand (siehe Kapitel 11), U_B = Berührungsspannung (siehe Kapitel 10), Ausl = Auslöseprüfung (siehe Kapitel 10), U_o = Netzspannung.

1) nur wenn keine Schleifenimpedanzmessung oder FI-Prüfung erfolgt ist – siehe Teil 610, Abschnitt 5.6.1.4.2.2.3 sowie Kasten Kapitel 7.2

3.1 Messen der Spannungsabsenkung bei Belastung

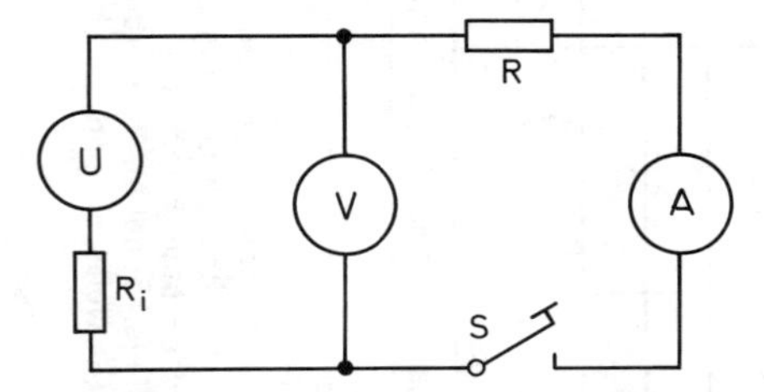

Bild 3.1: Prinzipschaltung zur Messung der Spannungsabsenkung bei Belastung.

Der Spannungsmesser *V* mißt nach Bild 3.1 die Spannung von *U* in unbelastetem Zustand. Nach Schließen des Schalters *S* fließt über den Widerstand *R* ein Strom, der vom Strommesser *A* gemessen wird. Dieser Strom führt zu einem Spannungsfall am Innenwiderstand R_i der Stromquelle *U*. Der Spannungsmesser zeigt einen zweiten Spannungswert an, kleiner als der erste. Die aus beiden errechnete Spannungsdifferenz ΔU läßt auf den Innenwiderstand schließen nach der Beziehung

$$R_i = \frac{\Delta U}{I}$$

Diese Meßschaltung wird eingesetzt bei den Messungen für
- Schleifenimpedanz,
- Netzinnenwiderstand,
- Erdungsmessung in vereinfachter Form ohne Sonde,
- Messung der Berührungsspannung bei Zweileitermessung.

3.2 Messen des Spannungsfalls entlang eines Widerstandes

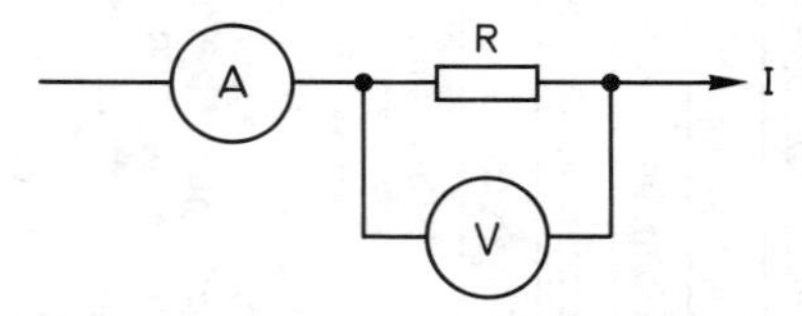

Bild 3.2: Messung des Spannungsfalls an einem stromdurchflossenen Widerstand mit einem hochohmigen Spannungsmesser.

Durch den Widerstand *R* fließt ein über *A* gemessener oder über *A* konstant gehaltener Strom *I* (Bild 3.2). Der Spannungsfall entlang des Widerstandes *R* wird mit einem Spannungsmesser *V* gemessen. Der Spannungsmesser ist so hochohmig, daß der Strom durch den Spannungmesser vernachlässigt werden kann. Aus Strom und Spannung ergibt sich der Widerstand *R* nach dem Ohmschen Gesetz.

$$R = \frac{U}{I}$$

Diese Meßschaltung wird eingesetzt bei den Messungen für
- Erdungswiderstand,
- Niederohmwiderstand der Potentialausgleichsleiter,
- Berührungsspannung bei Verwendung von Fehlerstrom-Schutzeinrichtungen, Meßschaltung mit Sonde.

3.3 Widerstandsmessung mit der Spannungsmesser-Schaltung

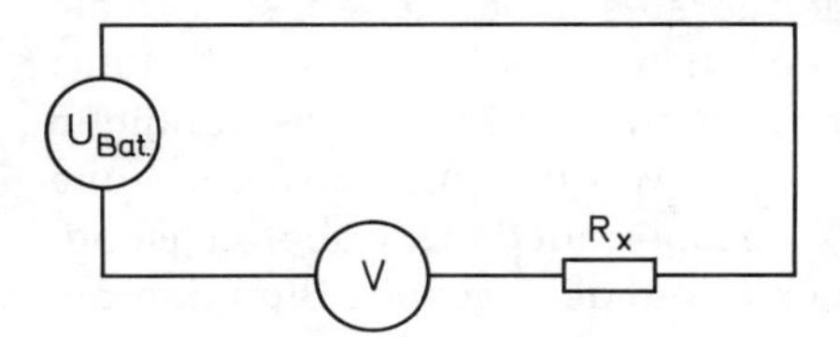

Bild 3.3: Der Spannungsmesser wird hier zur Messung des Widerstandes verwendet.

Dieses Prinzip wird auch in analog anzeigenden Multimetern zur Widerstandsmessung verwendet. R_x dient als einstellbarer Widerstand zum Nullpunkt-Abgleich. Der Spannungsmesser V und der zu messende Widerstand R_x liegen nach Bild 3.3 in Reihe. Beträgt R_x Null Ohm, so zeigt der Spannungsmesser die volle Batteriespannung an und geht auf Endausschlag der Widerstandsskala, der Zeiger zeigt 0 Ohm. Ist der Widerstand R_x unendlich groß, so bleibt der Spannungsmesser ohne Ausschlag, der Zeiger auf der Skala zeigt ∞. Sind Innenwiderstand des Spannungsmessers und R_x gleich groß, so schlägt der Spannungsmesser zur Hälfte aus. Diese Meßschaltung wird bei der Isolationsmessung eingesetzt.

4 Der Gebrauchsfehler und die Beurteilung der Meßwerte

Gilt es, die Eigenschaften eines elektrischen Meßgerätes zu beurteilen, so wird die Frage nach der Genauigkeit gleich zu Anfang gestellt, so wie bei einer Zeituhr: Wie genau geht die Uhr? Wie genau arbeitet das Meßgerät? Da sich die gängigen elektrischen Größen leicht messen lassen, haben wir uns hier an sehr hohe Genauigkeiten gewöhnt; ein Fehler von ± 1,5 % bezogen auf den Meßbereichsendwert (Klasse 1,5) eines analogen Multimeters ist Stand der Technik. Digitalgeräte sind – zumindest bei Gleichstromgrößen – noch wesentlich genauer.
Bei der Messung zur Prüfung der Wirksamkeit von Schutzmaßnahmen gibt nun die Baubestimmung für Prüfgeräte, DIN VDE 0413 – in ihren verschiedenen Teilen – einen Gebrauchsfehler von ± 30 % an. Der Sprung von ± 1,5 % für Multimeter auf ± 30 % für Prüfgeräte ist nicht immer leicht zu vollziehen. Warum sind die Prüfgeräte so ungenau? Hierzu bedarf es einer eingehenden Erklärung. Über die Grenzen der Meßgenauigkeit wird bei der Darstellung der einzelnen Messungen eingegangen. Bei allen Messungen – nicht nur den elektrischen – setzt sich der Gesamtfehler zusammen aus
– dem Fehler des Meßgerätes und
– dem Fehler der Meßmethode.
Aus beiden ergibt sich der Gebrauchsfehler, der für die Messung gilt. Dabei kann der Fehler der Meßmethode wesentlich größer sein als der Fehler des Meßgerätes.
Ein Beispiel zur Erläuterung: Jeder Praktiker weiß, daß der Meßbereich eines Analoganzeigers immer so gewählt werden sollte, daß sich der Zeigerausschlag im letzten Drittel bewegt. Da sich bei analogen Geräten der Fehler grundsätzlich auf den Endausschlag bezieht, kann so die Genauigkeit des Gerätes ausgeschöpft werden.
Die meisten Messungen zur Prüfung der Schutzmaßnahmen führen uns zu einem zunehmend kleineren Zeigerausschlag, je »besser« die gemessenen Werte sind. Eine sehr niederohmige Schleifenimpedanz führt ebenso zu einem minimalen Zeigerausschlag wie ein nahe bei unendlich liegender Isolationswiderstand! Schlägt aber ein Zeigerinstrument nur auf ein Zehntel des Endwertes aus, so verzehnfacht sich der für den Endwert geltende Fehler! In Zahlen: Allein das Meßgerät der Genauigkeit ± 1,5 % – bezogen auf Endausschlag – hat jetzt einen Fehler von ± 15 %!
Neben dem eigentlichen Gerätefehler gibt es noch eine Menge anderer Einflußgrößen, die bei der »Schleifenimpedanz« (Kap. 8) ausführlich dargestellt sind.

Unter Berücksichtigung aller Einflußgrößen zusammen ergibt sich der Gebrauchsfehler der Messung. Die meisten Fehler beeinflussen die Meßgröße entweder mit positivem oder mit negativem Vorzeichen. Der Optimist wird nun zu der Annahme tendieren, die einzelnen Fehler könnten einander aufheben, der resultierende Gesamtfehler wäre am Ende sehr klein. Der Pessimist jedoch wird die einzelnen Fehler addieren, und zwar mit den maximal möglichen Werten und somit auf den höchstmöglichen Wert kommen. In der Praxis geht man – aufgrund der mathematisch nachgewiesenen Fehlertheorie – von einem wahrscheinlichen Fehler aus. Dieser Fehler ist wie folgt definiert:

$$F_w = \sqrt{f_1^2 + f_2^2 + \ldots\ldots f_n^2}$$

Der wahrscheinliche Fehler F_w ergibt sich demnach als Wurzel aus der Summe der Quadrate der Einzelfehler f_1 bis f_n. Bei unseren Fehlerbetrachtungen im Hinblick auf die Sicherheit elektrischer Anlagen ist jedoch nicht von diesem wahrscheinlichen Fehler, sondern von der Sicht des Pessimisten auf den maximal möglichen Fehler auszugehen.
Innerhalb der Fehlergrenzen von ± 30 %, bezogen auf den angezeigten oder abgelesenen Wert kann der »richtige«, genaue Wert, liegen, den wir aber nicht kennen. Bild 4.1 zeigt anschaulich die Zusammenhänge.

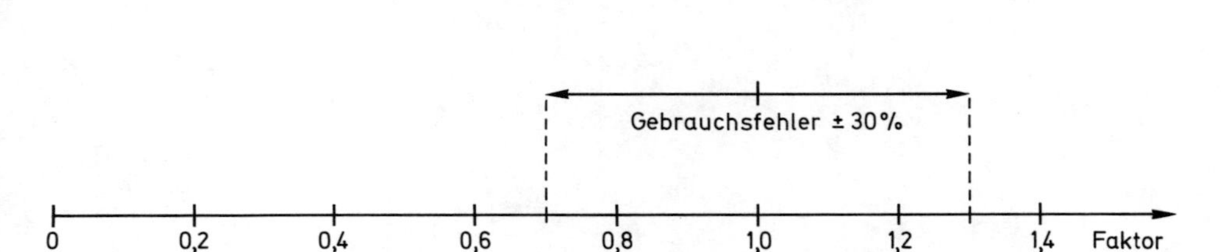

Bild 4.1: Zusammenhang zwischen Gebrauchsfehler und abgelesenem Wert.

Soll der ungünstigste Fall (worst case) ermittelt werden, so sind die abgelesenen Werte mit den Faktoren der Tabelle 4.1 zu multiplizieren.

Tabelle 4.1: Faktoren für die Ermittlung des ungünstigsten Falls

Meßgröße		Faktor
Isolationswiderstand	R_{isol}	0,7
Niederohmwiderstand*	$R_{\ll}$	1,3
Erdungswiderstand	R_A	1,3
Schleifenimpedanz	Z_S	1,3
Kurzschlußstrom	I_K	0,77
Berührungsspannung FI	U_L	1,0
Auslösestrom FI	I_Δ	1,1

* Definition siehe Kapitel 7

Wie in Kapitel 8 ausführlich dargestellt wird der Kurzschlußstrom I_K durch Rechnung aus Nennspannung U_o (Außenleiterspannung gegen Erde) und der mit einem Gebrauchsfehler von ± 30 % gemessenen Schleifenimpedanz Z_S ermittelt. Bedingt durch den Quotienten $I_K = \frac{U_o}{Z_S}$ ergibt sich für den Kurzschlußstrom ein Gebrauchsfehler von − 23/+43 %, wie in Bild 4.2 anschaulich dargestellt ist.

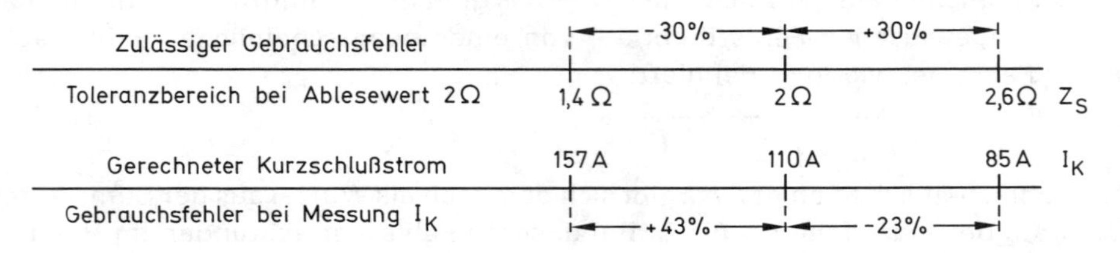

Bild 4.2: Zuordnung der maximal zulässigen Gebrauchsfehler für Z_S und I_K

5 Die Auswahl der Meß- und Prüfgeräte

Steht der Praktiker vor der Frage, welche Prüfgeräte für seine Arbeit auszuwählen sind, so hat er die Qual der Wahl: Geräte, mit denen man nur eine Meßaufgabe ausführen kann oder Kombinationsgeräte für mehrere Messungen, vielleicht sogar ein Universalgerät, welches alle Messungen mit einem einzigen Prüfgerät ermöglicht. Die Antwort auf diese Frage wird immer von der Prüfaufgabe des Benutzers, von der Häufigkeit der Benutzung und dem Einsatz im einzelnen abhängen. Als generelle Anforderung an alle Prüfgeräte, ob Einzelgerät oder Kombinationsgerät, gilt:

a) Möglichst klein und handlich,
b) Schnell und einfach in der Handhabung um Fehlmessungen, Fehlbedienung und damit Gefahr für den Prüfenden und sein Umfeld auszuschließen,
c) Weitgehend zerstörsicher und überlastfest.

Der leichte Zugang zu der Bedienung des Gerätes ist vor allem bei Kombinationsgeräten von entscheidender Bedeutung. Bedienungsanleitungen müssen einen schnellen Zugriff auf die gesuchte Information gewährleisten, beispielsweise durch einen vorgeschalteten Kurztext für »ganz Eilige«. Die Mikroelektronik macht menügeführte Meßgeräte möglich: Das Anzeigefeld (Display) dient nicht nur der Ausgabe des Meßwertes, sondern weist auf die Meßmöglichkeiten hin, zeigt Prinzipschaltbilder und gibt Kurzinformationen.

Die Forderung nach Zerstörsicherheit und Überlastungsfestigkeit hat natürlich ihre Grenzen! Wenn auch heute dank wirksamer Schutzelektronik eine hohe elektrische Überlastungsfestigkeit dem aktuellen Stand der Technik entspricht, so ist eine mechanische Beschädigung, beispielsweise durch einen Sturz zu Boden, unbedingt zu vermeiden. Handelt es sich doch – wie bei tragbaren Rundfunkempfängern oder Fotoapparaten – um elektro-feinmechanische Geräte. Gegen rauhe mechanische Behandlung gibt es einen ebenso einfachen wie wirksamen Schutz: die Bereitschafts- oder Tragetasche. Sie schützt beim Transport ebenso wie – umgehängt mit Trageriemen – bei der Benutzung. Weitere Kriterien der Geräteauswahl sind:

a) Bedarf es für zügiges Messen eines zweiten Mannes, wie beispielsweise beim Kurbelinduktor eine Hilfskraft zum Drehen der Kurbel?
b) Muß bei Messung der Prüfstecker bei 50 % aller Messungen gedreht werden, weil der Außenleiter stets am gleichen Steckerstift liegen muß? Oder ist eine manuelle oder vielleicht sogar selbsttätige Umschaltung vorgesehen?
c) Hat das Gerät für die beiden wichtigsten und gefährlichsten Fehler, des spannungsführenden Schutzleiters oder der Schutzleiterunterbrechung, eine An-

zeige, die unabhängig von der Hilfsspannungsversorgung durch Netz, Batterie oder Akku arbeitet?
Die also diesen Gefahrenfall auch dann anzeigt, wenn die Batterien im Gerät erschöpft sind oder gar fehlen?

d) Kann bei Messungen an Drehstrom-Abgängen oder in Verteilern mit einem *zweipoligen* Meßadapter gemessen werden, der so einfach zu handhaben ist wie ein zweipoliger Spannungsprüfer?

e) Kann direkt oder über einen Adapter ein Drucker oder eine Speichereinheit oder eine Kombination von beiden angeschlossen werden?

Analoge oder digitale Anzeige?

Immer dann, wenn eine präzise Zahl mit eingeblendeter Angabe der Meßgröße (V, A, Ω) abgelesen werden muß, ist die Digitalanzeige die richtige.
Immer dann jedoch, wenn sich die Meßgröße zu Beginn oder während der Messung ändern kann oder wo allein die Zeigerbewegung (ansteigend, schwankend usw.) eine Aussage darstellt, bietet sich die Analoganzeige an.
Die Kombination: digitale Ziffer bei gleichzeitiger analoger Tendenzanzeige beinhaltet beides.

5.1 Einzelgeräte

Jede der sechs Messungen
– Netzspannungsmessung
– Isolationsmessung
– Niederohmmessung
– Erdungswiderstandsmessung
– Schleifenwiderstandsmessung zur Bestimmung des Kurzschlußstromes
– Prüfen bei Verwendung von Fehlerstrom-Schutzeinrichtungen
kann mit einem einzelnen, nur für diese Aufgabe geeigneten Gerät durchgeführt werden.

Vorteile:

1. Die Geräte können auf verschiedene Baustellen verteilt werden, je nach Baufortschritt und Messung.
2. Da nur eine Meßaufgabe pro Gerät möglich ist, wird die Gefahr der Fehlbedienung verringert.

3. Wer immer nur eine Meßaufgabe zu erledigen hat, benutzt nur das für ihn erforderliche Gerät.
4. Bei Ausfall oder Verlust eines Gerätes bleiben die anderen einsatzbereit.
5. Wenn schon Prüfgeräte vorhanden sind, kann die fehlende Funktion mit einem Einzelgerät nachgerüstet werden.

Nachteile:

1. Unübersichtlich in Bereitstellung, Rückgabe von der Baustelle und Verwaltung, leichtes Abhandenkommen.
2. Teuer in der Anschaffung, wenn alle Funktionen erworben werden müssen.
3. Die Benutzer müssen sich je nach der Meßaufgabe immer wieder mit einem anderen Gerät »anfreunden«.

5.2 Das Universalgerät für alle Messungen

Vorteile:

1. Alle Messungen in einem Gerät, mit einem Meßkoffer hat man »alles dabei«.
2. Preiswert, da nur ein Gehäuse, eine Stromversorgung sowie eine Anzeigeeinheit benötigt wird.

Nachteile:

1. Sind alle Meßmöglichkeiten in einem Gerät konzentriert, so ist für die Bedienung eine genaue Gerätekenntnis unumgänglich, die nur derjenige hat, der häufig mit dem Gerät arbeitet. Gerade hier ist das weiter vorn Gesagte über den leichten Zugang zum Gerät ganz wesentlich für die Akzeptanz durch den Prüfenden.
2. Bei Ausfall, Reparatur oder Verlust steht keine Funktion mehr zur Verfügung.
3. Gerät relativ groß und schwer.

5.3 Kombinationsgeräte für einige Messungen

Grundsätzlich kann unterschieden werden zwischen
- Messungen, die ohne Netzspannung durchzuführen sind: Isolationsmessung und Niederohmmessung (siehe dazu Kapitel 7).
- Messungen, die Netzspannung zwingend erfordern: Schleifenimpedanzmessung und Prüfung bei Verwendung von Fehlerstrom-Schutzeinrichtungen. Der Erdungswiderstand läßt sich sowohl mit batteriebetriebenen Geräten als auch mit Netzspannungsgeräten messen.

Andererseits kann gesagt werden: Zur Messung von Isolationswiderstand und Niederohmwiderstand (siehe Kapitel 7) ist die Analoganzeige zweckmäßig. Zur Messung von Schleifenimpedanz und zur Prüfung bei Verwendung von Fehlerstrom-Schutzeinrichtung, die über kurzzeitige Meßzyklen erfolgt, ist die Meßwertspeicherung mit Digitalanzeige am zweckmäßigsten. Somit erscheint der Einsatz von zwei Prüfgeräten empfehlenswert:

1. Das autonome, batterie- oder akkubetriebene, analog anzeigende Prüfgerät für Isolationswiderstand und Niederohmwiderstand.
   Dieses Gerät sollte auf der Baustelle immer bereitstehen, es wird während der gesamten Zeit der Errichtung einer elektrischen Anlage benötigt.
2. Das digitalanzeigende Prüfgerät mit Kurzzeitmeßzyklus zur Schleifenwiderstandsmessung und -Prüfung bei Verwendung von Fehlerstrom-Schutzeinrichtungen.

Ein drittes Meßgerät zur Messung des Erdungswiderstandes ist nicht erforderlich, wenn eines der beiden Prüfgeräte auch die Erdungsmessung ermöglicht.

Schließlich sollten vor Anschaffung eines Meß- und Prüfgerätes noch die nachstehenden Gesichtspunkte berücksichtigt werden.

– Entspricht das Gerät in allen Funktionen der Bestimmung DIN VDE 0413?
– Ist die Gebrauchsanleitung so formuliert, daß man auch nach längeren Pausen das Gerät funktionssicher und schnell bedienen kann?
– Ist das Gerät im praktischen Einsatz auf Baustellen oder bei Wiederholungsprüfungen – also auch auf der Leiter oder in gebückter Haltung – gut zu bedienen?
– Wie hoch sind die Meßkosten? Nicht nur der Anschaffungspreis geht in die Kostenrechnung ein, sondern auch der Zeitaufwand für das Messen. Ein in der Anschaffung zunächst teuer erscheinendes Gerät kann das kostengünstigere sein, wenn damit schnell und problemlos gemessen werden kann.

> Das lästige und zeitraubende Umdrehen des Prüfsteckers oder das Umschalten am Prüfgerät kann vermieden werden, indem man es sich beim Installieren zur Regel macht, den Außenleiter an den Schutzkontaktsteckdosen immer an der gleichen Stelle, beispielsweise links – und bei senkrechter Stiftanordnung oben – anzuschließen.

5.4 Geräte zum Druckeranschluß

Das Dokumentieren der gemessenen Werte mit Hilfe eines eingebauten oder ansteckbaren Druckers wird besonders dort gefordert, wo eine Vielzahl von Messungen anfällt, beispielsweise bei der Prüfung größerer Installationen in Industrie oder Verwaltung. Eine von Hand ausgefüllte Prüfliste verursacht hier allein schon aus Gründen der präzisen Zuordnung der Meßwerte zu den Meßstellen einen großen Zeitaufwand und damit erhebliche Prüfkosten.

Übergabebericht + Prüfprotokoll

Blatt 2

Prüfprotokoll Nr.	Auftrag Nr.	Gebäude Nr.
94-6438	374-42545	1

Prüfung durchgeführt nach:
- [ ] UVV "Elektrische Anlagen und Betriebsmittel" (VBG4)
- [X] nach DIN VDE 0100 T.610
- ....
- ....

Grund der Prüfung:
- [X] Neuanlage
- [ ] Erweiterung
- [ ] Änderung
- [ ] Instandsetzung
- [ ] Wiederholung

Verwendete Meßgeräte nach DIN VDE 0413:

Fabrikat	Typ
GOSSEN-METRAWATT	PROFITEST 0100S
GOSSEN-METRAWATT	PROFITEST PSI
....	....
....	....

Besichtigung:
- [ ] Richtige Auswahl der Betriebsmittel
- [ ] Wärmeerzeugende Betriebsmittel
- [ ] Schäden an Betriebsmittel
- [X] Zielbezeichnung der Leitungen im Verteiler
- [ ] Schutz gegen direktes Berühren
- [X] Leitungsverlegung
- [ ] Schutzisolierung
- [ ] Sicherheits-Einrichtungen
- [ ] Kleinspannung mit sicherer Trennung
- [ ] Brandschottung
- [ ] Schutztrennung
- ....
- ....

Erprobung: Bemerkungen:
- [X] Funktion der Schutz- und Überwachungseinrichten
- [ ] Rechtsdrehfeld der Drehstrom-Steckdosen
- [ ] Funktion der elektrischen Anlage
- [ ] Drehrichtung der Motoren
- [X] Zuverl.Verbindung Schutzleiter
- ....
- ....

Erdungswiderstand	RE	1 Ω
Erderspannung	UE	
Zuverl. Verbindung Potentionalausgleichsleiter	Rlo	0.11 Ω
Standortisolation	RF	

Meßdatum: 16.05.94

Stromkreis Nr.	Ort / Anlageteil	Leitung / Kabel			Überstrom-Schutzeinrichtung					Fehlerstrom-Schutzeinrichtung				Netz
		Art	Leiter-anzahl	Quer-schnitt [mm2]	Art/ Charakt.	In [A]	Rschl Ik [Ω/A]	Ri Ik [Ω/A]	Riso Uiso [Ω/V]	In/Art UL< [V]	Idn UBIdn [A/V]	Id UBId [A/V]	tA IdN [s/A]	UN fN [V/Hz]
1	Wohnräume Erdgeschoß	H07V-U	3	2,5	B	16			>100MΩ 500V	40A /N 50.0V	30mA 0.3V	17,6mA 0.1V	18.0ms	230V 50.0Hz
2	Kellerräume	H05VV-F	5	2,5	B	16		1.59Ω 144A	99.9MΩ 500V	40A /S	300mA 4.3V		274ms	230V 50.0Hz
3	Anschluß für Gefriertruhe	H05VV-F	3	1,5	B	10	1.54Ω 155V		99.9MΩ 500V	/				230V 50.0Hz
										/				
										/				
										/				
										/				
										/				

Prüfergebnis: | X | Mängelfrei | X | Prüfplakette in Stromkreisverteiler eingeklebt

Nächster Prüfungstermin:

Unterschriften Die elektrische Anlage entspricht den anerkannten Regeln der Elektrotechnik

Prüfer:
Ort: Nürnberg Datum: 17.5.94 .... Meier

Verantwortlicher Unternehmer:
Ort: Nürnberg Datum: 17.5.94 .... Meier

Bild 5.1: Über einen PC erstelltes Prüfprotokoll mit den gespeicherten Meßwerten aus dem Datenspeicher eines Protokoll-druckers (Werkbild Gossen - Metrawatt GmbH).

FI(A)	UIΔN	tA-IΔN	5 IΔN	IΔ	UIΔ
N 30m	0.3V	18.0ms	--- s	17.6mA	0.1V
RSchl.	Ikschl	Ri	Iki	UNetz	fNetz
--- Ω	--- A	--- Ω	--- A	230V	50.0Hz
RISO	RE	RLO	Zeit	Datum	Geb/Str
>100MΩ	2Ω	0.19Ω	06:20	07.01.94	1/1

FI(A)	UIΔN	tA-IΔN	5 IΔN	IΔ	UIΔ
S 300m	4.3V	274ms	--- s	--- A	--- V
RSchl.	Ikschl	Ri	Iki	UNetz	fNetz
--- Ω	--- A	1.59Ω	144A	230V	50.0Hz
RISO	RE	RLO	Zeit	Datum	Geb/Str
>100MΩ	6.4Ω	0.12Ω	06:21	07.01.94	1/2

FI(A)	UIΔN	tA-IΔN	5 IΔN	IΔ	UIΔ
---	--- V	--- s	--- s	--- A	--- V
RSchl.	Ikschl	Ri	Iki	UNetz	fNetz
1.54Ω	155A	--- Ω	--- A	230V	50.0Hz
RISO	RE	RLO	Zeit	Datum	Geb/Str
>100MΩ	1Ω	0.11Ω	06:22	07.01.94	1/3

Bild 5.2: Ausdruck eines Protokolldruckers. Oberer Kasten: Messung an einer Fehlerstrom- „Schutzschaltung", 30 mA. Mittlerer Kasten: Messung an einer selektiven Fehlerstrom- „Schutzschaltung", 300 mA. Unterer Kasten: Schleifenimpedanzmessung.

Selbstverständlich muß man einem Drucker »sagen«, an welcher Meßstelle gerade gemessen wird. So werden beide Zahlen – Meßstelle und Meßwert – auf einem Registrierstreifen ausgedruckt, der als Anlage zu dem »Übergabebericht und Prüfprotokoll« (siehe hierzu Abschnitt 2.1) beigeheftet werden kann.

Wer jedoch eigene Protokolle erstellen will, beispielsweise bei Wiederholungsprüfungen, wird Wert auf die Möglichkeit der Speicherung legen. So können im nachhinein die zuvor gespeicherten Werte über den Drucker eines PC in eine individuell gestaltete Form gebracht werden, man erstellt sich sein »eigenes« Prüfprotokoll.

6 Die Messung des Isolationswiderstandes

6.1 Warum ist die Isolationsmessung die Messung »Nr. 1«?

Die Messung von grundsätzlicher Bedeutung für eine elektrische Anlage ist die Isolationsmessung. Sie ist auch die einzige Messung, die dem Brandschutz dient. Das wurde schon vor langer Zeit erkannt. War doch der Isolationsmesser, der »Kurbelinduktor«, das einzige universell eingesetzte Prüfgerät schon seit Jahrzehnten. Dies hat auch heute seine Berechtigung. Obwohl mit dem zunehmenden Elektrifizierungsgrad andere Messungen und Prüfungen hinzugekommen sind, so ist die Bedeutung der Isolationsmessung dadurch keineswegs gemindert worden: Das Gegenteil ist der Fall, die laufend gestiegenen Anforderungen an die elektrische Sicherheit haben die Bedeutung der Isolationsmessung gesteigert.
Man hört sagen, heute sei aufgrund des weit verbreiteten Einsatzes von Kunststoffen zu Isolationszwecken eine gute Isolation kein Problem mehr. Gute, nahezu bei »unendlich« liegende Isolationswiderstände seien leicht zu erzielen. Das ist zutreffend, schließt aber den Isolationsfehler als solchen keineswegs aus. Auch wenn der durchschnittliche Isolationswiderstand heute bei Einsatz von kunststoffisolierten Leitungen wesentlich höher liegt als bei der früher verwendeten Gummiisolierung, so sind doch nach wie vor Fehlerquellen vorhanden. Nur die Isolationsmessung macht zusätzlich eine Aussage über den aktiven Stromkreis, bestehend aus Außen- und Neutralleiter. Fließt infolge eines Isolationsfehlers ein begrenzter Fehlerstrom zwischen zwei Leitern, so führt das zu einer Erwärmung oder gar zur Zündung eines Brandes. In einem solchen Fall würde keine Überstrom-Schutzeinrichtung ansprechen. Nur durch die Isolationsmessung kann ein solcher Fehler geortet werden.

6.2 Was muß man über den Isolationswiderstand wissen?

Der Isolationswiderstand ist ein komplexer Widerstand in Form einer Parallelschaltung eines Wirkwiderstandes R_W und einer Kapazität C. Dabei ist der Wirkwiderstand eine veränderliche Größe, die von verschiedenen Parametern beeinflußt wird. Das Ersatzschaltbild (Bild 6.1) soll das verdeutlichen.
Einem konstanten Wirkwiderstand R_W sind veränderliche Wirkwiderstände zugeordnet. Der Widerstand des Dielektrikums R_D ändert sich beispielsweise in Abhängigkeit der Feuchte. Die Widerstände R_U und R_I sind abhängig von der Spannung zwischen den Leitern und dem Strom durch das Dielektikum. Aus diesem Grund sind Prüfspannung und Prüfstrom in der Vorschrift festgelegt. Gilt es doch, untereinander vergleichbare Ergebnisse zu erzielen, die Bedingungen für die veränderlichen Widerstände einheitlich zu fixieren. R_t schließlich ist eine mit der Zeit

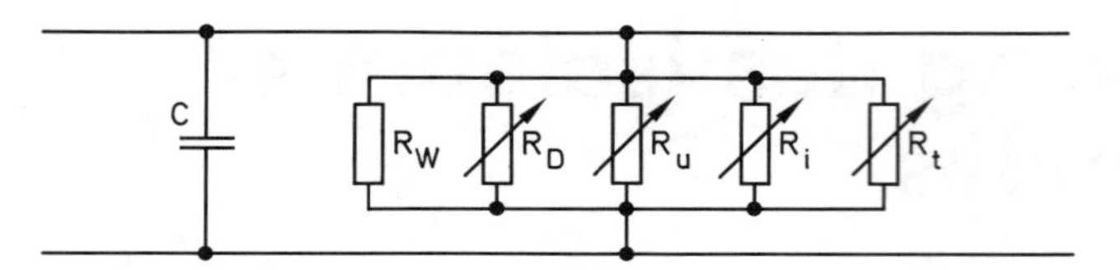

Bild 6.1: Ersatzschaltbild des Isolationswiderstandes. R_W = Konstanter Wirkwiderstand, R_D = Widerstand des Dielektrikums, R_U = Spannungsabhängiger Widerstand, R_I = Stromabhängiger Widerstand, R_t = Zeitabhängiger Widerstand, C = Kapazität

veränderliche Widerstandskomponente, abhängig von der Alterung des Isoliermaterials und der Verschmutzung. Um den Einfluß der Kapazität auszuschalten, ist mit Gleichspannung zu messen.

6.3 Bei welchen Schutzmaßnahmen ist der Isolationswiderstand zu messen?

> Bei allen Schutzmaßnahmen ist die Isolationsmessung erforderlich! Sowohl für die Schutzmaßnahmen ohne Schutzleiter als auch für diejenigen mit Schutzleiter.

Das galt bisher nach VDE 0100g/7.76, DIN VDE 0100 Teil 600 und jetzt nach DIN VDE 0100 Teil 610. Die Isolationsmessung ist nicht nur in DIN VDE 0100, sondern auch in anderen Bestimmungen gefordert.

6.4 Welche Isolationsmessungen sind durchzuführen?

DIN VDE 0100 Teil 610 schreibt in Abschnitt 5.3 die Isolationsmessung zwischen den Leitern vor:

1. Zwischen allen Außenleitern und Erde

Siehe dazu Bild 6.2, das die drei Messungen zeigt.

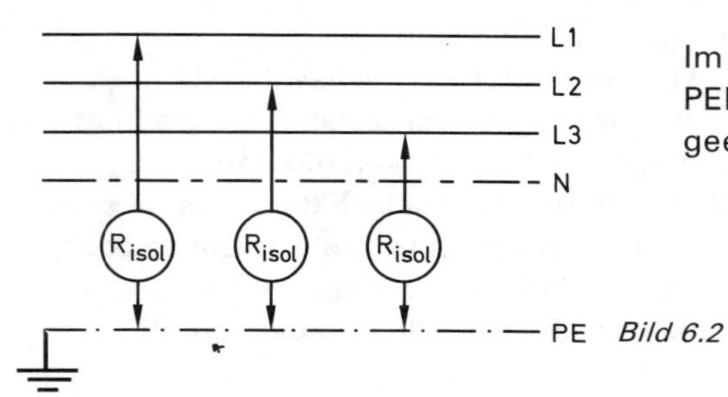

Bild 6.2

Im TN-System kann auch gegen den PEN-Leiter gemessen werden, da dieser geerdet ist.

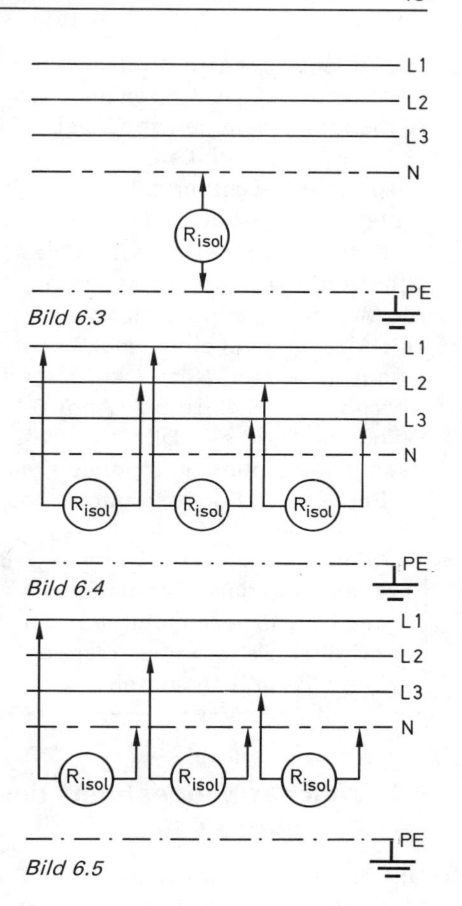

2. Zwischen Neutralleiter und Erde

PE-Leiter und Neutralleiter sind zu trennen (siehe Bild 6.3)! Diese Messung entfällt im TN-C-Netz.

3. Zwischen den Außenleitern

Bild 6.4 zeigt die drei Messungen.

Diese Messung darf entfallen
- wenn die Leitung einen geerdeten Leiter oder geerdeten Mantel hat,
- bei Schalterleitungen in Lichtstromkreisen.

Anmerkung: Ohne diese Messung kann der Isolationswiderstand zwischen den Außenleitern untereinander nicht ermittelt werden.

4. Zwischen den Außenleitern und dem Neutralleiter

Bild 6.5 zeigt die drei erforderlichen Messungen.

> Bei allen Isolationsmessungen muß der Neutralleiter (N) von Erde getrennt werden, der PEN-Leiter aber nicht. Es ist auch zulässig, alle Außenleiter miteinander zu verbinden und mit nur einer Isolationsmessung gegen Erde, bzw. gegen den geerdeten Schutzleiter, zu prüfen.

Siehe zu diesen Messungen die Schnellmessung »Alle gegen Alle« in der Anmerkung A zu diesem Kapitel (Anm. 6-A).
Vor der Inbetriebnahme sind folgende Stromkreise zu messen:

- Alle Leitungsabschnitte jeweils zwischen 2 Überstromschutzeinrichtungen.
- Der Abschnitt hinter der letzten Überstromschutzeinrichtung ohne angeschlossene Verbrauchsmittel.

Es darf auch mit angeschlossenen Verbrauchsmitteln gemessen werden. Ergibt sich dabei ein zu geringer Isolationswert, so ist das Verbrauchsmittel abzutrennen

und Anlage sowie Verbrauchsmittel sind getrennt zu messen. Schalterleitungen in Lichtstromkreisen müssen nicht zwingend gemessen werden. Somit kann das zeitraubende Abklemmen von Beleuchtungsanlagen, beispielsweise fertig montierten Lichtbändern, entfallen.
Besondere Beachtung gilt jedoch Stromkreisen, bei denen die Schütze in einiger Entfernung des Betriebsmittels in Schaltanlagen oder Verteilungen sitzen, wie bei Speicherheizung, elektrischen Maschinen u. a. Hier muß die Leitung zwischen den Schützen und den Verbrauchern gemessen werden.
Die Messung der Widerstände von Fußböden und Wänden kann geschehen durch eine Messung mit einem Isolationsmeßgerät, mit einem Trenntransformator oder einem geerdeten Netz. Die Methode ist beschrieben in DIN VDE 0100 Teil 610 Abschnitt 5.5. Siehe hierzu Anm. 6-C »Messen der Widerstände von Fußböden und Wänden«. Da die in DIN VDE 0100 Teil 410 Abschnitt 6.3 für diese Schutzmaßnahme genannten Bedingungen kaum vorliegen, kommt dieser Schutzmaßnahme im Bereich der Bundesrepublik Deutschland wenig Bedeutung zu.

Sind elektronische Bauteile, z. B. Halbleiter, in den Stromkreisen, so ist unbedingt darauf zu achten, daß durch die hohe Meßspannung diese Bauteile nicht beschädigt werden. Das gilt beispielsweise für Motorschutzschalter, Zeitschalter, Treppenhausautomaten, aber auch für angeschlossene Verbrauchsmittel.

6.5 Welcher Mindestwert des Isolationswiderstandes muß vorhanden sein?

Um den Einfluß des kapazitiven Blindwiderstandes auszuschalten, müssen die Messungen mit Gleichspannung durchgeführt werden. Die Werte für die Meßspannung und des Mindest-Isolationswiderstandes können Tabelle 6.1 entnommen werden.

Tabelle 6.1: Meßspannung und Isolationswiderstand

Schutzmaßnahme und Nennspannung	Meßspannung	Mindestwert des Isolationswiderstandes*
Schutzkleinspannung, Funktionskleinspannung mit sicherer Trennung	250 V=	≥ 0,25 MΩ
Schutztrennung	500 V=	≥ 1 MΩ
Nennspannung bis 500 V sowie Funktionskleinspannung ohne sichere Trennung	500 V=	≥ 0,5 MΩ
Nennspannung von 500–1000 V	1000 V=	≥ 1 MΩ

* Für Schleifleitungen und Schleifringkörper Hinweis im DIN VDE 0100 Teil 600 Abschnitt 9 beachten

Die zuvor gültige VDE 0100 g/7.76 hatte in § 23 die Werte des Isolationswiderstandes auf 1000 Ω je Volt Nennspannung festgelegt. Dies ergibt *für Altanlagen* einen Mindestisolationswiderstand von 380 KΩ bei Außenleitern untereinander, 220 KΩ je Außenleiter gegen Neutral- oder Schutzleiter.
Formell sind diese Werte weiterhin gültig für Anlagen, die vor Inkrafttreten von Teil 610 bzw. von Teil 600 errichtet wurden. Wie jedoch schon erwähnt, sind mit den heute universell eingesetzten Isolierstoffen ganz wesentlich höhere Isolationswiderstände realisierbar.

6.6 Wie genau kann ich messen?

Der Gebrauchsfehler innerhalb des gekennzeichneten Meßbereiches darf höchstens ± 30 %, bezogen auf den abgelesenen Wert, betragen. Dieser in DIN VDE 0413 Teil 1 zugelassene Fehler erscheint zunächst recht hoch. Aus dem vorn gezeigten Ersatzschaltbild (Bild 6.1) ist ersichtlich, daß sich der Isolationswiderstand aus einer festen Komponente und vier weiteren, nach unterschiedlichen Parametern veränderlichen Komponenten zusammensetzt. Hieraus erklärt sich der große Streubereich.
So kann es durchaus sein, daß zwei Messungen an einer älteren Anlage mit feuchter Umgebung zu unterschiedlichen Werten führen. Bei gleicher Meßspannung ergeben sich so bei zwei Widerstandswerten zwei unterschiedliche Prüfströme, hervorgerufen durch die stromabhängige Widerstandskomponente. Andererseits steigt der Fehler durch die spannungsabhängige Komponente stark an, wenn die Meßspannung deutlich unterhalb der Nennspannung der Anlage liegt. Um eindeutige und etwa vergleichbare Meßergebnisse zu erzielen, ist das Verhältnis der Meßspannung zum minimal noch zulässigen Isolationswiderstand so festgelegt, daß sich ein Meßstrom von 1 mA ergibt.

Meßspannung	Minimal zulässiger Isolationswiderstand	Meßstrom
250 V	0,25 MΩ	1 mA
500 V	0,5 MΩ	1 mA
1000 V	1,0 MΩ	1 mA

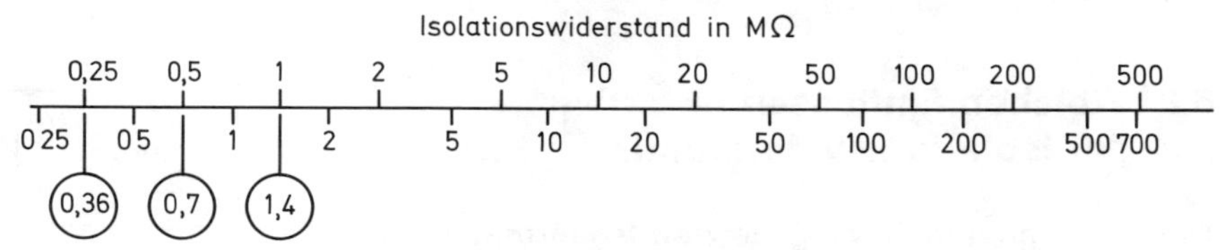

Ablesewert (untere Skala): Gebrauchsfehler von -30% berücksichtigt

(0,36) Mindestablesewert bei Kleinspannung

(0,7) Mindestablesewert bei Nennspannung bis 500 V

(1,4) Mindestablesewert bei Nennspannung 500-1000 V

Bild 6.6: Nomogramm zu Gebrauchsfehler und Ablesewert.

Das Nomogramm in Bild 6.6 zeigt, welche Werte abgelesen werden müssen, wenn der Gebrauchsfehler von — 30 % (der ungünstigste Fall) mit berücksichtigt ist.

6.7 Wie wird zweckmäßig und zeitsparend gemessen?

Die Isolationsmessung ist eine der Messungen, die keinen Netzanschluß erfordert. Im Gegenteil – es muß stets im spannungsfreien Zustand gemessen werden, der Isolationsmesser »fürchtet« die Netzspannung. Somit kann auf der Baustelle schon frühzeitig damit begonnen werden.
Wird die Isolationsmessung in einem frühen Stadium des Baugeschehens durchgeführt, so kann ein festgestellter Fehler meist noch auf einfache Weise geortet und leicht beseitigt werden.
Werden die ermittelten Werte schriftlich festgehalten, so kann anhand des Prüfprotokolls bei einem später festgestellten Fehler nachgewiesen werden, daß er zu Lasten von anderen am Bau beteiligten Handwerkern geht. Erfolgt zum gleichen Zeitpunkt auch eine Durchgangsprüfung, so wird die spätere Suche nach einer Verbindungsdose mit nicht hergestellten Leiterverbindungen, die inzwischen übertapeziert ist, von vorneherein ausgeschlossen. Besonders bei größeren Anlagen ist die frühzeitige Messung jeweils nach Fertigstellung eines Anlageteils zweckmäßig, bevor die Neutralleiter angeschlossen werden.

Die kapazitive Aufladung

Bei längeren Leitungen muß vor der Ablesung gewartet werden, bis die kapazitive Aufladung beendet und die Anzeige des Meßgerätes zum Stillstand gekommen ist. Das gilt besonders für Kabel. Wurde ein solcher Aufladevorgang beobachtet, so müssen nach der Messung die Leitungen wieder entladen werden, um einen elektrischen Schlag zu verhindern. Die meisten Isolationsmesser haben eine Entladungsmöglichkeit.
Die Methode der Schnellmessung »Alle gegen alle« (Anm. 6-A) hilft deutlich, Zeit sparen, insbesondere dann, wenn an vieladrigen Kabeln bei Industrie-Installationen gemessen wird.

6.8 Welchen Einflüssen unterliegt der Isolationswiderstand?

Die heute allgemein eingesetzten Isoliermaterialien ermöglichen Isolationswiderstände im MΩ-Bereich. Wird ein schlechter Isolationswiderstand gemessen, so ist bei Neuanlagen davon auszugehen, daß punkt-

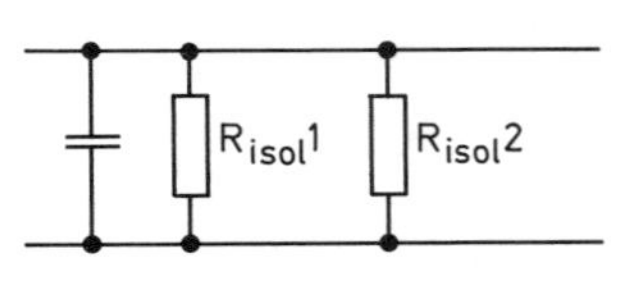

$R_{isol}1$ materialbedingter Isolationswiderstand

$R_{isol}2$ fehlerbedingter Isolationswiderstand

$R_{isol}1 \gg R_{isol}2$

Bild 6.7: Einflüsse auf den Isolationswiderstand.

förmig eine Schwachstelle vorliegt (Bild 6.7; fehlerbedingter Isolationswiderstand $R_{isol}2$). Der durch die Eigenschaften des Isoliermaterials bedingte Isolationswiderstand $R_{isol}1$ ist um Zehnerpotenzen höher.

Bei der Beurteilung der Meßwerte ist der Zustand der Anlage zu berücksichtigen!

Bei Anlagen im Freien oder an Stellen mit großen Temperaturschwankungen kann der Einfluß von Wasser, also der Feuchtigkeitsniederschlag, ganz erheblich sein. Das gilt beispielsweise innerhalb eines spritzwasserdichten Gehäuses, wenn die Außentemperatur stark abkühlt.
Bei Benutzung eines Hochspannungs-Isolationsmessers kann es zu Überschlägen kommen, die u. U. Isolierungen durchschlagen und damit beschädigen.
In jedem Einzelfall wäre zu prüfen, ob eine derartige Hochspannungsprüfung zweckmäßig ist.

Anmerkungen

6-A Die Schnellmessung »Alle gegen alle«

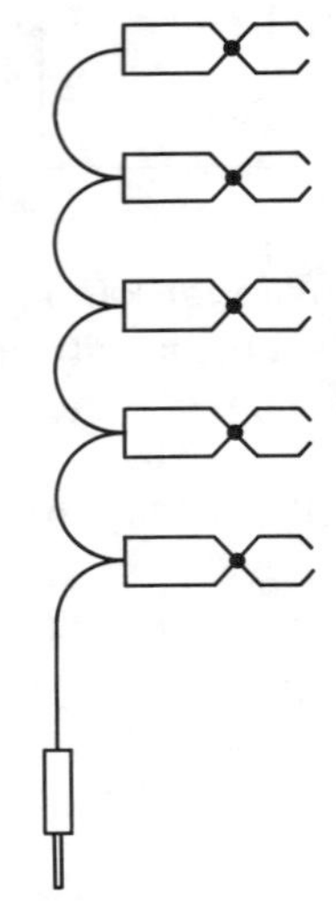

Bild 6-A1: Adapter mit Krokodilklemmen zur vereinfachten Isolationsmessung.

Wie aus den genannten Punkten 1–4 in Kapitel 6.4 hervorgeht, sind innerhalb eines Abschnittes sämtliche Leiter untereinander zu messen. Die hier gezeigte Methode erfüllt diese Anforderung mit einem Minimum an Meßvorgängen. Die bei einem 5adrigen Kabel gemäß der Punkte 1–4 insgesamt dargestellten zehn Messungen werden auf vier reduziert.
Dazu empfiehlt es sich, mit einem Stück hochflexibler Leitung und einigen Krokodilklemmen einen Adapter nach Bild 6-A1 zu bauen. Die Krokodilklemmen sollten so ausgewählt werden, daß sie sowohl an einzelne Leiter als auch an Klemmen gesetzt werden können. 5 Krokodilklemmen genügen für ein 5adriges Kabel mit geerdetem Mantel. Die zweite Meßleitung ist mit der Prüfspitze bestückt.
Allgemein gilt: für ein Kabel mit n Leitern sind n — 1 Messungen nötig. Bei fünf Adern fallen folgende Messungen an:

1. (Bild 6-A2) PE gegen alle anderen
2. (Bild 6-A3) N gegen alle L
3. L 1 gegen L 2 + L 3
4. L 2 gegen L 3

Der jeweils einzeln gegen die Summe der verbleibenden Adern gemessene Leiter braucht bei den folgenden Messungen nicht mehr berücksichtigt zu werden, denn er wurde soeben »gegen alle anderen« gemessen. Wird bei einer Messung ein Fehler festgestellt, so ist das verbleibende Bündel aufzutrennen und der zum Fehler gehörige zweite Leiter herauszumessen.
Obwohl mit dieser Methode viele Isolationswiderstände parallel gemessen werden, wird sich im fehlerfreien Zustand ein Widerstand ergeben, der um 1–2 Zehnerpotenzen höher liegt als die geforderten Mindestwerte.

6-B Kurbelinduktor, Akku oder Trockenbatterie?

Bekanntlich sind Isolationsmesser mit drei unterschiedlichen Stromquellen auf dem Markt: mit Kurbelinduktor, mit wiederaufladbarem Akku, mit Trockenbatterie. Isolationsmesser, die zur Stromversorgung das Netz benötigen, sind für die

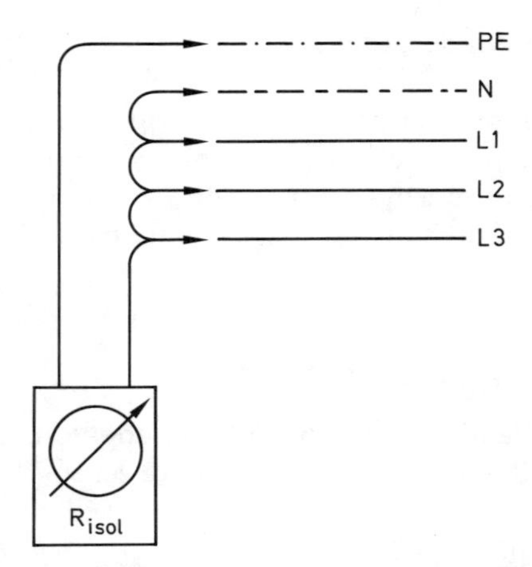

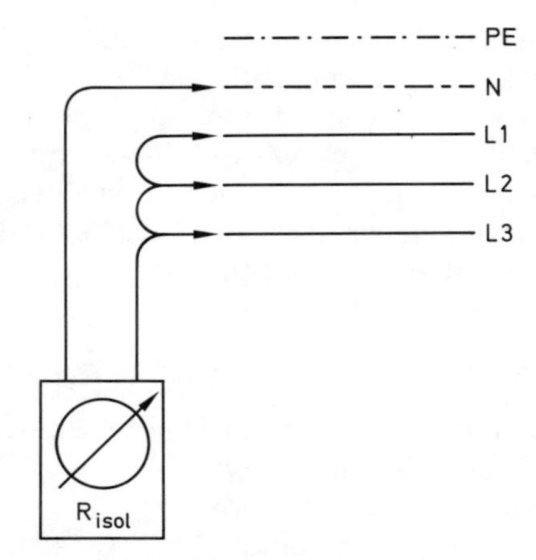

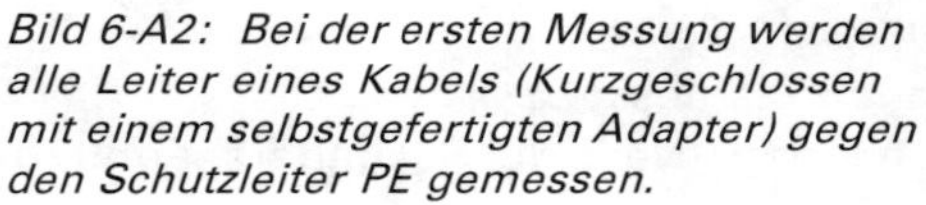

Bild 6-A2: Bei der ersten Messung werden alle Leiter eines Kabels (Kurzgeschlossen mit einem selbstgefertigten Adapter) gegen den Schutzleiter PE gemessen.

Bild 6-A3: Bei der zweiten Messung zur Überprüfung des Isolationswiderstandes werden die verbleibenden Leiter gegen den N-Leiter gemessen.

Prüfung elektrischer Betriebsmittel, z. B. in der Reparaturwerkstatt, nicht aber für Messungen auf Baustellen oder für Wiederholungsprüfungen geeignet.
Bei der Anschaffung eines Isolationsmessers stellt sich dem Installateur die Frage, welche Stromversorgung für seinen Isolationsmesser die geeignetste ist. Die Tabelle 6-B1 zeigt eine Gegenüberstellung der Vor- und Nachteile der drei Ausführungen.

Tabelle 6-B1: Kurbelinduktor, Akku oder Trockenbatterie?

Ausführung	Vorteile	Nachteile
Kurbelinduktor	Immer betriebsbereit und unabhängig.	Sind viele Messungen zu machen, ist ein zweiter Mann zum Kurbeln erforderlich.
Wiederaufladbarer Akku*	Zügiges Arbeiten da Einmann-Bedienung, keine Kosten für Batterie-Kauf.	Häufiges Aufladen, Tiefentladen und Überladen vermeiden, Zerstörung durch Frost, wartungsintensiv
Trockenbatterien	Zügiges Arbeiten da Einmann-Bedienung, viele Messungen pro Batteriesatz.	Laufende Kosten für Batteriekauf, evtl. schwierige Beschaffung neuer Batterien.

* Wiederaufladbare Akkus bedürfen der Wartung und Pflege. Tiefes Entladen ist ebenso zu vermeiden wie Überladen. Kostengünstig arbeiten Akkus, wenn so viel gemessen wird, daß ein Satz Trockenbatterien innerhalb von ca. 3 Wochen verbraucht ist, das entspricht 1000–3000 Messungen je nach Dauer der einzelnen Messung. Ständige Betriebsbereitschaft erfordert gewissenhaftes Nachladen.

Haben Isolationsmesser Netzanschluß, z. B. zum Wiederaufladen der Akkus, so ist Schutzklasse II vorgeschrieben.
Auf dem Meßgerät oder in der Gebrauchsanleitung ist bei batteriebetriebenen Geräten anzugeben, wieviele Messungen mit einem Batteriesatz möglich sind, wobei von einer Meßzeit von 5 s und einem Intervall von 25 s zwischen den Messungen auszugehen ist (DIN VDE 0413 Teil 1). Die Kapazität der vorgeschriebenen Batterien ist ebenfalls anzugeben.

6-C Messen der Widerstände von Fußböden und Wänden

DIN VDE 0100 Teil 610 Abschnitt 5.5 verlangt die Messung der Widerstände von Fußböden und Wänden, wie sie in der gleichen Bestimmung im Anhang beschrieben ist.
Die Messung kann gemäß Bild 6-C1 erfolgen mit
a) einem Isolationsmeßgerät gem. DIN VDE 0413 Teil 1,
b) einer Wechselspannung und einem Spannungsmesser.
Als Spannungsquelle kann dienen: das vorhandene Netz, die Sekundärspannung eines Trenntrafos, eine unabhängige Wechselspannungsquelle gleicher Frequenz wie das Netz.

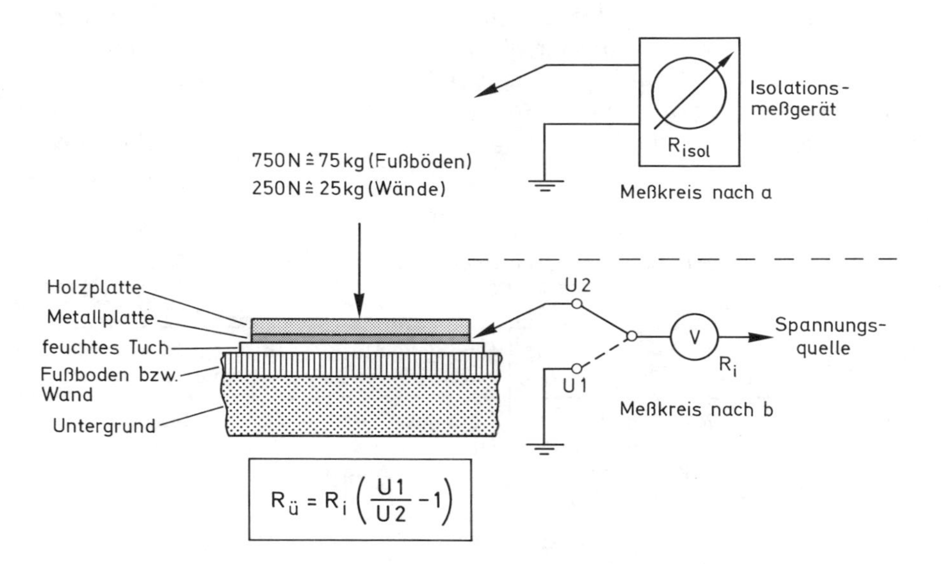

$R_Ü$ Widerstand
R_i Innenwiderstand des Spannungsmessers (mindestens 300 Ω/V des Wechselspannungsmeßbereiches)
U1 gemessene Wechselspannung gegen Erde am Meßort
U2 gemessene Wechselspannung gegen Metallplatte

Bild 6-C1: Messung der Widerstände von Fußböden und Wänden.

Messung nach a

Mit dem Isolationsmeßgerät wird zwischen der unter b beschriebenen Anordnung und der Erde am Meßort gemessen.

Messung nach b

Ein feuchtes, quadratisches Tuch von 270 mm × 270 mm Kantenlänge wird mit einer ebenfalls quadratischen Metallplatte von ca. 250 mm × 250 mm und einer gleich großen Holzplatte bedeckt. An die Metallplatte wird der Meßkreis angeschlossen. Die Holzplatte wird mit einer Kraft von 250 N (≙ 25 kg) bzw. 750 N (≙ 75 kg) belastet.
Die Messung ist an verschiedenen Stellen zu wiederholen, auch an Fugen und Stoßstellen. Aufgrund der verschiedenen Meßwerte ist der Übergangswiderstand zu beurteilen. Er muß mindestens betragen:
50 kΩ bei Installationen mit Nennspannung ≤ 500 V
100 kΩ bei Installationen mit Nennspannung 500 ≤ 1000 V

Die Anwendung der Schutzmaßnahme »Schutz durch nichtleitende Räume« setzt eine Reihe von Bedingungen voraus. Das führt dazu, daß diese Schutzmaßnahme in der Bundesrepublik Deutschland nur in Ausnahmefällen angewandt wird.

6-D Prüfung älterer, vor Inkrafttreten von DIN VDE 0413 gebauter Isolationsmesser auf ausreichende Meßspannung

DIN VDE 0100 Teil 610 fordert einen Meßstrom von 1 mA bei dem minimal noch zulässigen Isolationswiderstand und einer von der Nennspannung des Netzes abhängigen Meßspannung. Im Netz 220/380 V muß der Isolationswiderstand mindestens 0,5 MΩ betragen, die Meßspannung bei diesem Widerstand darf 500 V Gleichspannung nicht unterschreiten. Ist der Isolationsmesser gemäß DIN VDE 0413 Teil 1 gebaut, so ist diese Bedingung erfüllt. Kann dies jedoch nicht nachgewiesen werden (z. B. durch Skalenaufschrift), so kann durch Aufnahme einer Spannungs/Widerstandskennlinie gemäß Bild 6-D1 die Leistungsfähigkeit des Isolationsmessers bestimmt werden. Zugleich kann durch Ablesung der vom Isolationsmeßgerät angezeigten Werte eine Fehlerkurve aufgenommen werden.
Bei der Schaltung zur Aufnahme der Kennlinie (Bild 6-D2) wurde davon ausgegangen, daß als Spannungsmesser ein digitales Multimeter mit einem Meßbereich von 0 ... 1000 V= und einem konstanten Innenwiderstand von 10 MΩ verwendet wird. Diese Geräte sind heute sehr verbreitet. Auf die Parallelschaltung von 10 MΩ mit dem Prüfwiderstand beziehen sich auch die Werte des zusätzlichen Parallelwiderstandes R_P nach Tabelle 6-D1. Wird ein Spannungsmesser mit 10 000 Ω/V und dem Meßbereich von 0 ... 1000 V= verwendet, gelten die gleichen Werte. Für Spannungsmesser mit einem anderen Innenwiderstand sind die Werte leicht zu errechnen. In diesem Fall sollte der Spannungsmesser einen Innenwiderstand von mindestens 1 MΩ aufweisen.

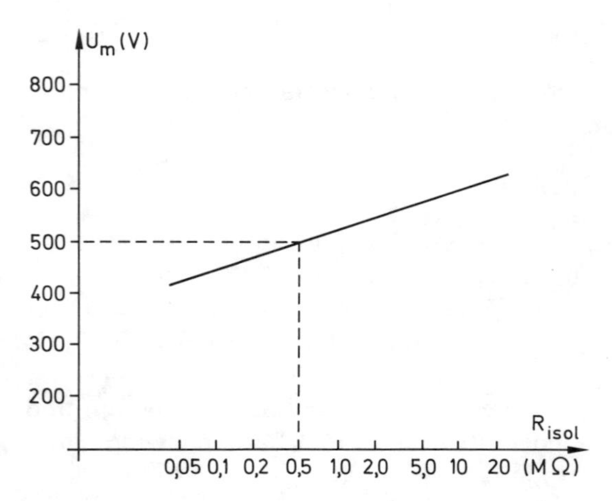

Bild 6-D1: Meßspannung U_m in Abhängigkeit des Isolationswiderstandes an den Klemmen eines Isolationsmessers (Kennlinie eines Isolationsmessers).

Gesamtwiderstand ≙ Isolationswiderstand	Parallelwiderstand R_P bei R_i = 10 MΩ
10 MΩ	Schalter S offen
5 MΩ	10 MΩ
2 MΩ	2,5 MΩ
1 MΩ	1,1 MΩ
0,5 MΩ	0,51 MΩ
0,2 MΩ	0,2 MΩ
0,1 MΩ	0,1 MΩ

Tabelle 6-D1: Widerstandswerte zur Aufnahme der Kennlinie nach Schaltung in Bild 6-D2

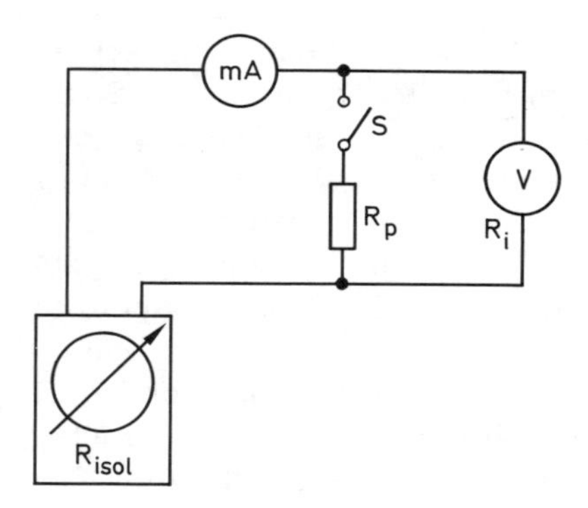

Bild 6-D2: Meßschaltung zur Überprüfung von Isolationsmessern. R_{isol} = Isolationsmesser, mA = Strommesser im mA-Meßbereich, V = Spannungsmesser 0 ... 1000 V, R_i = Innenwiderstand des Spannungsmessers z. B. 10 MΩ, S = Schalter, R_P = Parallelwiderstand gem. vorstehender Tabelle.

6-E Welches Meßgerät ist zu verwenden?

Das Meßgerät muß DIN VDE 0413 Teil 1 entsprechen. In dieser VDE-Bestimmung sind u. a. die Anforderungen an das Meßgerät und die maximal zulässigen Gebrauchsfehler beschrieben:

- Von dem Gerät darf keine Gefahr für den Prüfenden ausgehen. Deshalb sind die Anschlußstellen so auszubilden, daß bei ordnungsgemäßem Gebrauch ein unbeabsichtigtes Berühren von aktiven Teilen nicht möglich ist.
- Die Leerlaufspannung darf, um Überschläge zu vermeiden, das 1,5fache der Nennspannung nicht überschreiten. Ein Isolationsmesser mit 500 V Nennspannung darf demnach bei offenen Klemmen (Prüfspitzen) bis zu 750 V Leerlaufspannung haben.
- Der Nennstrom bei Nennspannung muß mindestens 1 mA betragen.
- Der Kurzschlußstrom darf 12 mA Gleichstrom oder 10 mA Scheitelwert bei überlagertem Gleichstrom nicht überschreiten.
- Wird versehentlich eine fremde Gleich- oder Wechselspannung bis zum 1,2fachen der Nennspannung an das Meßgerät gelegt – beispielsweise wenn versehentlich eine Isolationsmessung unter Spannung versucht wird – so darf das Gerät weder beschädigt werden noch den Bedienenden gefährden.
- Geräte mit Netzanschluß, beispielsweise zum Wiederaufladen der Akkus, müssen in Schutzklasse II ausgeführt sein.
- Batteriebetriebene Geräte müssen eine Batteriekontrolle haben, bei der die Batteriespannung unter Arbeitsbedingungen gemessen werden kann.

Bei der Auswahl eines Isolationsmessers wird die erste Frage sein: Kurbelinduktor oder Batteriebetrieb, und in diesem Falle wiederaufladbare Akkus oder Trockenbatterien. Siehe hierzu Anmerkung 6-B »Kurbelinduktor, Akkus oder Trockenbatterie?«

Wer nicht nur in Installationen gemäß DIN VDE 0100 mißt, sondern den Isolationsmesser auch im Schaltanlagenbau einsetzen will, sollte ein Gerät mit umschaltbarer Meßspannung 500 V/1000 V wählen. Bei analog anzeigenden Geräten sind zur Abdeckung der großen Meßspanne von 0 Ω bis ca. 100/200 MΩ mehrere Skalen erforderlich.

Der Meßbereich ist bei analog anzeigenden Geräten innerhalb des Anzeigebereiches der einzelnen Skalen durch Punkte markiert. Je größer der Meßbereich pro Skala ist, desto weniger umschaltbare Meßbereiche wird das Gerät haben, desto weniger Skalen. Um Fehlablesungen auf der falschen Skala zu vermeiden, ist auf eine eindeutige Zuordnung der Schalterstellung zur Skala zu achten.

Bei digital anzeigenden Geräten sind die Meßbereichsgrenzen auf dem Gerät anzugeben. Moderne digital anzeigende Geräte wählen selbsttätig den optimalen Meßbereich, d. h. den Meßbereich, der das digitale Anzeigefeld voll ausnutzt. Den Aufladevorgang beim Messen und die Entladung des Prüflings können auf einer zusätzlichen Analogskala beobachtet werden.

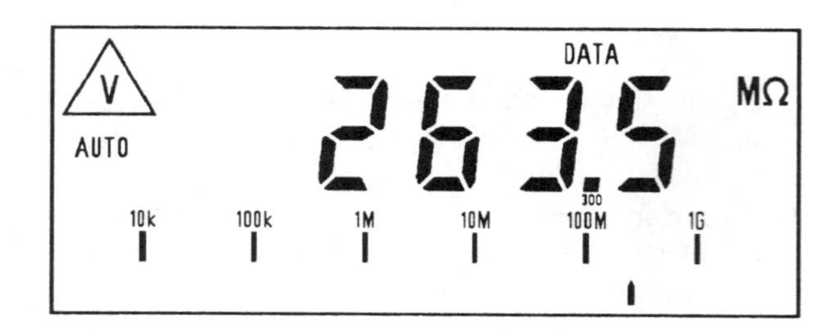

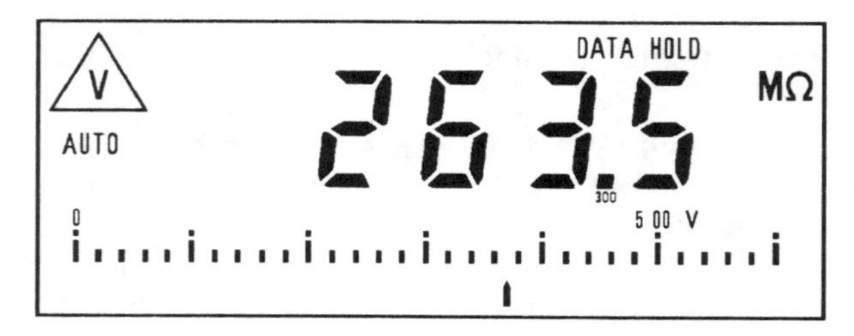

Bild 6-E1: Anzeigefeld eines Isolationsmessers mit digitaler und analoger Anzeige. Kommastellenwichtige Ziffernanzeige mit Angabe der Meßgröße. Oberes Bild: Auf der darunterliegenden logarithmisch geteilten Analogskala kann der Aufladevorgang des Prüflings beobachtet werden.
Unteres Bild: Nach dem Aufladen wird der Meßwert gespeichert (Meldung " DATA HOLD "); die Analogskala schaltet selbständig um in die Anzeige der Meßspannung am Prüfling, so daß der Entladevorgang beobachtet werden kann (Werrkbild Gossen - Metrawatt - GmbH).

6-F Die Isolationsüberwachungs-Einrichtung im IT-System

Im IT-System ist weder der Sternpunkt der einspeisenden Stromquelle noch ein Außenleiter geerdet. Das IT-System wird mit ortsfesten Transformatoren betrieben, auch mit ortsveränderlichen Stromerzeugern. Die Körper der Betriebsmittel sind untereinander mit einem geerdeten Schutzleiter PE verbunden, wie Bild 6-F1 zeigt.

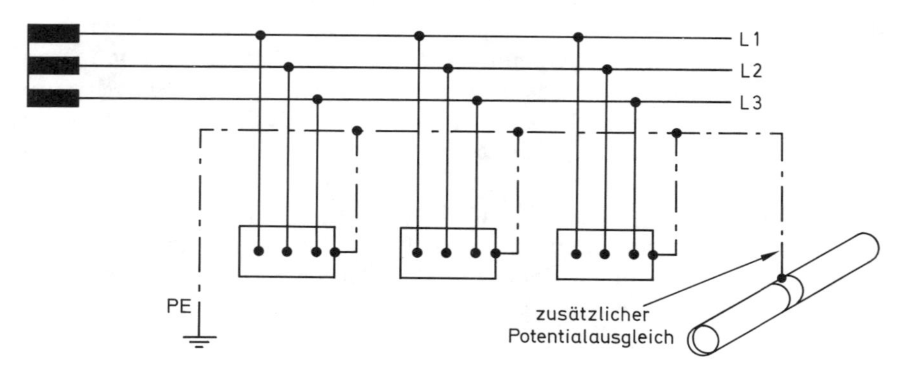

Bild 6-F1: IT-System. Die Körper sind untereinander mit einem geerdeten Schutzleiter PE verbunden.

Gemäß DIN VDE 0100 Teil 410 dürfen im IT-System eingesetzt werden:
- Überstrom-Schutzeinrichtungen,
- Fehlerstrom-Schutzeinrichtungen,
- Isolationsüberwachungs-Einrichtungen,
- Fehlerspannungs-Schutzeinrichtungen (in besonderen Fällen).

Da das IT-System von der Erde isoliert ist, wird ein Erdschluß, hervorgerufen durch einen Isolationsfehler (der sogenannte erste Fehler), nicht zur Auslösung der vorgeschalteten Schutzeinrichtung führen. Erst ein weiterer Erdschluß eines anderen Außenleiters (der sogenannte zweite Fehler) führt zu einer Auslösung. Aufgabe der Isolationsüberwachungs-Einrichtung ist es nun, den ersten Fehler zu erkennen und zu melden. Alle Körper der Anlage sind untereinander mit einem Schutzleiter verbunden, der geerdet ist. Somit wird der zweite Körperschluß zu einem Kurzschluß.

Das Prinzip der Isolations-Überwachung

Wird eine Strommeßeinrichtung zwischen das ungeerdete IT-System und Erde gelegt, so kann hier erst ein Strom fließen, wenn an einer anderen Stelle des Systems durch einen Isolationsfehler eine Erdverbindung zustande kommt. Das gilt bereits beim ersten Fehler. Je kleiner der Isolationswiderstand an der Fehlerstelle ist, desto größer wird der Strom. Die Höhe des Stromes ist also ein Maß für den Isolationswiderstand (siehe auch Bild 6-F2).

Eine Isolationsüberwachungs-Einrichtung besteht aus einer derartigen Strommeßeinrichtung und einem Grenzwertmelder, der bei Unterschreiten des minimal zulässigen Isolationswiderstandes eine Warnung auslöst. Ohne daß es zur Abschaltung kommt, kann eine Fehlersuche und Fehlerbeseitigung erfolgen.

Um den Einfluß der Leitungskapazitäten auszuschalten, arbeiten die meisten Isolationsüberwachungsgeräte mit einer überlagerten Meßgleichspannung zwischen den aktiven Leitern und dem Schutzleiter.

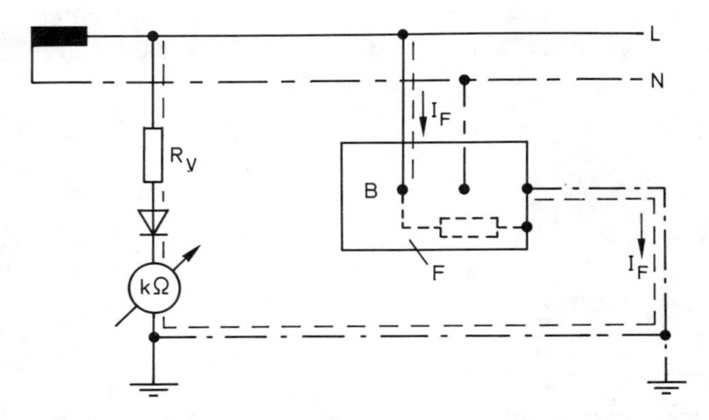

Bild 6-F2: Prinzip der Isolationsüberwachung. F = Isolationsfehler im Betriebsmittel B, I_F = Fehlerstrom, kΩ = Anzeige des Isolationswiderstandes, R_V = Vorwiderstand zur Strombegrenzung.

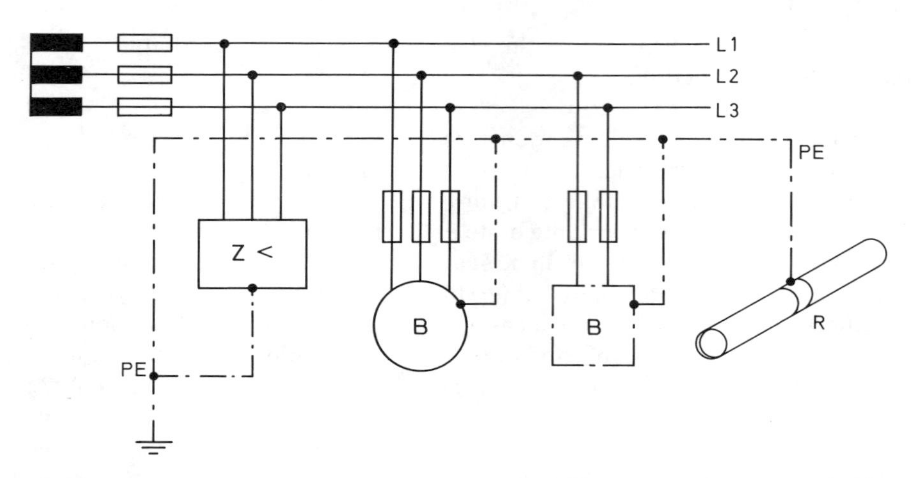

Bild 6-F3: Isolationsüberwachungs-Einrichtung für Drehstrom mit Überstrom-Schutzeinrichtung. B = Betriebsmittel, Z = Isolationsüberwachungs-Einrichtung, R = Rohrleitung (in den Potentialausgleich einbezogen).

Isolationsüberwachungs-Einrichtungen müssen folgenden Bestimmungen entsprechen:

DIN VDE 0413/Teil 2 »Isolationsüberwachungsgeräte zum Überwachen von Wechselspannungsnetzen mittels überlagerter Gleichspannung« oder
DIN VDE 0413/Teil 8 »Isolationsüberwachungsgeräte für Wechselspannungsnetze mit galvanisch verbundenen Gleichstromkreisen und für Gleichspannungsnetze«.

Isolationsüberwachungs-Einrichtungen werden für Einphasen-Wechselstrom, für Drehstrom (Bild 6-F3) und für Gleichstrom gebaut. Sie haben eine Prüftaste, bei deren Betätigung ein Isolationsfehler simuliert werden kann.
Bei Unterschreiten des vorgegebenen Isolationswiderstandes wird über einen Relaiskontakt eine externe akustische Warneinheit angesteuert. Zugleich leuchtet

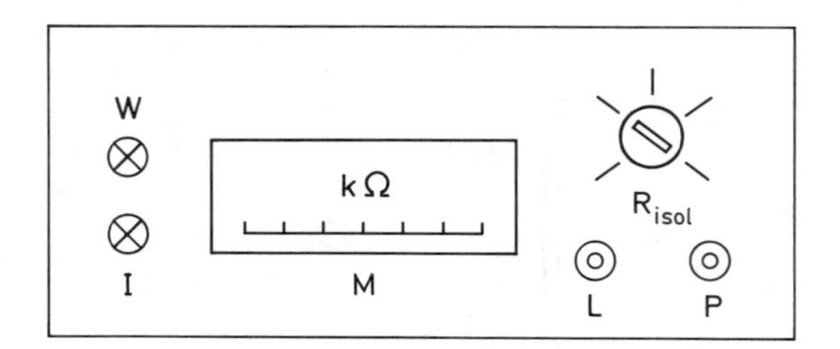

Bild 6-F4: Beispiel einer Isolationsüberwachungs-Einrichtung mit einstellbarem Ansprechwert und Anzeige des Isolationswiderstandes. R_{isol} = Einstellung des Ansprechwertes, M = Anzeige des Isolationswiderstandes, I = Optische Betriebsanzeige, W = Optische Warnanzeige, L = Löschtaste der externen akustischen Warnung, P = Prüftaste.

am Isolationsüberwachungsgerät eine Meldelampe auf. Die akustische Warnung kann mit einer Taste gelöscht werden, die optische Warnung bleibt solange bestehen, bis der Isolationsfehler beseitigt ist.
Es gibt Geräte mit einstellbarem oder mit fest eingestelltem Ansprechwert. Manche Geräte haben zusätzlich eine Anzeige des Isolationswiderstandes, wie in Bild 6-F4 dargestellt. Alle Geräte haben die Prüftaste zur Simulation eines Fehlers und damit zur Funktionskontrolle der Überwachungseinrichtung. Eine ausführliche Darstellung der Isolationsüberwachung findet sich in: W. Hofheinz »Schutztechnik mit Isolationsüberwachung«, VDE-Verlag, Berlin.

7 Die Niederohmmessung der Schutzleiter und Potentialausgleichsleiter

Mit Niederohmmessung wird hier und an allen anderen Stellen des Buches die Messung niederohmiger Widerstände von Potentialausgleichsleitern und Schutzleitern mit Widerstandsmessern verstanden, die gemäß DIN VDE 0413 Teil 4 gebaut sind.

7.1 Was ist die Niederohmmessung, und wozu dient sie?

Schutzleiter, Potentialausgleichsleiter und Erdungsleiter müssen auf niederohmigen Durchgang gemessen werden. Zusätzlich muß die hinreichend niederohmige *Verbindung* von Körpern mit den Schutzleitern und Erdern sowie ihren Anschlußstellen festgestellt werden.

7.2 Bei welchen Schutzmaßnahmen ist die Niederohmmessung gefordert?

Bei folgenden Schutzmaßnahmen ist die Niederohmmessung anzuwenden:

Schutz gegen gefährliche Körperströme	**Meßaufgabe**
Funktionskleinspannung ohne sichere Trennung (FELV)	Sind die Körper mit dem Schutzleiter des übergeordneten Netzes verbunden?
Schutztrennung	Wenn mehr als ein Verbrauchsmittel in die Schutzmaßnahme einbezogen ist: Sind die Körper mit dem erdfreien isolierten Potentialausgleichsleiter hinreichend niederohmig verbunden?
Hauptpotentialausgleich	Sind alle fremden leitfähigen Teile wie z. B. Rohrsysteme und Metallkonstruktionen untereinander und an der Potentialausgleichsschiene mit dem Schutzleiter hinreichend niederohmig verbunden? Messung nur in den Fällen, wo die Besichtigung keinen eindeutigen Aufschluß gibt.

Schutz gegen gefährliche Körperströme	**Meßaufgabe**
Zusätzlicher örtlicher Potentialausgleich	Ist der Widerstand zwischen Körpern und fremden leitfähigen Teilen hinreichend niederohmig?
Schutz durch Überstrom-Schutzeinrichtungen im TN- oder TT-System	Sind die Schutzleiter (PE) hinreichend niederohmig durchverbunden? (Ersatzmessung anstelle der Schleifenwiderstandsmessung). Die Schleifenwiderstandsmessung ist jedoch zwingend mindestens einmal an der elektrisch ungünstigsten Stelle durchzuführen.
Schutz durch Fehlerstrom-Schutzeinrichtungen im TN- oder TT-System	Ist der Widerstand der Potentialausgleichsleiter hinreichend niederohmig? Sind die Schutzleiter (PE) hinreichend niederohmig? (Ersatzmessung anstelle von Messung der Berührungsspannung und Auslöseprüfung der Fehlerstrom-Schutzeinrichtung). Die Messung der Berührungsspannung mit Auslöseprüfung ist jedoch zwingend mindestens einmal an der elektrisch ungünstigsten Stelle durchzuführen.
Schutzmaßnahmen im IT-System	Ist der Schutzleiter oder der Potentialausgleichsleiter hinreichend niederohmig?

7.3 Welches sind die grundsätzlichen Meßaufgaben?

Aus der vorstehenden Aufstellung geht hervor, daß die Messung der niederohmigen Verbindung zwischen verschiedenartigen Meßpunkten erfolgt, die drei unterschiedlichen Meßkreisen zugeordnet sein können:

1. Die Messung der Schutzleiter, ausgehend von der PE-Schiene des Verteilers zu den Anschlußstellen der Verbraucher (z. B. Steckdose).
2. Die Messung zwischen fremden leitfähigen Teilen, wie beispielsweise Rohrsysteme, Metallkonstruktionen oder metallene Gefäße untereinander und mit dem Schutzleiter (Hauptpotentialausgleich). Eine Messung ist nur dann erforderlich, wenn durch Besichtigen die Wirksamkeit des Hauptpotentialausgleichs nicht beurteilt werden kann.
3. Die Messung der Erdungsleitungen vom Erder oder von mehreren Erdern zur Potentialausgleichsschiene, beispielsweise zum Erder für die Fernmeldeanlage, für die Antenne, für den Kabelanschluß oder für die Blitzschutzanlage.

7.3.1 Die Niederohmmessung an Schutzleitern

Zur Messung des Schutzleiters PE, hier ausgehend von dem Verteiler, wird das Ohmmeter zwischen die PE-Schiene des Verteilers und z. B. dem Schutzkontakt der Steckdose geschaltet (Bild 7.1). Bei entfernter Brücke zwischen PE und N werden fehlerhafte Stellen, an denen versehentlich der Neutralleiter mit dem Schutzleiter verbunden ist, erkannt.

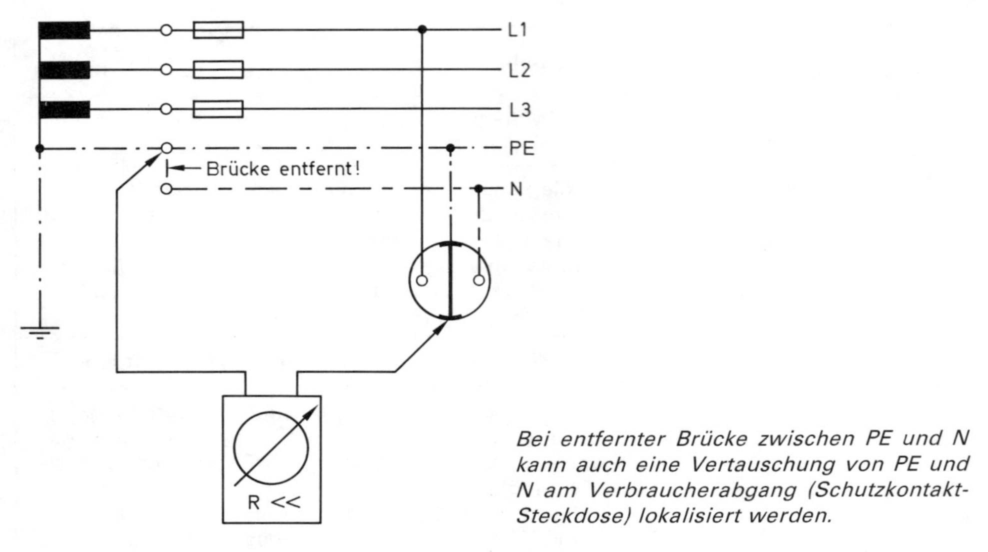

Bild 7.1: Messung des niederohmigen Widerstandes des Schutzleiters, ausgehend von der PE-Schiene des Verteilers bis zum Schutzkontakt der Steckdose. $R_{\ll}$ = Ohmmeter gemäß DIN VDE 0413, Teil 4.

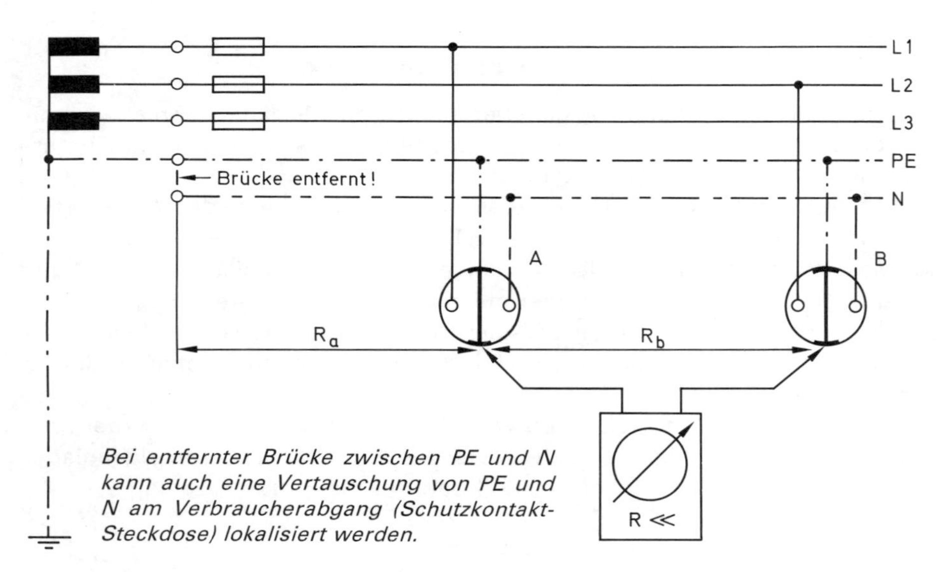

Bild 7.2: Niederohmmessung der Schutzleiter. Der Schutzleiterwiderstand R_a bis zur Schutzkontakt-Steckdose A wurde in einem ersten Arbeitsgang ermittelt. Dann wird, ausgehend von A, der Schutzleiterwiderstand R_b bis zur Schutzkontakt-Steckdose B gemessen. Der gesamte Schutzleiterwiderstand bei B, ab Verteilung, ergibt sich zu $R_a + R_b$. Dabei wird allerdings ein Stück Leitung (bei A) zweimal gemessen. Der hierdurch entstehende Fehler ist vernachlässigbar und liegt auf der sicheren Seite.

Ist die Meßleitung nicht lang genug um alle Schutzleiterkontakte oder Körper zu erreichen, wird ein neuer Ausgangspunkt für die Meßleitung benötigt. Hierzu kann eine bereits gemessene Anschlußstelle genutzt werden. Der Widerstand zwischen dem Verteiler und diesem neuen Ausgangspunkt ist den jetzt gewonnenen Meßwerten hinzuzuaddieren (Bild 7.2).

Schutzleiterwiderstand im IT-System

Eine Schleifenimpedanzmessung im IT-System erfordert die Erdung eines Außenleiters. Ist dies nicht möglich, so kann eine Messung des Schutzleiterwiderstands durchgeführt werden. Dieser darf – bei gleicher Länge von Schutzleiter und Außenleiter – maximal betragen:

$$R_{SL} \leq 0{,}8 \times \frac{Q_A}{Q_A + Q_{PE}} \times \frac{U}{I_a} \; (\Omega)$$

R_{SL} Schutzleiterwiderstand
Q_A Querschnitt der Außenleiter
Q_{PE} Querschnitt des Schutzleiters
U { U_O im Netz mit Neutralleiter zwischen Außenleiter und Neutralleiter
U_N im Netz ohne Neutralleiter zwischen Außenleitern }

7.3.2 Die Niederohmmessung an Potentialausgleichsleitern

Sie dient zur Überprüfung des Hauptpotentialausgleiches oder des zusätzlichen (örtlichen) Potentialausgleiches (Bild 7.3).
Ausgehend von der Potentialausgleichsschiene PS wird der niederohmige Widerstand der Potentialausgleichsleitung, der Übergangswiderstand an der Anschlußstelle bis zur letzten gerade noch zugänglichen Stelle der metallischen Rohre gemessen (Bild 7.4).

7.3.3 Die Niederohmmessung der Erdungsleitung

Ausgehend von der Potentialausgleichsschiene PS wird der niederohmige Widerstand der Erdungsleitung bis an die Klemme des Schutzerders gemessen, wie Bild 7.5 zeigt (Diese Messung ist keine Erdungsmessung!).

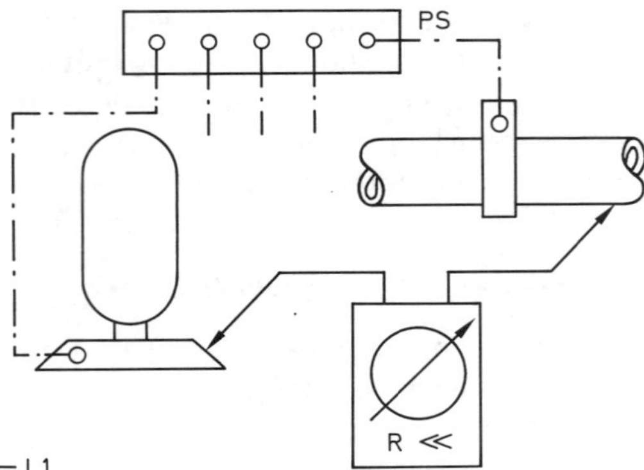

Bild 7.3: Messung des niederohmigen Widerstandes zwischen zwei in den Potentialausgleich einbezogenen leitfähigen Körpern. R ≪ = Ohmmeter gemäß DIN VDE 0413, Teil 4, PS = Potentialausgleichsschiene.

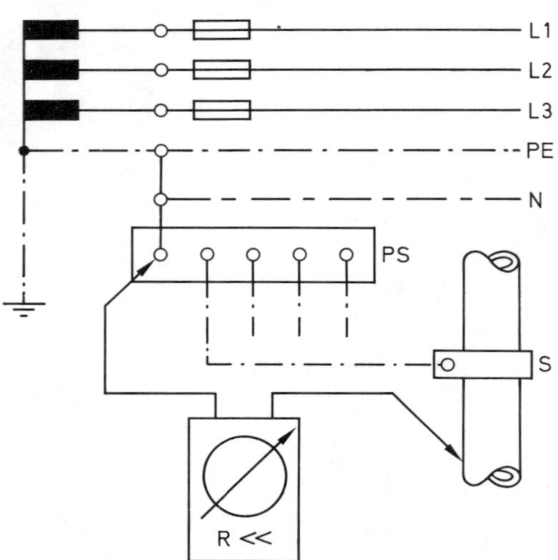

Bild 7.4: Messung des niederohmigen Widerstandes der Zuleitung von der Potentialausgleichsschiene zu metallischen Rohren. R ≪ = Ohmmeter gemäß DIN VDE 0413, Teil 4, PS = Potentialausgleichsschiene, S = Rohrschelle.

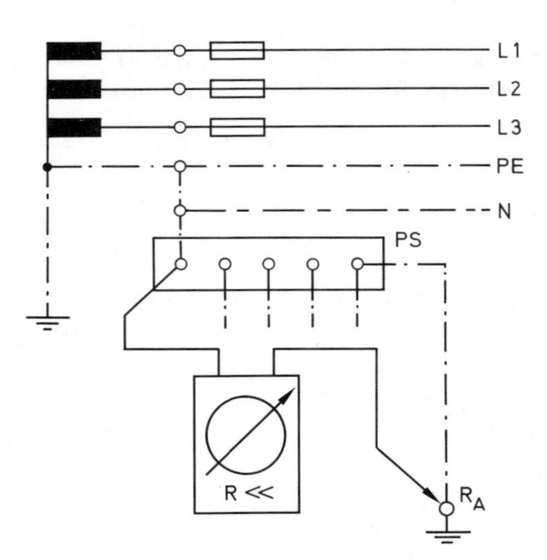

Bild 7.5: Messung des niederohmigen Widerstandes der Erdungsleitung, R ≪ = Ohmmeter gemäß DIN VDE 0413, Teil 4, PS = Potentialausgleichsschiene, R_A = Schutzerder.

7.4 Welches Meßgerät ist zu verwenden?

Das Meßgerät muß DIN VDE 0413, Teil 4 entsprechen. In dieser VDE-Bestimmung sind u.a. die Anforderungen an das Meßgerät und die maximal zulässigen Gebrauchsfehler beschrieben. Die Meßspannung darf eine Gleichspannung oder eine Wechselspannung sein. Die Leerlaufspannung muß in beiden Fällen zwischen 4 V und 24 V liegen. Der Kurzschlußstrom muß mindestens 0,2 A bei Gleichstrom oder 5 A bei Wechselstrom betragen.

Der wesentlich höhere Kurzschlußstrom bei der Messung mit Wechselstrom soll den Einfluß von vagabundierenden Gleichströmen weitgehend ausschalten. Bei Gleichstrom muß das Meßgerät einen Polwender aufweisen. Die Messung ist mit beiden Polaritäten auszuführen (Bild 7.6). So können vagabundierende Gleichströme erkannt und durch Bildung des arithmetischen Mittelwertes ausgeschaltet werden.

Die Bereitstellung einer Wechselstromquelle mit dem hohen Kurzschlußstrom von 5 A ist praktisch nur mit einem netzgespeisten Transformator möglich. Das Heranführen von Netzspannung ist in fast allen Fällen – bei Neuanlagen zum Zeitpunkt der Messung vor der Inbetriebnahme nur über den Baustromverteiler – sehr umständlich und zeitraubend. So werden die batteriebetriebenen, mit Gleichstrom arbeitenden Widerstandsmesser zur Niederohmmessung bevorzugt.

DIN VDE 0413 Teil 4 verlangt folgende Bedingungen: Wird versehentlich eine Fremdspannung angelegt, die bis zum 1,1fachen Wert der Nennspannung der Netze beträgt, in denen der Widerstandsmesser verwendet wird, so darf das Meßgerät nicht beschädigt werden; es darf auch keine Gefahr für den Bedienenden ausgehen. Für Arbeiten im Netz 220/380 V muß also mit einer Fremdspannung bis 420 V ~ gerechnet werden! Bedingt durch den Meßbereich von nur wenigen Ohm sind die Geräte selbst sehr niederohmig. Sie müssen deshalb durch schnell ansprechende Schutzeinrichtungen, z. B. Sicherungen, geschützt werden. In keinem Fall dürfen andere als die vorgeschriebenen Sicherungen eingesetzt werden.

Bei analog anzeigenden Geräten muß im Bereich von 0 ... 3 Ω mindestens alle 0,1 Ω ein Teilstrich vorgesehen sein. Der Teilstrich-Abstand muß mindestens 0,5 mm je 0,1 Ω betragen, ein größerer Teilstrichabstand erleichtert die Ablesung erheblich.

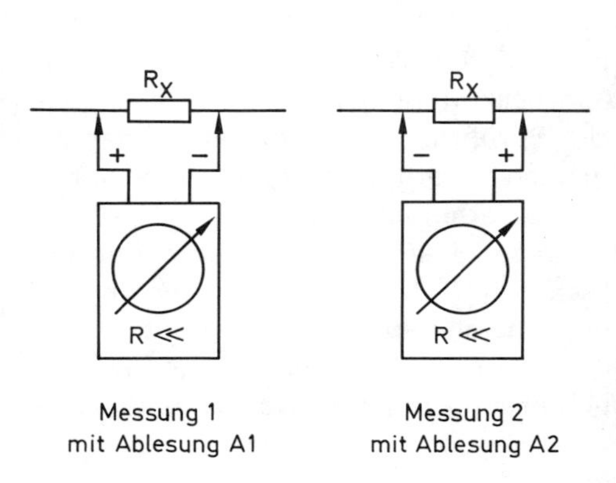

$$R_X = \frac{A\,1 + A\,2}{2}$$

R_X = *niederohmiger Widerstand*
R≪ = *Ohmmeter mit Polwender, damit beide Ablesungen (A 1 und A 2) ohne Umklemmen der Meßleitungen möglich sind.*
A 1 = *Ablesung bei Polarität +/–*
A 2 = *Ablesung bei Polarität –/+*

Bild 7.6: Zwei Messungen mit umgekehrter Polarität lassen Einflüsse durch vagabundierende Gleichströme, parasitäre Spannungen oder oxydierte Übergangsstellen erkennen.

Auf der analogen Skala ist der *Meßbereich* innerhalb des *Anzeigebereiches* durch Punkte markiert. Nur in diesem Bereich wird der Gebrauchsfehler eingehalten. Bei digital anzeigenden Geräten sind die Grenzen des Meßbereiches auf dem Gerät anzugeben.
Eine selbsttätige Umschaltung der Meßspannungs-Polarität verkürzt wesentlich die Meßzeit. Weichen beide Messungen deutlich voneinander ab, so weist dies auf einen Fehler in der geprüften Leitung hin.

Herkömmliche Widerstandsmesser arbeiten mit viel geringeren Meßströmen, als hier für die Schutzmaßnahmen-Prüfung vorgeschrieben ist. Das gilt in besonderem Maße für die Widerstandsmeßbereiche von Multimetern. Vor allem bei digital anzeigenden Multimetern sind die Meßströme sehr klein. Sie erfüllen nicht die Bedingung von DIN VDE 0413, Teil 4, und sind somit für die Niederohmmessungen im Rahmen der Schutzmaßnahmen ungeeignet.

7.5 Wie genau kann ich messen?

Der maximale Gebrauchsfehler ist vorgegeben durch DIN VDE 0413 Teil 4. Innerhalb des Meßbereiches darf er höchstens ± 30 % betragen, bezogen auf den abgelesenen Wert. Dieser maximale Gebrauchsfehler gilt:
- im Temperaturbereich zwischen 0 und +30 °C;
- bei beliebiger Gebrauchslage;
- bei Netzspeisung innerhalb ± 10 % der Nennspannung;
- bei Batteriespeisung muß die Batteriespannung innerhalb der zulässigen Grenzen liegen. Dabei muß das Gerät gestatten, die Betriebsspannung jederzeit zu prüfen.

Dieser Gebrauchsfehler erscheint zunächst sehr hoch. Doch insbesondere bei kleinen Werten in der Größenordnung von 0,1 Ω sind die Meßfehler sehr groß. Der Gebrauchsfehler von ± 30 % auf den angezeigten Wert beträgt in diesem Fall ± 30 Milliohm! Mehr oder minder starke Andruckkraft beim Anlegen der Prüfspitzen oder eine hauchdünne Oxidation an der Berührungsstelle führen zu starken Schwankungen der Meßanzeige. Dies gilt in noch höherem Maß dann, wenn durch Farbreste oder Rost eine saubere Kontaktgabe verhindert wird.
Wird ein Meßwert von 0,1 Ω abgelesen, so kann der tatsächliche Wert unter Berücksichtigung des Gebrauchsfehlers also zwischen 0,07 Ω und 0,13 Ω liegen. In den weitaus meisten Fällen aus der Praxis des Installateurs ist die Kenntnis des genauen Wertes hier auch nicht erforderlich. Denn mit der Ablesung des Wertes von 0,1 Ω ist die wichtigste Erkenntnis dieser Messung gegeben: Der Widerstand ist hinreichend niederohmig.

7.6 Was ist zu messen und was ist zu besichtigen?

7.6.1 Potentialausgleich

Bei der Prüfung der Wirksamkeit des Potentialausgleichs ist die *Besichtigung* die wichtigste Aufgabe, denn wesentliche Fehler, wie beispielsweise ein *teilweise* abgeschalteter oder abgebrochener Potentialausgleichsleiter, lassen sich meßtechnisch nicht ermitteln.

DIN VDE 0100 Teil 610 fordert die Niederohmmessung an Potentialausgleichsleitern. Die Niederohmmessung im Bereich von Schutzleitern in Stromkreisen kleinerer Querschnitte wird gut ablesbare Werte zwischen 0,3 und 1 Ω ergeben.
Die Niederohmmessung im Bereich von Schutzleitern in Stromkreisen kleinerer Querschnitte wird gut ablesbare Werte zwischen 0,3 und 1 Ω ergeben.

Tabelle 7.1: Die Prüfung der Schutzleiter und Potentialausgleichsleiter

Eigenschaft	Besichtigen	Messen
Richtige Kennzeichnung	×	
Ordnungsgemäße Verlegung	×	
Erkennbare Beschädigungen	×	
Ausreichender Querschnitt	×	
Anschlüsse gesichert gegen Lösen	×	
Gesicherte Schraubverbindungen	×	
Niederohmiger Widerstand einschließlich der Anschlüsse		×

Werden dagegen Potentialausgleichsleiter oder Zuleitungen zu Erdern gemessen, so wird bei intakten Anlagen der Widerstand sehr klein im Bereich von wenigen Zehntel Ohm liegen. Denn der Querschnitt der Potentialausgleichsleiter wurde aus Gründen der mechanischen Festigkeit auf ≥ 6 mm² Cu für den Hauptpotentialausgleich festgelegt. Bei 30 °C Leitungstemperatur beträgt der Widerstand pro m Leiterlänge nur 3,15 m Ω, für 100 m also 0,135 Ω! Die Tabelle 7.2 enthält Hinweise für die Querschnitte von Potentialausgleichsleitern.

Tabelle 7.2: Querschnitte für Potentialausgleichsleiter gem. DIN VDE 0100, Teil 540

Hauptpotentialausgleich	Zusätzlicher Potentialausgleich
0,5 × Querschnitt des Hauptschutzleiters, jedoch mindestens 6 mm² Cu, zulässige Begrenzung auf 25 mm² Cu	***Zwischen 2 Körpern:*** 1 × Querschnitt des kleineren Schutzleiters ***Zwischen einem Körper und einem fremden leitfähigen Teil:*** 0,5 × Querschnitt des Schutzleiters, jedoch mindestens 2,5 mm² bei mechanischem Schutz, mindestens 4 mm² Cu ohne mechanischen Schutz

Die Besichtigung des Hauptpotentialausgleichs dient zur Kontrolle, daß die nachfolgenden Teile zuverlässig mit der Potentialausgleichsschiene oder Haupterdungsschiene bzw. Haupterdungsklemme verbunden sind:
- Hauptpotentialausgleichsleiter,
- Hauptschutzleiter,
- Haupterdungsleitung,
- Erder – z. B. Fundamenterder, Blitzschutzerder, Erder von Antennen und Fernmeldeanlagen,
- metallene Rohrsysteme wie Hauptwasserrohr, Hauptgasrohre, Rohre von Heizungs- und Klimaanlagen,
- metallene und leitfähige Teile von Gebäudekonstruktionen, Anlagen, Gerüste, Behälter usw.

Die Mindestquerschnitte für Schutz- und Potentialausgleichsleiter sind in Tabelle 7.3 aufgeführt.

Tabelle 7.3: Mindestquerschnitte für Schutzleiter und Potentialausgleichsleiter in Abhängigkeit vom Außenleiterquerschnitt

Außenleiter	Schutzleiter oder PEN*-Leiter	Potentialausgleichsleiter	
		Querschnitt	Widerstand pro m Leitungslänge
mm^2	mm^2	mm^2	für Cu bei 30 °C in mΩ
1	1		
1,5	1,5		
2,5	2,5	≥ 6	3,15
4	4		
6	6		
10	10		
16	16		
25	16	≥ 10	1,88
35	16		
50	25		
70	35	≥ 16	1,19
95	50		
120	70	≥ 25	0,75
150	70		
185	95		

* PEN-Leiter sind nur ≥ 10 mm^2 Cu zulässig.

7.6.2 Schutzleiterwiderstand

Bei der Schutzmaßnahme »Schutz durch Überstrom-Schutzeinrichtung« ist die Schleifenimpedanz mindestens einmal, an der elektrisch ungünstigsten Stelle, zu messen. Die anderen Anschlußstellen können mit Hilfe der Niederohmmessung geprüft werden.

Das Gleiche gilt für den »Schutz durch Fehlerstrom-Schutzeinrichtung«. Auch hier sind Messungen der Berührungsspannung und Auslöseprüfung an der elektrisch ungünstigsten Stelle durchzuführen. An den anderen Anschlußstellen kann mit Hilfe der Niederohmmessung geprüft werden.

Achtung: Um bei der Niederohmmessung auch eine Vertauschung von Schutzleiter und Neutralleiter an den Anschlußstellen festzustellen, ist
- bei Schutz durch Überstrom-Schutzeinrichtungen die Brücke zwischen PE und N zu entfernen;
- bei Schutz durch Fehlerstrom-Schutzeinrichtung die Verbindung zwischen Schutzleiter und Erder zu lösen.

7.7 Was sind die Vorteile der Niederohmmessung?

Wenn auch die Niederohmmessung der Schutzleiter die Schleifenwiderstandsmessung oder die Prüfung bei Verwendung der Fehlerstrom-Schutzeinrichtung nicht ersetzen kann, so bietet sie doch Vorzüge, denen sich der Prüfer allein schon aus Gründen eines rationellen Vorgehens bedienen sollte:
- eine im Baugeschehen von Neuanlagen frühzeitig vorgenommene Prüfung erlaubt die Besichtigung in den noch offenen Anschlußdosen festangeschlossener Verbraucher (Beleuchtungsanlagen, Motoren usw.). Ist der Schutzleiter nicht mehr sichtbar, dann gibt die Messung Aufschluß über den Widerstand der Schutzleiter, nicht aber über die Qualität der Anschluß- und Verbindungsstellen oder über die Querschnitte.
- Bei späteren Messungen ist kein Öffnen von Anschlußdosen oder Abdeckungen notwendig, die am Schutzleiter liegenden Körper werden direkt abgetastet.
- Kein gefährliches Herbeiziehen eines Außenleiters.
- Bei Schutz durch Fehlerstrom-Schutzeinrichtung kein Auslösen bei jeder Messung (was allerdings nach der modernen Impuls-Methode auch nicht erfolgt).
- Die Niederohmmessung kann innerhalb von im Betrieb befindlichen Anlagen erfolgen, ohne eine Betriebsstörung hervorzurufen.

Die genannten Möglichkeiten lassen deutlich erkennen, daß ein autonomes, batteriebetriebenes Gerät viel handlicher ist als ein Gerät mit Netzanschluß. Das gilt noch weit mehr bei Messungen innerhalb des Potentialausgleichs, die teilweise fern von jedem elektrischen Anschluß vorgenommen werden müssen. Auch hier gilt: Je einfacher die Handhabung des Meßgerätes, desto bereitwilliger wird es verwendet!

Die Entscheidung, ob Trockenbatterie oder wiederaufladbare Akkus, sollte unter Berücksichtigung der in Anm. 6-B »Kurbelinduktor, Akku oder Trockenbatterie« für Isolationsmesser genannten Kriterien erfolgen. Da für die Isolationsmessung ebenfalls ein handliches, autonomes Gerät unabhängig vom Netz, sehr zweckmäßig ist, bietet der Markt Kombinationsgeräte für Isolations- und Niederohmmessungen an mit zusätzlicher Möglichkeit, die Netzspannung zu messen.

7.8 Wenn die Meßleitungen nicht lang genug sind?

Herkömmliche Meßleitungen sind für die hier beschriebenen Messungen zu kurz. Es gilt, eine lange Zusatzmeßleitung anzuschließen. Der ohne Hilfskraft arbeitende Prüfer wird die Zusatzmeßleitung mit einem Ende an zentraler Stelle, beispielsweise an der Potentialausgleichsschiene oder an der PE-Schiene der Verteilung oder einem anderen Meßpunkt befestigen und das Meßgerät mit der zweiten »kurzen« Meßleitung zum Abtasten vor Ort mitführen (Bild 7.7).
Wer sich eine solche zusätzliche Meßleitung selbst konfektionieren will, muß sich entscheiden, ob er sich einer längeren oder kürzeren Meßleitung bedienen will. Die kürzere hat den Vorzug der leichten Handhabung, erfordert aber häufiges »Nachfassen«, also einen zweiten Meßvorgang ab einem neuen Stützpunkt. Die längere ist weniger handlich, sie kann durch andere am Bau Arbeitende leichter beschädigt werden. Da bei Selbstkonfektionierung die Kosten ohnehin nicht sehr hoch sind, empfiehlt es sich, eine kurze Meßleitung von ca. 15 m Länge und eine längere von ca. 50 m Länge bereitzuhalten. Hinweise zur Selbstkonfektionierung siehe Anm. 7-A »Selbstkonfektionierung einer zusätzlichen Meßleitung«.
Wenn der Widerstandswert der zusätzlichen Meßleitung am Gerät nicht manuell oder selbsttätig kompensiert werden kann, ist er stets vom Meßergebnis abzuziehen!
Es sei noch erwähnt, daß eine solche zusätzliche Meßleitung auch bei der Isolationsmessung und als Sondenleitung zur Erdungsmessung (bei hinreichender Länge) eingesetzt werden kann.

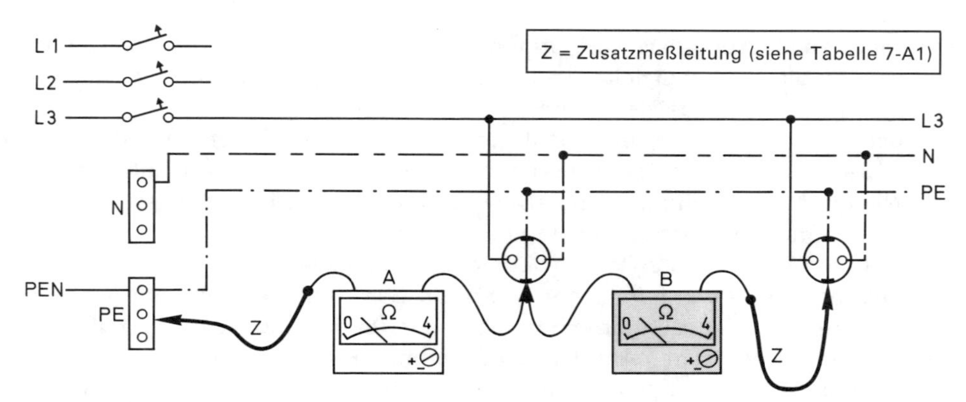

Bild 7.7: Die Messung der niederohmigen Verbindung des Schutzleiters PE. Ausgehend von der PE-Schiene des Verteilers wird mit dem Widerstandsmeßgerät nach DIN VDE 0413 Teil 4 die niederohmige Verbindung der Schutzleiter geprüft (A). Ist die Länge der Zusatzleitung Z nicht ausreichend, um alle Anschlußstellen zu prüfen, kann von einer bereits gemessenen Stelle ausgegangen werden (B). Der Widerstand der Zusatzmeßleitung ist vom Meßergebnis abzuziehen.

Anmerkung

7-A Selbstkonfektionierung einer zusätzlichen Meßleitung

Das Material für eine selbst konfektionierte, zusätzliche Meßleitung sollte hochflexibel sein. Ob man sich für 1 mm² oder für 1,5 mm² Querschnitt entscheidet, sei jedem selbst überlassen. Eine Leitung 1,5 mm² ist mechanisch widerstandsfähiger, aber auch schwerer. Wenn der Widerstandswert dieser zusätzlichen Meßleitung am Gerät nicht manuell oder selbsttätig kompensiert werden kann, ist er stets vom Meßergebnis abzuziehen. Aus diesem Grund ist es zweckmäßig, die Länge so zu bemessen, daß sich ein möglichst »runder« Widerstandswert ergibt, mit dem sich leicht rechnen läßt, beispielsweise 0,2 Ω, 0,5 Ω oder 1,0 Ω. Die Tabelle 7-A1 gibt dazu Richtwerte an. Im übrigen läßt sich der Widerstand der zusätzlichen Meßleitung mit dem Niederohmmeter jederzeit ausmessen.
Entsprechend der Anschlußmöglichkeit am Meßgerät wird man auf der Geräteseite einen Kabelschuh oder einen Bananenstecker, am anderen Ende einen Bananenstecker montieren, auf den wahlweise eine Prüfspitze oder eine kräftige Krokodilklemme aufgesetzt werden kann. Im Interesse sehr niederohmiger und auch konstanter Übergangswiderstände sollten die Kabelanschlüsse gelötet sein.

Tabelle 7-A1: Länge von Meßleitungen bei Widerstandswerten von 0,2 – 0,5 – 1,0 Ω

Widerstand*	Länge bei 1 mm² CU	Länge bei 1,5 mm² Cu
0,2 Ω	11,04 m	16,56 m
0,5 Ω	27,59 m	41,39 m
1,0 Ω	55,18 m	82,78 m
Widerstand pro m	18,12 mΩ	12,08 mΩ

* Werte gültig bei Materialtemperatur von +20 °C

8 Die Messung der Schleifenimpedanz Z_s (Schleifenwiderstandsmessung)

Die Messung der Schleifenimpedanz Z_S ist insbesondere erforderlich im TN-System (DIN VDE 0100 Teil 410 Abschnitt 6.1.3). Sie dient der Ermittlung des Kurzschlußstromes, der direkt nur schwer meßbar ist.

Definition: Die Schleifenimpedanz ist die Summe der Impedanzen in einer Stromschleife, bestehend aus der Impedanz der Stromquelle, der Impedanz des Außenleiters von einem Pol der Stromquelle bis zur Meßstelle, und der Impedanz der Rückleitung (z. B. Schutzleiter, PEN-Leiter bzw. Erde, von der Meßstelle bis zum anderen Pol der Stromquelle (DIN VDE 0100 Teil 200 A.4.6)

Es sei auf den *Entwurf* DIN VDE 0100 Teil 410 A3/6.89 hingewiesen, der bei – dem noch nicht erfolgten – Inkrafttreten Änderungen im Abschnitt 6.1 (Schutz durch Abschaltung oder Meldung) von DIN VDE 0100 Teil 410/11.83 bringen wird.

Hervorzuheben ist die bei Nennspannung U_o = 230 V für Steckdosen-Stromkreise usw. *vorgesehene* Verlängerung der Abschaltzeit von bisher 0,2 s auf 0,4 s. Hierdurch soll eine größere Schleifenimpedanz zulässig werden. Dies ist jedoch nur dann der Fall, wenn als Überstrom-Schutzeinrichtung eine Schmelzsicherung gG nach DIN VDE 0636 Teil 10 gewählt wurde. Die Charakteristik gG (Ganzbereich für allgemeine Anwendung) ersetzt die bisherige Charakteristik gL.
Hier ergeben sich bei der Abschaltzeit 0,4 s höhere zulässige Schleifenimpedanzen, beispielsweise bei

- Sicherung I_N = 6 A Z_S ca. +50 % gegenüber 0,2 s
- Sicherung I_N = 16 A Z_S ca. +30 % gegenüber 0,2 s
- Sicherung I_N = 25 A Z_S ca. +26 % gegenüber 0,2 s

Aus den Strom-Zeit-Kennlinien für Leitungsschutzschalter (Bilder 8.2 und 8.3) ergibt sich keine höhere Schleifenimpedanz, da die Abschaltstromwerte für 0,2 s und 0,4 s im Magnetbereich der Kennlinien die gleichen sind.

8.1 Welche Bedeutung hat die Schutzmaßnahme?

Bei einem Körperschluß eines Betriebsmittels der Schutzklasse I darf eine gefährliche Berührungsspannung nur eine sehr kurze Zeit (0,2 s bzw. 5 s) anstehen, damit keine Gefahr für Personen auftritt, die das Betriebsmittel zum Zeitpunkt des Körperschlusses berühren. Über den Schutzleiter ist der Körper des Betriebsmittels entweder mit dem geerdeten Sternpunkt der einspeisenden Stromquelle (TN-Netz) oder mit einem Erder (TT-Netz) verbunden. Somit wird ein Körperschluß des Außenleiters zu einem Kurzschluß: die vorgeschaltete Überstrom-Schutzeinrichtung spricht an. Die Überstrom-Schutzeinrichtung muß innerhalb folgender Abschaltzeiten ansprechen:

0,2 s
Nur in Steckdosen-Stromkreisen bis 35 A Nennstrom sowie in Stromkreisen mit ortsveränderlichen Betriebsmitteln der Schutzklasse I, die während des Betriebes üblicherweise in der Hand gehalten oder umfaßt werden.

5 s
in allen anderen Stromkreisen.

Diese Abschaltzeiten können nur erreicht werden, wenn der Abschaltstrom hinreichend hoch ist.

8.2 Wie hoch muß der Abschaltstrom sein?

Folgende Bedingung muß erfüllt sein:

$$Z_s \cdot I_a \leq U_o$$

Z_s = Impedanz der Fehlerschleife.
I_a = Strom, der das automatische Abschalten bewirkt.
U_o = Nennspannung gegen geerdeten Leiter, also im Netz 220/380 V: 220 V. Nach DIN IEC 38 beträgt die Nennspannung seit Mai 1987 230/400 V (siehe jedoch Übergangsfrist bis 2003!).

8.3 Welche Messung ist durchzuführen?

Der Kurzschlußstrom läßt sich direkt nur mit sehr großem Aufwand messen. Die Messung der Schleifenimpedanz in der Schleife L-PE dagegen ist sehr einfach: Die Schleife wird mit einem bekannten Meßstrom kurzzeitig beaufschlagt und die dabei auftretende Spannungsabsenkung ΔU wird gemessen (Bild 8.1 zeigt den Meßkreis).

$$Z_s = \frac{\Delta U}{I_p}$$

Z_s = Schleifenimpedanz
I_p = Prüfstrom
ΔU = Spannungsabsenkung

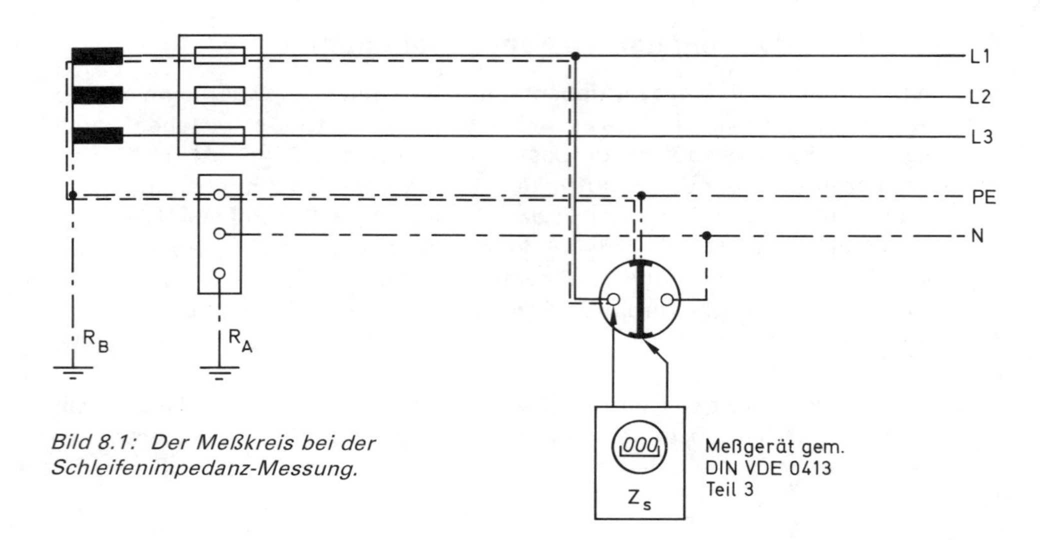

Bild 8.1: Der Meßkreis bei der Schleifenimpedanz-Messung.

Wird beispielsweise ein Prüfwiderstand R_p von 20 Ω in dem Meßkreis verwendet und werden die Spannungen U_1 = 220 V vor und U_2 = 200 V bei Belastung mit dem Prüfwiderstand gemessen, so ergibt sich:

$$\Delta U = U_1 - U_2 = 220\,\text{V} - 200\,\text{V} = 20\,\text{V}$$

Der Prüfstrom I_p beträgt bei U_2 = 200 V und R_p = 20 Ω genau 10 A. Somit beträgt die Schleifenimpedanz

$$Z_s = \frac{\Delta U}{I_p}$$

$$Z_s = \frac{20\,\text{V}}{10\,\text{A}}$$

$$Z_s = 2\,\Omega$$

Bei der Messung der Schleifenimpedanz ist von der zum Zeitpunkt der Messung vorhandenen Betriebsspannung auszugehen, um prinzipbedingte Fehler zu vermeiden (siehe Anmerkung 8-C »Der Prinzipfehler durch Schwankungen der Netzspannung«). Dieser Fehler wird eliminiert, wenn

- vor der Messung ein Abgleich der Netzspannung auf einen genau definierten Wert erfolgt oder
- während der Messung eine Konstantstrom-Regelung dafür sorgt, daß der Meßstrom immer gleich groß ist.

Moderne Schleifenwiderstands-Meßgeräte haben eine Konstantstrom-Regelung. Mit dieser Methode werden auch Änderungen des Prüfwiderstandes kompensiert, die beispielsweise durch Erwärmung entstehen.

8.4 Welcher Abschaltstrom ist für schnelle und zuverlässige Abschaltung erforderlich?

Für den Abschaltstrom I_a muß unterschieden werden zwischen den Abschaltzeiten 0,2 s und 5 s. Für den Praktiker kritisch ist nur die Abschaltzeit 0,2 s, verlangt sie doch, insbesondere bei Verwendung von Schmelzsicherungen als Überstrom-Schutzeinrichtung, hohe Abschaltströme und damit sehr niedrige Schleifenimpedanzen.
Den Strom-Zeitkennlinien der unten genannten Bestimmungen ist zu entnehmen, daß der Abschaltstrom I_a mindestens folgende Werte erreichen muß:

Niederspannungssicherungen mit Charakteristik gL (neu gG) nach DIN VDE 0636

$I_a \sim 10 \times I_n$ für Nennstrom-Werte von 2 ... 20 A
$I_a \sim 12 \times I_n$ für Nennstrom-Werte von 25 ... 63 A
(siehe auch Tabelle 8.1)

Leitungsschutzschalter mit Charakteristik B nach DIN VDE 0641 Teil 11/08.92, früher L

$I_a = 5 \times I_n$
(siehe auch Tabelle 8.1)

Leitungsschutzschalter mit Charakeristik C nach DIN VDE 0641 Teil 11/08.92, früher G und U nach CEE-Publikation Nr. 19

$I_a = 10 \times I_n$

Leitungsschutzschalter mit Charakeristik D nach DIN VDE 0641 Teil 11/08.92

$I_a = 20 \times I_n$

»Industrie-Sicherungsautomaten« mit Charakeristik Z nach DIN VDE 0660 Teil 101/07.92

$I_a = 3 \times I_n$

»Industrie-Sicherungsautomaten« mit Charakeristik K nach DIN VDE 0660 Teil 101/07.92

$I_a = 15 \times I_n$

Anmerkung

Nach DIN VDE 0641 A4 wird anstelle der Charakteristik L die neue Charakteristik B eingeführt und anstelle der Charakteristiken G und U die neue Charakteristik C. Im Magnetbereich entspricht B der bisherigen Charakteristik L sowie C in etwa den bisherigen Charakteristiken G und U. Die Bilder 8.2 und 8.3 zeigen die Strom-Zeit-Kennlinien der Auslösecharakteristiken B, C; D sowie Z und K.
Bei der Berechnung des Abschaltstromes ist von der Nennspannung, also im Netz 220/380 V von 220 V bzw. 230 V (DIN IEC 38) auszugehen. Bei U_o = 230 V liegen die Werte um 4,5 % höher als für U_o = 220 V. Bei der Schleifenimpedanz ist der durch die Meßmethode gegebene Meßfehler zu berücksichtigen. Hierzu zwei Rechenbeispiele.

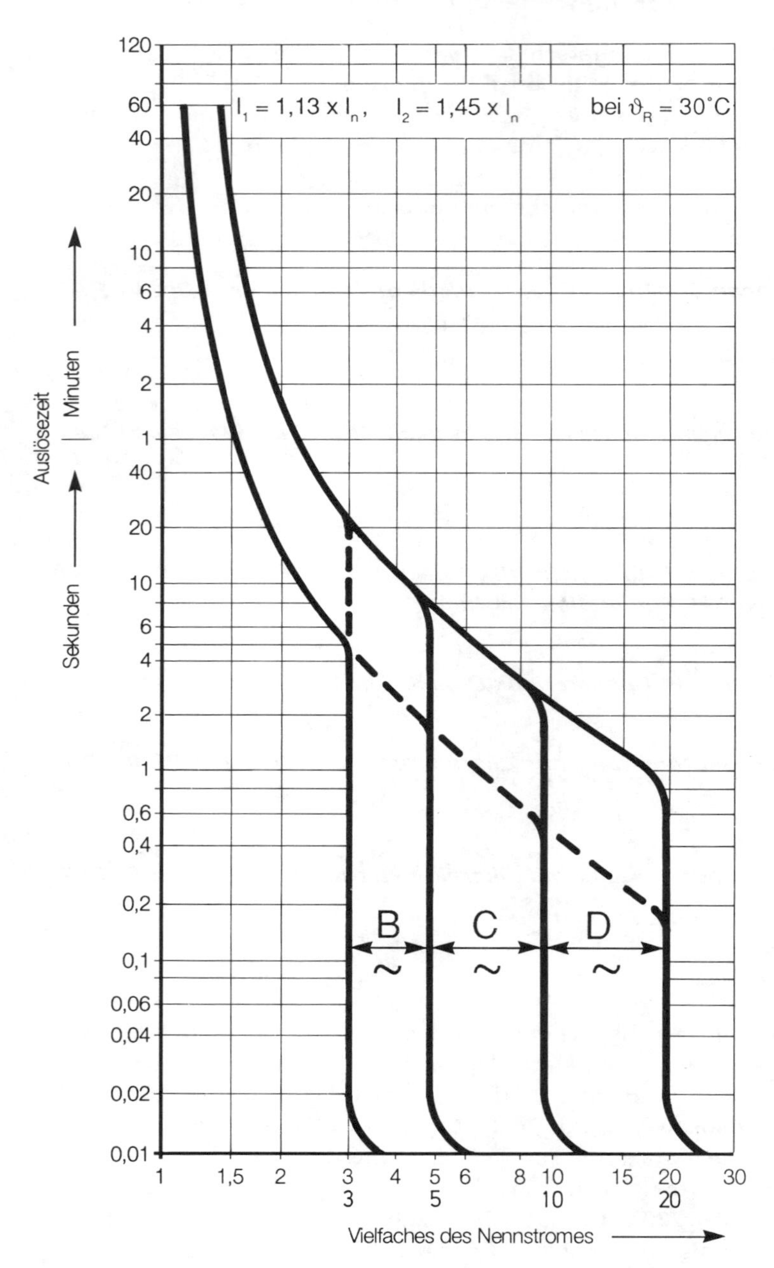

Bild 8.2: Strom-Zeit-Kennlinien von Leitungsschutzschaltern der Auslösecharakteristiken B, C und D gemäß DIN VDE 0641 Teil 11/08.92. Quelle: ABB Stotz-Kontakt, Heidelberg.

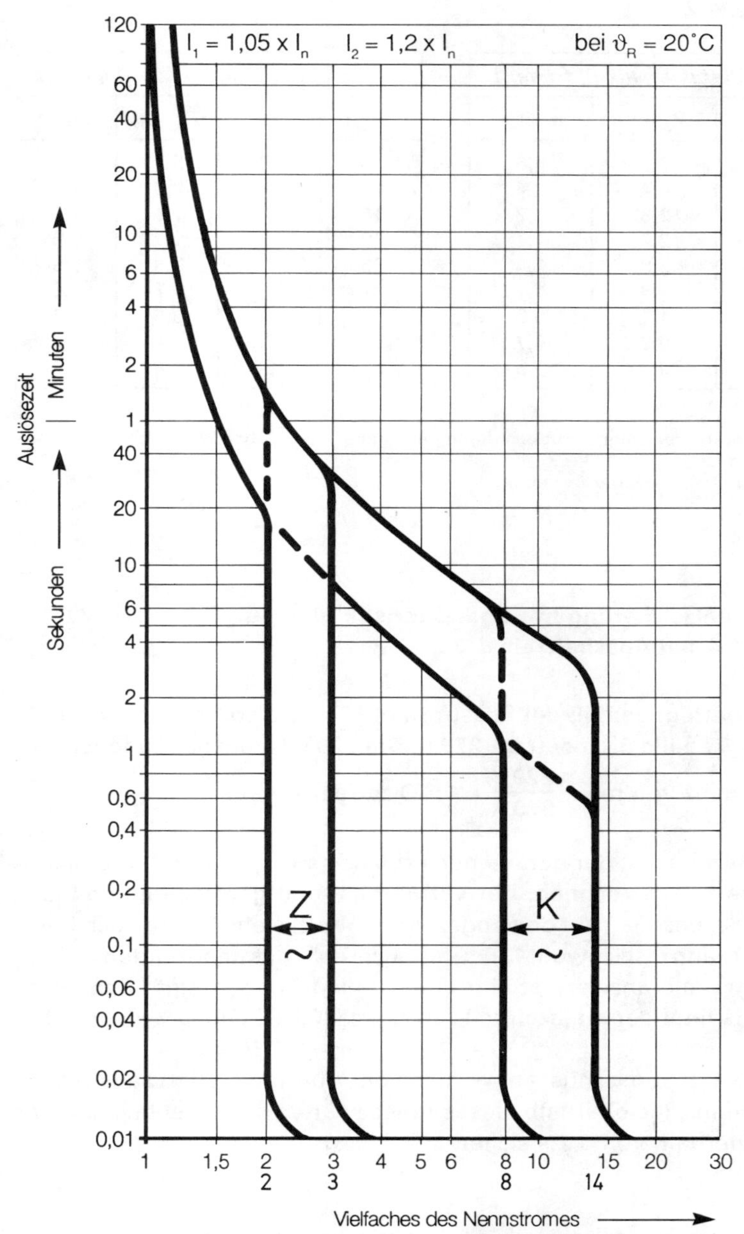

Bild 8.3: Strom-Zeit-Kennlinien von »Industrie-Sicherungsautomaten« der Auslösecharakteristiken Z und K gemäß DIN VDE 0660 Teil 101/07.92. Quelle: ABB Stotz-Kontakt, Heidelberg.

Tabelle 8.1: Abschaltstrom I_a, Grenzwert der Schleifenimpedanz Z_S und maximaler Ablesewert α einschließlich des genormten Gebrauchsfehlers bei Abschaltung $\leq$ 200 ms. Gültig für 220 V.

a) LS-Schalter mit Charakteristik B, früher L			
I_N (A)	I_a (A)	Z_S (Ω)	α (Ω)*
6	30	7,3	5,6
10	50	4,4	3,4
16	80	2,8	2,2
20	100	2,2	1,7
25	125	1,8	1,4
32	160	1,4	1,1
40	200	1,1	0,8
50	250	0,9	0,7
63	315	0,7	0,5

b) Niederspannungssicherungen gL			
I_N (A)	I_a (A)	Z_S (Ω)	α (Ω)*
6	60	3,7	2,8
10	100	2,2	1,7
16	148	1,5	1,2
20	191	1,2	0,9
25	270	0,8	0,6
32	332	0,7	0,5
40	410	0,5	0,4
50	578	0,4	0,3
63	750	0,3	0,2

* Anmerkung zum Ablesewert α:
Höchstzulässiger Ablesewert, der unter Berücksichtigung des genormten Gebrauchsfehlers im ungünstigsten Falle zulässig ist.
Der Abschaltstrom I_a ergibt sich aus der Beziehung

$$I_a = \frac{\text{Nennspannung } U_o}{\text{Schleifenimpedanz } Z_S}$$

8.4.1 Beispiel: Schmelzsicherung mit Charakteristik gL (neu gG), Nennstrom 25 A bei Abschaltzeit $\leq$ 0,2 s

Der Abschaltstrom beträgt gemäß der Faustformel $12 \times I_n$, also $12 \times 25\,A = 300\,A$. Der genaue Wert lt. Tabelle 8.1b beträgt 270 A. Bei 220 V Nennspannung ist also eine Schleifenimpedanz von max. $\frac{220\,V}{270\,A} = 0{,}8\,\Omega$ zu realisieren.

Vor der Messung ist zunächst der gerade noch zulässige Wert unter Berücksichtigung der Meßtoleranz zu errechnen. Der verfahrens- und gerätebedingte Meßfehler beträgt ± 30 %, bezogen auf den angezeigten Wert (siehe hierzu auch Kapitel 4). Der Wert 0,8 Ω kann also sowohl 130 % als auch 70 % des angezeigten Wertes sein, der ungünstige Toleranzwert ist hier eine zu niedrig angezeigte Schleifenimpedanz. Bei 130 % liegt der angezeigte Wert bei ca. 0,6 Ω, bei 70 % liegt er bei ca. 1,1 Ω.
Bei unserer Fehlerbetrachtung müssen wir also vom Ablesewert 0,6 Ω ausgehen; eine Schleifenimpedanz, die oberhalb dieses Ablesewertes liegt, stellt nicht mehr die Abschaltung innerhalb von 0,2 s sicher.

8.4.2 Beispiel: Leitungsschutzschalter Charakteristik B, Nennstrom 16 A bei Abschaltzeit $\leq$ 0,2 s

Der Abschaltstrom gemäß dem obengenannten Faktor beträgt bei der Charakteristik B $5 \times 16\,A = 80\,A$. Die Tabelle 8.1a gibt den gleichen Wert wieder. Bei 220 V Nennspannung ist also eine Schleifenimpedanz von max. $\frac{220\,V}{80\,A} = 2{,}8\,\Omega$ zu realisieren. Unter Berücksichtigung der im Beispiel 8.4.1 genannten Toleranzbetrachtung ergeben sich bei einem Ablesewert von 2,8 Ω folgende Abweichungen:

130 % vom Ablesewert ergibt 2,2 Ω Schleifenimpedanz,
70 % vom Ablesewert ergibt 4 Ω Schleifenimpedanz.
Der ungünstige Wert ist wieder der Wert für 130 %, also 2,2 Ω.

Bei Verwendung der sehr häufig anzutreffenden »LS-Schalter 16 A« beträgt also der maximal abzulesende Meßwert für die Schleifenimpedanz 2,2 Ω, Meßtoleranz berücksichtigt. Diesen Wert kann man sich leicht merken.

Betriebstemperatur der Leitung berücksichtigen

Wird die Leitung im stromlosen Zustand gemessen, so ergeben sich Widerstandswerte bei Umgebungstemperatur. Nimmt die vom Betriebsstrom durchflossene Leitung eine höhere Temperatur an, erhöht sich die Schleifenimpedanz um 4 % je 10 K, bei 80 °C sind das 24 %! Der Meßwert muß somit korrigiert werden: Eine Schleifenimpedanz von 2 Ω bei Raumtemperatur steigt auf 2,48 Ω bei 80 °C.

8.5 Welches Meßgerät ist zu verwenden?

Das Meßgerät muß folgender Vorschrift entsprechen: DIN VDE 0413, Teil 3 »VDE-Bestimmungen für Geräte zum Prüfen der Schutzmaßnahmen in elektrischen Anlagen, Schleifenwiderstands-Meßgeräte«. In dieser VDE-Bestimmung sind u. a. die Genauigkeitsanforderungen an die Geräte beschrieben.
Weiterhin ist gefordert, daß von dem Schleifenwiderstandsmeßgerät keine Gefahren ausgehen dürfen, und zwar auch dann nicht, wenn das Gerät unsachgemäß gebraucht wird oder falsch ans Netz angeschlossen ist, beispielsweise an zwei Außenleiter, also an 380 V. Bei einem derartigen Fehler soll
- der Prüfende nicht gefährdet werden,
- in der geprüften Anlage keine Gefahr für Dritte oder für die Anlage selbst entstehen,
- das Prüfgerät selbst möglichst nicht beschädigt werden.

8.6 Welche Meßfehler dürfen auftreten?

In DIN VDE 0413, Teil 3 sind die Nenngebrauchsbedingungen beschrieben, innerhalb derer das Schleifenwiderstands-Meßgerät den zulässigen Gebrauchsfehler einhalten muß. Der Gebrauchsfehler beträgt ± 30 % und schließt Meßfehler ein, die durch das Meßgerät selbst und durch die Meßmethode hervorgerufen werden. Wenn das Meßgerät zusätzlich den Kurzschlußstrom anzeigt, ist auch bei dessen Ablesung der max. zulässige Gebrauchsfehler zu berücksichtigen (Gebrauchsfehler max. ± 30 %).
Bedingt durch den Quotienten

$$I_k = \frac{U_o}{Z_s}$$

ergibt sich rein rechnerisch ein Gebrauchsfehler für die Messung von I_k von +43 % bis − 23 %, entsprechend Z_s von +30 % bis − 30 % (Bild 8.4).

Schleifenimpedanz	-30%	100%	+30%
Kurzschlußstrom	+43%	100%	-23%

Bild 8.4: Bei Berücksichtigung des ungünstigsten Falles sind 23 % vom ermittelten Kurzschlußstrom abzuziehen (siehe auch Kap. 4, Bild 4.2).

8.6.1 Die Nenngebrauchsbedingungen für das Meßgerät gemäß DIN VDE 0413 Teil 3

- Umgebungstemperatur 0 ... +30 °C,
- Abweichung der Lage des Prüfgerätes max. ± 30 ° der Referenzlage, die auf dem Prüfgerät angegeben ist,
- Netzimpedanzwinkel größer als cos φ = 0,95 oder
- Abweichung des Netzimpedanzwinkels vom Winkel des Prüfwiderstandes – sofern er ein komplexer Widerstand ist – bis höchstens 15 °.

Der Einfluß des Impedanzwinkels ist beim Messen innerhalb einer Verbraucheranlage relativ gering, da die dort verlegten meist kleinen Querschnitte einen hohen Wirkanteil der Schleifenimpedanz und somit einen großen cos φ erbringen (siehe Anmerkung 8-D, Bilder 8-D1 und 8-D2).

Der Gebrauchsfehler setzt sich aus folgenden Fehlern zusammen.

1. Gerätebedingte Fehler

a) Fehler der Meßmethode der Differenzbildung.
b) Genauigkeit des Anzeige-Instrumentes.
c) Genauigkeit des Belastungswiderstandes.
d) Gebrauchslage des Prüfgerätes.
e) Temperatureinfluß des Meßgerätes innerhalb 0 ... 30 °C.

2. Netzabhängige Fehler

f) Netzspannung zum Zeitpunkt der Messung.
g) Phasenwinkel des Netzes (cos φ).
h) Netzausgleichsvorgänge bei Halbwellen-Meßgeräten.
i) Netzrückwirkung durch angeschlossene Verbraucher.

Einzelheiten zu den Fehlern: Siehe Anm. 8-B »Meßfehler bei der Messung der Schleifenimpedanz«.
Unter Berücksichtigung der einzelnen Fehler, insbesondere des Fehlers bei der Differenzbildung sowie des Anzeigefehlers bei Geräten mit Analoganzeige, sind den nach der Methode der Differenzbildung arbeitenden Geräten Grenzen gesetzt. Die Messung kleiner Schleifenimpedanzen innerhalb der Genauigkeit des Gebrauchsfehlers von ± 30 % ist bis ca. 0,5 Ω möglich, genaue Werte sind auf den Prüfgeräten oder in den Gebrauchsanleitungen angegeben. Wird eine Schleifenimpedanz von beispielsweise 0,1 oder 0,2 Ω abgelesen, so sind diese Werte kleiner als die Meßtoleranz an der untersten Meßbereichsgrenze. Diese Aussage ist keineswegs wertlos, sagt sie doch, daß eine sehr kleine Schleifenimpedanz vorliegt, der Kurzschlußstrom somit sehr hoch ist. Wie hoch? In jedem Fall besser als der definierte Gebrauchsfehler!

8.7 Wenn kleine Schleifenimpedanzen zu messen sind

Kann die Schleifenimpedanz meßtechnisch nicht ermittelt werden, so ist sie zu berechnen (siehe Anm. 8-D: »Die Berechnung von Schleifenimpedanzen«) oder am Netzmodell nachzubilden. Für Messungen in Versorgungsnetzen hoher Kurzschlußleistungen können mit aufwendigen Geräten Kurzschlußströme bis 20 000 A direkt gemessen werden.* Soll mit einem herkömmlichen Schleifenwiderstands-Meßgerät eine Schleifenimpedanz unterhalb der unteren Meßbereichsgrenze gemessen werden, so sei hier ein sehr einfach zu praktizierendes Verfahren beschrieben, dessen Genauigkeit den praktischen Erfordernissen in vielen Fällen genügt. Wegen der hohen Ablesegenauigkeit sollte ein Meßgerät mit Digitalanzeige benutzt werden:
Das Verfahren erfordert zwei Schleifenimpedanzmessungen, die im kurzen Zeitabstand nacheinander durchzuführen sind. Die erste Messung ist eine Schleifenimpedanzmessung in der gewohnten Weise. Bei der zweiten Messung wird in dem Meßkreis ein Zusatzwiderstand verwendet, dessen Wert genau bekannt ist, und damit die Schleifenimpedanz künstlich erhöht. Ergibt die zweite Messung einen Wert, der nur unwesentlich von der Addition des zuerst gemessenen Wertes plus Zusatzwiderstand abweicht, so kann praktisch davon ausgegangen werden, daß bei der ersten Messung der Gebrauchsfehler ebenfalls klein war.
Meßbeispiel siehe Anm. 8-A: »Messung niederohmiger Schleifenimpedanzen«.

---

* Siehe K. H. Reiß: Schleifenwiderstand und Kurzschlußstrom gemessen mit Schleifenwiderstands-Meßgeräten, ETZ Bd. 101, 1980.

8.8 Wenn die Schleifenimpedanz zu hoch ist

Bei Erweiterung vorhandener, insbesondere alter Anlagen kann die Schleifenimpedanz zu hoch sein. Grundsätzlich ist zu unterscheiden, ob eine zu hohe Schleifenimpedanz durch einen Fehler oder durch eine zu große Leitungslänge bei zu kleinem Querschnitt hervorgerufen wird. Im ersten Fall muß mit der Fehlersuche begonnen werden, im zweiten Fall ist die Wirksamkeit der Schutzmaßnahme zu verbessern.

Auf einen Fehler wird man immer dann schließen, wenn andere in der Nähe liegende Verbraucherabgänge einwandfreie Werte ergeben. Bei der Fehlersuche ist es vorteilhaft, wenn das Prüfgerät auch zur Messung des Netzinnenwiderstandes geeignet ist. Siehe dazu Kap. 9. Obwohl diese Messung nicht zu den gemäß DIN VDE 0100 geforderten Messungen gehört, kann sie bei der Fehlersuche und zur Bestimmung des Kurzschlußstromes sowie der Belastbarkeit der Stromkreise sehr nützliche Dienste leisten.

Ist die Schleifenimpedanz am Hausanschluß bekannt, so kann anhand der geschätzten Leitungslänge auf die Größenordnung der zu erwartenden Schleifenimpedanz geschlossen werden. Zu berücksichtigen ist dabei, daß die Werte der Tabelle 8.2 für die einfache Entfernung gelten, bei der Schleife (Hin- und Rückleitung) sind die Werte zu verdoppeln.

Zur Fehlersuche wird man nicht nur an Steckdosen mit Schutzkontakt messen, sondern auch an den Geräteanschlußdosen, im Verteiler usw. Hier wird das Arbeiten mit einem zweipolig messenden Gerät sehr erleichtert. Ein Meßadapter mit zwei Prüfspitzen ist so einfach zu handhaben wie ein zweipoliger Spannungsprüfer. Bei anderen Prüfgeräten sind für den dreipoligen Anschluß drei Krokodilklemmen oder Hakenclips erforderlich.

Ergibt die Messung eine auffällig hohe Schleifenimpedanz, so sollte an der gleichen Stelle der Netzinnenwiderstand gemessen werden. Ist dieser ebenfalls hoch,

Tabelle 8.2: Widerstand von Kupferleitungen (E-Cu) bei 15 °C ($R = 0{,}0178 \frac{\Omega mm^2}{m}$)

Querschnitt mm^2	Widerstand in Ω für 100 m Ltg.	Querschnitt mm^2	Widerstand in Ω für 100 m Ltg.
1,5	1,167	50	0,350
2,5	0,700	70	0,250
4	0,438	95	0,184
6	0,292	120	0,146
10	0,175	150	0,117
16	0,109	185	0,095
25	0,070	240	0,073
35	0,050	300	0,058

Diese Werte sind auch für die Berechnung der Schleifenimpedanz heranzuziehen, wenn aufgrund großer Leitungsquerschnitte und damit sehr niedriger Schleifenimpedanzen Meßwerte nicht mehr zu ermitteln sind.

Bei Leitertemperaturen über 15 °C sind die Werte mit folgenden Faktoren zu multiplizieren:
20 °C: f = 1,019, 25 °C: f = 1,038, 30 °C: f = 1,057.

so ist ein hoher Übergangswiderstand im Außenleiter zu vermuten (Bild 8.5), ist der Netzinnenwiderstand deutlich kleiner, so kann von einem Fehler im Schutzleiter (PE) ausgegangen werden (Bild 8.6). Führt der Schutzleiter Spannung oder ist er unterbrochen, sollte das Prüfgerät durch eine Vorprüfung diese Gefahr auch dann signalisieren, wenn andere Prüffunktionen, z. B. bei Erschöpfung oder Fehlen der Batterie, nicht garantiert sind.

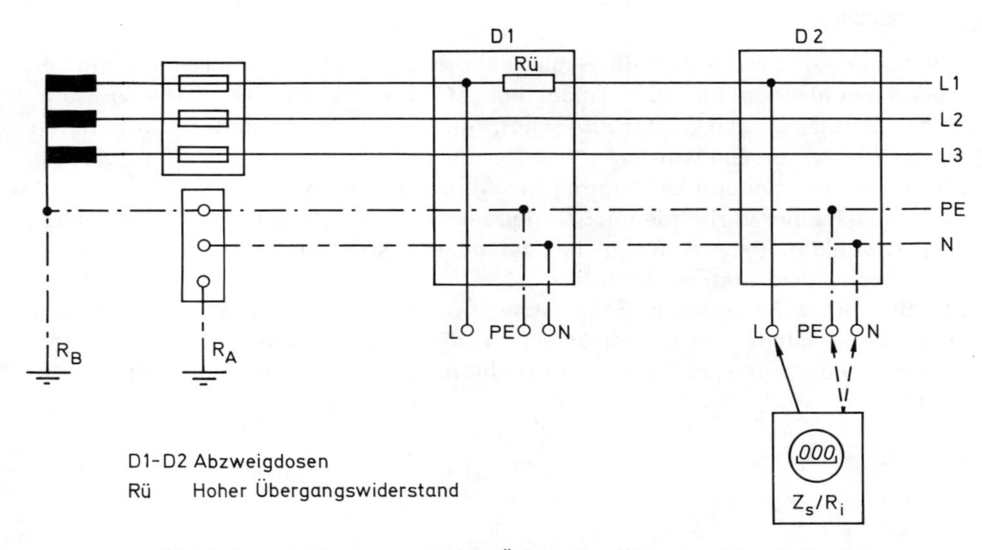

Bild 8.5: Beispiel einer Fehlersuche: Hoher Übergangswiderstand im Außenleiter.

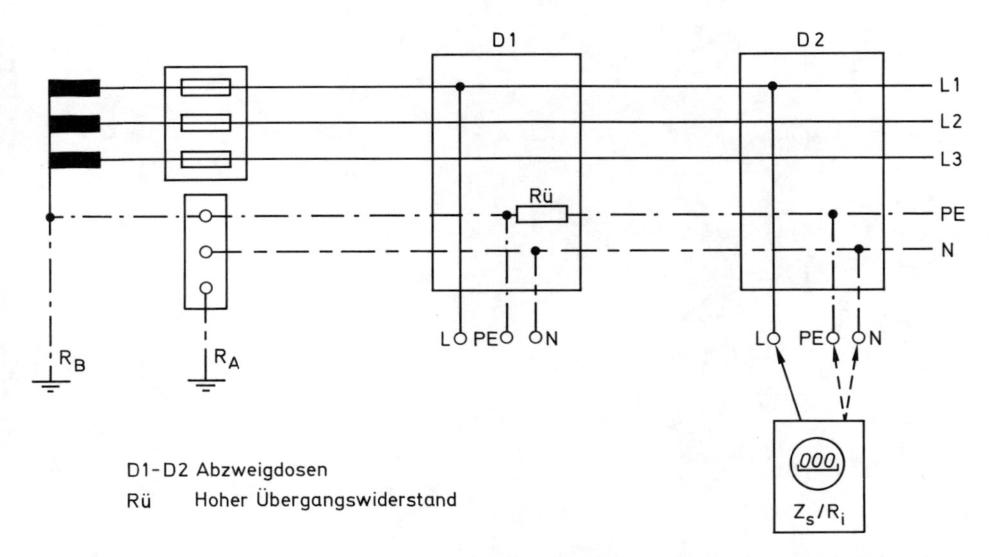

Bild 8.6: Beispiel einer Fehlersuche: Hoher Übergangswiderstand im Schutzleiter (PE).

Wird die Schleifenimpedanz an Anschlußstellen von Motorstromkreisen gemessen, sind im Stromkreis liegende Motorschutzschalter während der Messung zu überbrücken, damit deren Impedanz die Meßergebnisse nicht verfälscht.

8.9 Wie kann die Wirksamkeit der Schutzmaßnahme verbessert werden?

Erreicht der gemessene Wert der Schleifenimpedanz – unter Berücksichtigung des Gebrauchsfehlers der Messung – nicht den geforderten Wert, so kann die Wirksamkeit des Schutzes durch Überstrom-Schutzeinrichtung mit folgenden Maßnahmen verbessert bzw. ersetzt werden.

1. Verlegen einer neuen Leitung mit größerem Querschnitt.
2. Austausch einer vorhandenen Schmelzsicherung durch Leitungsschutzschalter der Charakteristiken B, früher L, oder noch besser Z ($I_a \geq 3 \times I_N$), die einen kleineren Abschaltstrom erfordern.
3. Einbau eines Fehlerstrom-Schutzschalters. Die Überstrom-Schutzeinrichtung dient dann allein dem Überstromschutz, die Schutzmaßnahme gegen gefährliche Körperströme jedoch wird vom Fehlerstrom-Schutzschalter übernommen.

Anmerkungen

8-A Messung niederohmiger Schleifenimpedanzen

Zu dieser Messung ist zweckmäßigerweise ein Prüfgerät mit hochauflösender Digitalanzeige zu verwenden. Diese Methode ist besonders dann anzuwenden, wenn Schleifenimpedanzen gemessen werden sollen, deren Widerstand unterhalb der unteren Meßbereichsgrenze des Prüfgeräts liegt. Nach dem folgenden Rezept kann eine sehr niederohmige Schleifenimpedanz bestimmt werden.

1. Die Schleifenimpedanz Z_s auf die übliche Weise messen und ablesen. Die Ablesung ergibt den Wert A1.
2. Gleich darauf eine zweite Messung, in der ein zusätzlicher genau bekannter Meßwiderstand R_M von wenigen Zehntel Ohm in den Meßkreis geschaltet wird (Bild 8-A1).
3. Der zweite Ablesewert $A2 = Z_s + R_M$ müßte genau um den Wert von R_M höher sein, wenn die Messung fehlerfrei wäre.
4. Ergibt jedoch die zweite Messung einen anderen Wert für R_M, so läßt sich aus dieser Abweichung auf den Meßfehler bei Z_s zurückrechnen.

Bei diesem Vorgehen wird bei der Ablesung A1 die Schleifenimpedanz Z_s und bei Ablesung A2 die Schleifenimpedanz Z_s plus Meßwiderstand R_M angezeigt.

F = Fehlerfaktor $A1 \times F + R_M \times F = A2$

$$F \times (A1 + R_M) = A2$$

$$F = \frac{A2}{A1 + R_M}$$

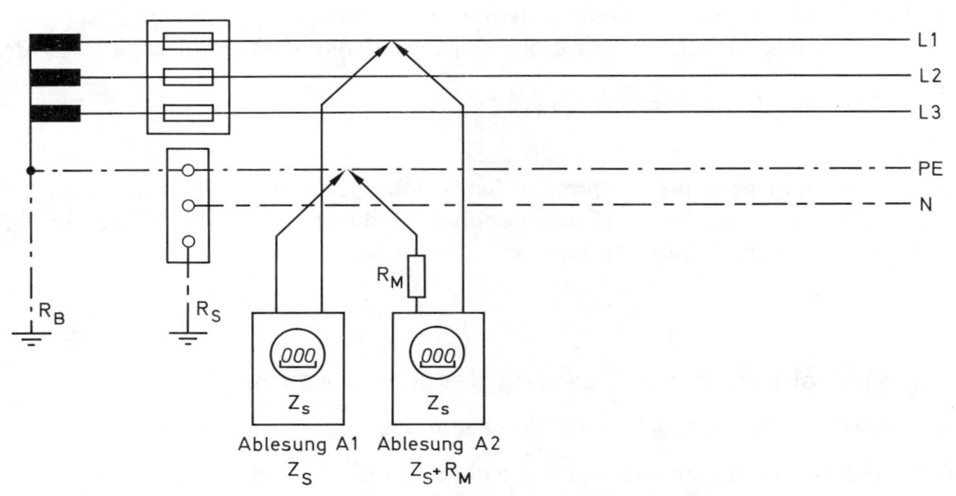

Bild 8-A1: Die quantitative Ermittlung des Gebrauchsfehlers bei der Messung kleiner Schleifenimpedanzen (0,1–0,5 Ω).

Rechenbeispiel 1

Ablesung A1 = 0,22 Ω für Z_s
Ablesung A2 = 0,44 Ω bei R_M = 0,2 Ω

$$F = \frac{A2}{A1 + R_M}$$

$$F = \frac{0{,}44}{0{,}22 + 0{,}20}$$

$$F \approx 1{,}05$$

Da die Messung mit R_M einen Fehlerfaktor *F* von 1,05 ergibt, kann davon ausgegangen werden, daß auch Z_s mit dem gleichen Fehler behaftet ist. Somit ergibt sich für

$$Z_s = \frac{A1}{F} = \frac{0{,}22\,\Omega}{1{,}05} \approx 0{,}21\,\Omega$$

Rechenbeispiel 2

Ablesung A1 = 0,22 Ω für Z_s
Ablesung A2 = 0,38 Ω bei R_M = 0,2 Ω

$$F = \frac{A2}{A1 + R_M}$$

$$F = \frac{0{,}38}{0{,}22 + 0{,}20}$$

$$F \approx 0{,}90$$

Da die Messung mit R_M einen Fehlerfaktor *F* von 0,90 ergibt, kann davon ausgegangen werden, daß auch Z_s mit dem gleichen Faktor behaftet ist. Somit ergibt sich für

$$Z_s = \frac{A1}{F} = \frac{0{,}22\,\Omega}{0{,}90} \approx 0{,}24\,\Omega$$

Beim Vorliegen sehr niederohmiger Schleifenimpedanzen sollten stets die in Anmerkung 8-B unter Punkt g beschriebenen Einflüsse des Phasenwinkels in die Überlegungen mit einbezogen werden.

8-B Meßfehler bei der Messung der Schleifenimpedanz

a) Fehler der Meßmethode der Differenzbildung

Aufgrund der Geräteabmessungen und der Erwärmung ist die Höhe des Prüfstromes begrenzt. Bei leistungsfähigen Netzen mit sehr niederen Innenwiderständen ist die Spannungsdifferenz vor und bei Belastung sehr klein. Zudem treten bei

Differenzbildung zweier hoher Werte erhebliche Fehler auf. Dies führt dazu, daß innerhalb der vorgegebenen Meßtoleranz die untere Grenze der Meßspanne bei ca. 0,5 Ω Schleifenimpedanz liegt.

b) Genauigkeit des Anzeige-Instrumentes

Analoge Schleifenwiderstands-Meßgeräte, die nach der allgemein angewandten Methode der Netzspannungsabsenkung arbeiten, zeigen einen Zeigerausschlag, der zunehmend kleiner wird, je niederohmiger die Schleifenimpedanz ist. Während nach der allgemeinen Regel der Zeigerausschlag immer im letzten Drittel des Skalenbereiches liegen sollte um die Meßgenauigkeit gut auszuschöpfen, schlägt der Zeiger des Schleifenwiderstands-Meßgerätes häufig nur im ersten Zehntel oder noch weniger aus. Dies bedeutet, daß bei der allgemein üblichen Meßwerk-Genauigkeit von Klasse 1,5* der Anzeigefehler der Analoganzeige beim zehnfachen dieses Wertes oder noch höher liegen kann (± 15 % oder mehr).
Bei Digitalgeräten schrumpft dieser Wert auf ca. ± 2 Digit, also ± 2 Ziffern der letzten Stelle. Damit allein schon ist die Überlegenheit der Digitalgeräte gegeben.

c) Genauigkeit des Belastungswiderstandes

Sie ist relativ hoch und liegt bei ca. 1 % vom angegebenen Wert.

d) Gebrauchslage des Meßgerätes innerhalb ± 30 ° ∢

Lagefehler von ca. ± 1,5 % vom Endwert, kein Fehler bei Geräten mit Digitalanzeige.

e) Temperatureinfluß des Meßgerätes innerhalb 0 ... 30 °C

Temperaturfehler ± 1 % vom Endwert pro 10 K.

f) Netzspannung zum Zeitpunkt der Messung

Die Netzspannung muß innerhalb der zulässigen Grenzen von im allgemeinen +15 % und − 10 % der Nennspannung liegen.
Die Messung der Spannungen vor und während der Belastung mit dem Prüfwiderstand erfolgt hintereinander. In dieser Zeit darf keine anderweitig verursachte Änderung der Netzspannung auftreten, da das Meßgerät diese dann mit in die Bildung der Spannungsdifferenz einbeziehen würde.

g) Phasenwinkel des Netzes

Jedes Netz hat eine Blindkomponente – induktiv oder kapazitiv. Die Wicklungen des einspeisenden Transformators haben induktive Blindlast, zu der sich im verkabelten Netz die Kabelinduktivität und im Freileitungsnetz die Freileitungsindukti-

---

* Klasse 1,5 bedeutet: Gebrauchsfehler von ± 1,5 % bezogen auf den Endwert (Skalenende).

vität addiert. Innerhalb der Verbraucheranlagen sind Motoren induktive und kompensierte Leuchtstoff-Röhren kapazitive Verbraucher.
Sind sie als Verbraucher von Bedeutung, so sollte geprüft werden, ob sie während der Messungen abgeschaltet werden können und ob sich durch die Abschaltung die Meßergebnisse ändern.
Der durch Blindlast hervorgerufene Phasenwinkel des Netzes kann von den allgemein eingesetzten Schleifenwiderstands-Meßgeräten nicht erfaßt werden. Bei Leistungsfaktoren von $\cos\varphi \geq 0{,}95$ ist der Einfluß jedoch sehr gering (Netzimpedanzwinkel gem. DIN VDE 0413 Teil 3).

Hinweis: Laut AVBEltV § 22 Absatz 3 liegt der zulässige Bereich des Leistungsfaktorverlaufes zwischen $\cos\varphi$ 0,8 ind. und 0,9 kap.

Am Hausanschluß kann von einer Schleifenimpedanz von 0,4 Ω bei verkabeltem Netz und von 0,7 Ω bei Freileitungsnetzen ausgegangen werden, vielfach liegen die Werte deutlich niedriger.
Arbeitet das Prüfgerät mit einem Prüfstrom von
– 1 A ergibt sich ein Prüfwiderstand von ~ 200 Ω,
– 10 A ergibt sich ein Prüfwiderstand von ~ 20 Ω.

Somit wird das Dreieck, welches aus dem Vektor der Schleifenimpedanz Z_s, dem Prüfwiderstand R_p und der neuen Resultierenden Z_{ges} gebildet wird, so spitz, daß die Projektion in die Waagrechte des vektoriellen R_p-Anteils nur einen minimalen Fehler F ergibt (Bild 8-B1).
Wie in Anm. 8-D »Die Berechnung von Schleifenimpedanzen« näher dargestellt, ist der Einfluß des Phasenwinkels an den Verbraucherabgängen, d. h. an den Stellen, wo der Installateur mißt, recht gering. Dies gilt besonders im Bereich verkabelter Netze. Anders am Hausanschluß, wo mit einem Phasenwinkel von 25°–45° (bei Freileitungsnetzen!) gerechnet werden muß.

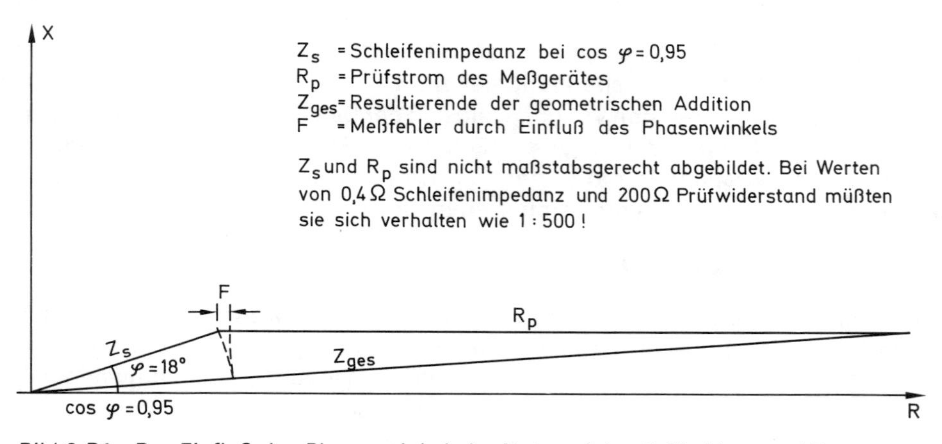

Bild 8-B1: Der Einfluß des Phasenwinkels im Netz auf den Prüfwiderstand R_P.

In starken, niederohmigen Freileitungsnetzen sind aufgrund großer Querschnitte und relativ hoher Trafoleistung die Wirkwiderstände klein, die induktive Blindkomponente von Leitung und Trafo jedoch so groß, daß der Phasenwinkel φ zwischen 25° ($\cos\varphi \approx 0{,}91$) bis über 40° ($\cos\varphi \geq 0{,}77$) liegen kann. In diesen Fällen sind die Meßfehler herkömmlicher, gemäß DIN VDE 0413 Teil 3 gebauter, Prüfgeräte ganz erheblich. Sie können durchaus über die als Gesamtfehler genannten ± 30 % hinausgehen. Fatalerweise zeigen sie eine zu kleine Schleifenimpedanz an, die einen zu hohen Kurzschlußstrom vortäuscht.
Die Messung dieser am Hausanschluß vorliegenden Werte obliegt dem EVU. Innerhalb der Verbraucheranlage sind die Leitungsquerschnitte zu den Verbraucher-Abgängen, beispielsweise 1,5 mm^2 so klein, daß der Wert für den Wirkwiderstand stark steigt und somit der Vektor von Z_s einen wesentlich kleineren Winkel φ ausweist.

h) Netzausgleichsvorgänge bei Halbwellen-Meßgeräten

Kurzzeitige Spannungsschwankungen, die durch Ausgleichsvorgänge oder durch transiente Vorgänge im Netz entstehen, können bei Meßgeräten, die nur über eine oder sehr wenige Halbwellen Prüfstrom fließen lassen, zu Fehlmessungen führen. Ergibt sich ein Ablesewert, der zu anderen Messungen in der gleichen Anlage ein wesentlich anderes Meßergebnis zeigt, sind Wiederholungsmessungen zur Kontrolle erforderlich.

i) Netzrückwirkungen durch angeschlossene Verbraucher

Diese entstehen durch elektrische Betriebsmittel, in denen Bausteine der Leistungselektronik eingesetzt sind, beispielsweise zur Drehzahlregelung. Aber auch Dimmer zur Helligkeitssteuerung oder Lichtorgeln sind hier zu nennen. Diese Leistungshalbleiter verursachen Oberwellen, momentane Spannungs-Einbrüche oder -Erhöhungen, die kurzzeitig messende Prüfgeräte ebenso beeinflussen wie die Netzausgleichsvorgänge. Auch hier gilt, eine Messung zu wiederholen, wenn der angezeigte Wert angezweifelt werden muß.
Durch Kurzzeiteinflüsse verursachte Meßfehler werden dann am sichersten eliminiert, wenn das Prüfgerät von sich aus eine Anzahl von Meßzyklen nacheinander ablaufen läßt und aus denen den Mittelwert bildet.

Hinweis: Gemäß Punkt f muß das Gerät innerhalb von Netzspannungsschwankungen von +15 %/− 10 % der Nennspannung arbeiten. Alle modernen Prüfgeräte gleichen diese Schwankungen aus. Somit ist dieser Fehler hier für die Fehlerbeurteilung nicht mehr relevant. Zum Verständnis der Meßmethode ist dieser prinzipielle Fehler wichtig. Deshalb ist er nicht hier, sondern in Anm. 8-C »Der Prinzipfehler durch Schwankungen der Netzspannung« mit Rechenbeispiel dargestellt.

8-C Prinzipfehler durch Schwankungen der Netzspannung

Das Prinzip der Messung der Schleifenimpedanz ist folgendes: Durch Spannungsmessung vor (U) und während (U') der Belastung mit einem festen, nicht veränderlichen Prüfwiderstand R_p ergibt sich die Spannungsdifferenz $\Delta U = U - U'$, aus der die Schleifenimpedanz errechnet wird zu

$$Z_s = \frac{\Delta U \times R_p}{U - \Delta U}$$

Bei einer Netzspannung von 220 V, einer Spannungsdifferenz von 20 V sowie einem Prüfwiderstand von 20 Ω ergibt sich

$$Z = \frac{20\,\text{V} \times 20\,\Omega}{220\,\text{V} - 20\,\text{V}}$$

$$Z_s = 2\,\Omega$$

Da die Skala des Prüfgerätes für eine Netzspannung $U_o = 220$ V und den Belastungswiderstand von 20 Ω kalibriert wurde, zeigt der Zeiger den Wert 2 Ω.
Bei einer späteren Messung an der gleichen Meßstelle betrage die Netzspannung jedoch nicht 220 V sondern 240 V. Wird obige Gleichung nach ΔU aufgelöst, so ergibt sich

$$\Delta U = \frac{Z_s \times U}{R_p + Z_s}$$

Bei 240 V beträgt die Spannungsdifferenz $\Delta U' = 21{,}8$ V. Die Skala des Prüfgerätes ordnet jedoch diese Spannungsdifferenz der Netzspannung 220 V zu, der Zeiger spielt ein auf 2,2 Ω. Der Meßfehler beträgt somit gegenüber 2 Ω + 10 %.
Bei einer dritten Messung, erneut an der gleichen Meßstelle, betrage die Netzspannung nunmehr 200 V. Nach der letztgenannten Gleichung ergibt die Spannungsdifferenz $\Delta U' = 18{,}2$ V.

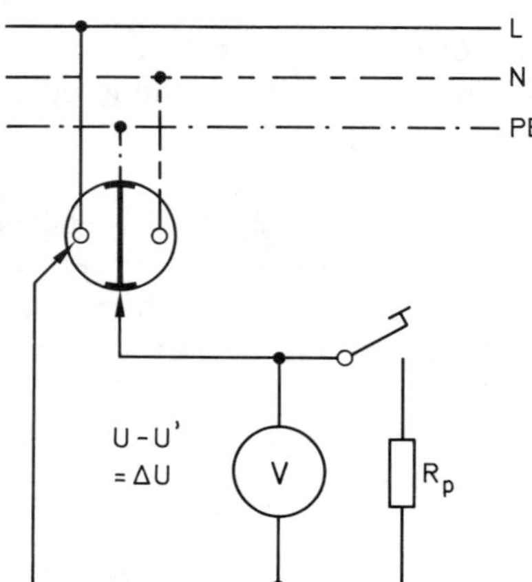

Bild 8-C1: Prinzipdarstellung der Messung der Schleifenimpedanz nach der Spannungsdifferenz-Methode.

Das Meßgerät ordnet auch diese Spannung wieder der für 220 V gültigen Skala zu: Der Zeiger steht auf 1,81 Ω. Der Meßfehler beträgt gegenüber 2 Ω – 10 %.
Man kann also sagen, daß eine Abweichung der Netzspannung von ± 10 % einen Meßfehler von ebenfalls ± 10 % mit gleicher Polarität hervorruft. Um diesen Meßfehler durch Spannungsabsenkung zu eliminieren, bedienen sich die auf dem Markt angebotenen Geräte entweder eines manuellen Spannungsabgleichs vor jeder Messung oder einer selbsttätigen Stromregelung. Beide Verfahren gleichen Netzspannungsänderungen innerhalb den in DIN VDE 0413 Teil 3 festgelegten Grenzen von +15 %/–10 % aus.

8-D Die Berechnung von Schleifenimpedanzen

Für das Elektrizitätsversorgungsunternehmen stellt sich die Frage nach der Schleifenimpedanz am Hausanschluß eigentlich mehr als für den Installateur. Aber auch in Industriebetrieben mit eigener Mittelspannungsstation ist es wichtig zu wissen, wie hoch die Schleifenimpedanz an Verteilern ist, die mit großen Querschnitten eingespeist werden. Die Werte sind an diesen Stellen jedoch so klein, daß die Meßbereichsgrenze nach unten deutlich unterschritten wird und die Meßgeräte somit keine brauchbaren Ergebnisse mehr anzeigen können. Hier muß die Schleifenimpedanz berechnet werden.
Die Schleifenimpedanz setzt sich bekanntlich zusammen aus einer ohmschen Komponente und einer Blindkomponente, da infolge der Induktivität von Trafowicklung und Leitung stets auch ein induktiver Blindwiderstand vorhanden ist. Dabei ist der Einfluß des induktiven Widerstandes umso größer, je kleiner der ohmsche Widerstand ist, d. h. je größer der Querschnitt der Leitung ist (siehe auch Tabelle 8-D1). Somit hat der Phasenwinkel φ seinen größten Wert am Anfang der Trafowicklung (Tab. 8-D2). Innerhalb eines Netzes, welches zunächst mit großem Querschnitt beginnt und sich dann in Richtung Verbraucher in immer kleinere Querschnitte verästelt, vermindert sich der Phasenwinkel, d. h. der cos φ geht gegen 1.

Tabelle 8-D1: Widerstandswerte von Leitungen im Netz

Pro m Schleife	R (mΩ)	X (mΩ) ind	Z_S (mΩ)	cos φ
Freileitung				
95 mm² Alu	0,616	0,620	0,873	0,706
50 mm² Alu	1,19	0,66	1,36	0,875
25 mm² Alu	2,36	0,70	2,46	0,959
Kabel				
4 × 95 mm² Cu	0,394	0,164	0,427	0,923
4 × 50 mm² Cu	0,778	0,166	0,796	0,977
4 × 25 mm² Cu	1,44	0,17	1,45	0,993
4 × 16 mm² Cu	2,28	0,18	2,29	0,996
4 × 10 mm² Cu	3,62	0,18	3,62	1

Tabelle 8-D2: Kenndaten gebräuchlicher Transformatoren im EVU-Netz

Transformator-Nennleistung	Schleifenimpedanz (mΩ)			Kurzschlußstrom A
kVA	Z_S	R_T	X_T	I_K
100	64	28	57,5	3 400
160	40	15	37,1	5 500
250	25,6	8,3	24,2	8 600
400	16	4,6	15,3	13 700
630	10,2	2,6	9,86	21 600

Quelle: VDE-Schriftenreihe Band 36, 3. Auflage 1988

Wie die beiden folgenden Rechenbeispiele zeigen, liegt der Phasenwinkel bei der Modellrechnung für Freileitungsanschluß sogar bei 42,7°. Das bedeutet, daß bei der Schleifenimpedanzmessung der Fehler durch den Phasenwinkel am Hausanschluß oder in Industrieverteilungen ganz erheblich sein kann. Berücksichtigt muß weiterhin werden, daß Absicherungen in Gewerbebetrieben mit 35 A oder 50 A hohe Kurzschlußströme und somit niedere Schleifenimpedanzen erfordern, insbesondere beim Einsatz von Schmelzsicherungen oder bei Leistungsschaltern gemäß DIN VDE 0660, z. B. Charakteristik K.
Der gewissenhafte Prüfer sollte in solchen Fällen eine oder besser mehrere in kurzen Zeitabständen aufeinander folgende Schleifenimpedanzmessungen durchführen und die so ermittelten Werte durch eine Rechnung erhärten. Dies ergibt auch die Möglichkeit, den Fehler des Meßgerätes ungefähr abzuschätzen, um bei Messungen an anderen, vergleichbaren Stellen diesen Fehler in Ansatz zu bringen. Das bedeutet bei der Schleifenimpedanzmessung stets das Addieren des genormten und des individuell ermittelten Fehlers.
Innerhalb einer Installation im Wohn- oder Bürobereich kann mit kleinerem Phasenwinkel oder mit einem cos φ nahe 1 gerechnet werden, wenn Leitungen kleinerer Querschnitte, z. B. NYM 1,5 mm^2 oder 2,5 mm^2 in den installationsüblichen Längen verlegt sind. Den kleinsten Phasenwinkel hat man an der Anschlußstelle, die am weitesten vom Hausanschluß bzw. Verteiler entfernt ist.
Der Installateur wird im allgemeinen in dem in seiner Verantwortung liegenden Bereich (z. B. der Verbraucheranlage) bei Verwendung von VDE-gerechten Prüfgeräten und unter Berücksichtigung der zulässigen Meßfehler Werte ermitteln, die keine Berechnung erfordern.

Beispiel 1: Hausanschluß über Kabel

Berechnet wird die Schleifenimpedanz eines Hausanschlusses im städtischen Bereich. Das Haus wird über Kabel versorgt. Die Kabellänge zur Station beträgt 250 m. (In kleineren Städten mit geringerer Stromverbrauchsdichte kann die Kabellänge bis ca. 400 m betragen!)
Dort befindet sich ein Trafo mit einer Leistung von 400 KVA. Das Hausanschlußkabel hat eine Länge von 7 m.

Berechnung der Wirk- und Blindkomponente von Z_S

	R_S (mΩ)	X_S (mΩ) ind.
Trafo 400 KVA Länge L1: 200 m Kabel 4 × 95 mm² Cu Länge L2: 50 m Kabel 4 × 50 mm² Cu Länge L3: 7 m Kabel 4 × 25 mm² Cu	4,6 78,8 38,9 10,1	15,3 32,8 8,3 1,2
am Hausanschluß	132,4	57,6

$$Z_S = \sqrt{R_S^2 + X_S^2}$$

$$Z_S = 144{,}42 \cdot 10^{-3}\,\Omega$$

$$I_K = \frac{230\,\text{V}}{0{,}144\,\Omega} \approx 1600\,\text{A am Hausanschluß}$$

$$\cos\varphi = \frac{R_S}{Z_S} = \frac{132{,}44\,\text{m}\Omega}{144{,}42\,\text{m}\Omega} = 0{,}917\,\text{ind.} \qquad \varphi = 23{,}5\,°!$$

Das Vektordiagramm in Bild 8-D1 zeigt die Zusammenhänge sehr anschaulich.

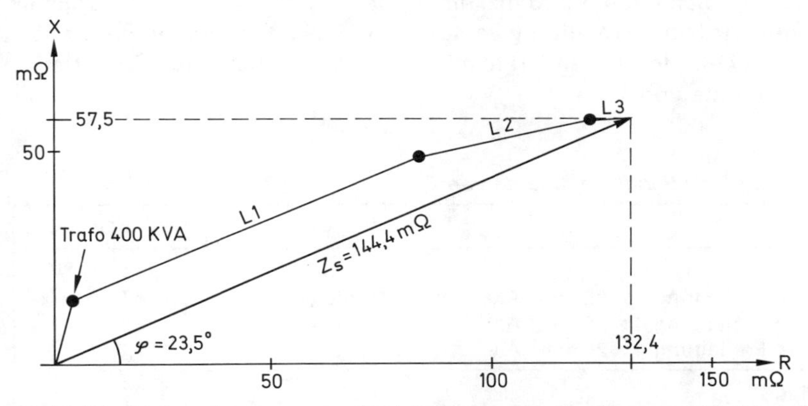

Bild 8-D1: Vektordiagramm der Schleifenimpedanz am Hausanschluß bei einem Kabelnetz.

Leitungen im Haus

	R_S (mΩ)	X_S (mΩ) ind.
2 m NYM 4 × 16 mm² Cu zum Verteiler 30 m 3 × 1,5 mm² Cu zur Anschlußstelle	4,56 714,29	0,34 6,45
Im Haus Hauptleitung zur Meßeinrichtung 5 m 4 × 25 mm² Cu + Wert am Hausanschluß	718,85 7,20 132,4	6,79 0,85 57,6
Gesamtwerte an der Steckdose	885,45	65,24

$$Z_S = \sqrt{R_S^2 + X_S^2} \qquad Z_S = 861 \cdot 10^{-3}\,\Omega$$

$$\cos\varphi = \frac{R_S}{Z_S} = \frac{858{,}45\,\text{m}\Omega}{861\,\text{m}\Omega} = 0{,}997\,\text{ind.} \qquad \varphi = 4°!$$

$$I_K = \frac{230\,\text{V}}{0{,}861\,\Omega} = 267\,\text{A an der Steckdose}$$

Im Gegensatz zur Messung am Hausanschluß ist an der Anschlußstelle bei $\cos\varphi = 0{,}997$ der Phasenwinkel-Fehler vernachlässigbar. Der Phasenwinkelfehler kann schon dann vernachlässigt werden, wenn die einfache Stromkreislänge bei Einsatz von 1,5 mm² Cu 2 Meter überschreitet!

Beispiel 2: Hausanschluß über Freileitung

Berechnet wird die Schleifenimpedanz eines Hausanschlusses im ländlichen Bereich. Das Haus wird über Freileitung versorgt. Die Freileitungslänge zur Station beträgt 450 m. Dort befindet sich ein Trafo mit 250 KVA. Die Stichleitung zum Dachständer hat eine Länge von 10 m.

Berechnung der Wirk- und Blindkomponente von Z_S

	R_S (mΩ)	X_S (mΩ) ind.
Trafo 250 KVA	8,3	24,2
Länge L1: 400 m Freileitung 4 × 95 mm² Alu	246,4	248,0
Länge L2: 50 m Freileitung 4 × 50 mm² Alu	59,4	33,0
Länge L3: 10 m Freileitung 4 × 25 mm² Alu	23,6	7,0
am Hausanschluß	337,7	312,2

$$Z_S = \sqrt{R_S^2 + X_S^2}$$

$$Z_S = 460 \cdot 10^{-3}\,\Omega$$

$$\cos\varphi = \frac{R_S}{Z_S} = \frac{337{,}7\,\text{m}\Omega}{459{,}9\,\text{m}\Omega} = 0{,}734\,\text{ind.} \qquad \varphi = 42{,}7°!$$

$$I_K = \frac{230\,\text{V}}{0{,}460\,\Omega} = 500\,\text{A am Hausanschluß}$$

Die grafische Darstellung der einzelnen Vektoren in Bild 8-D2 gibt einen Überblick über die Zusammenhänge.

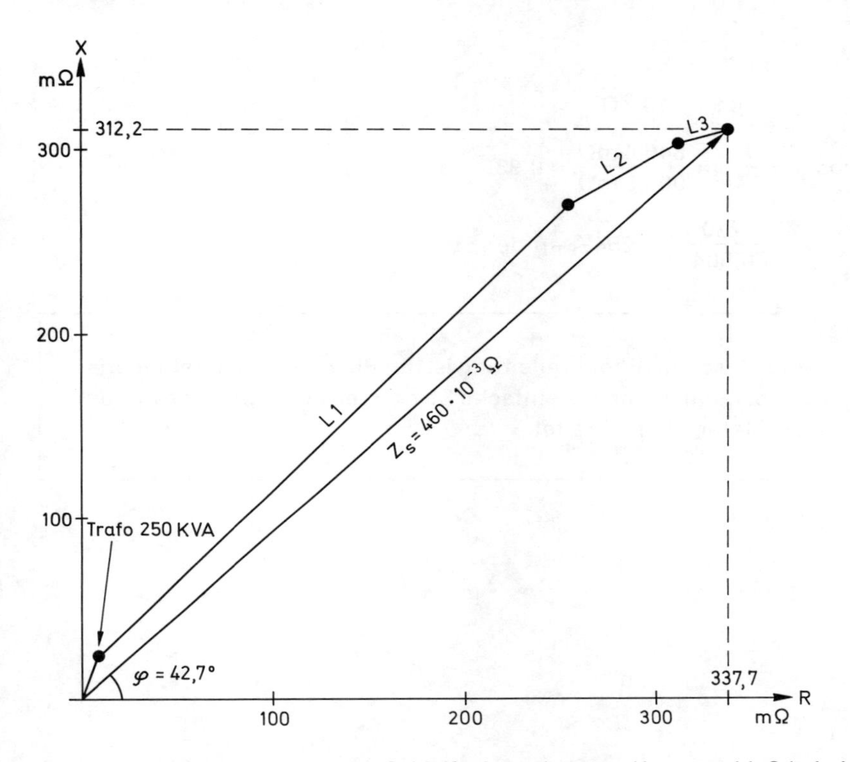

Bild 8-D2: Vektordiagramm der Schleifenimpedanz am Hausanschluß bei einem Freileitungsnetz.

Leitungen im Haus

	R_S (mΩ)	X_S (mΩ) ind.
Hauptleitung zur Meßeinrichtung 10 m NYM 4 × 25 mm² Cu zum Verteiler 5 m NYM 4 × 10 mm² Cu zur Anschlußstelle 20 m 3 × 1,5 mm² Cu	14,40 18,10 476,19	1,7 0,9 4,3
im Haus bis zur Anschlußstelle + Werte am Hausanschluß	508,69 337,7	6,9 312,2
Gesamtwerte an der Steckdose	846,39	319,1

$$Z_S = \sqrt{R_S^2 + X_S^2}$$

$$Z_S = 904{,}6 \cdot 10^{-3}\,\Omega$$

$$\cos\varphi = \frac{R_S}{Z_S} = \frac{846{,}4\,\text{m}\Omega}{904{,}6\,\text{m}\Omega} = 0{,}935\ \text{ind.} \qquad \varphi = 20{,}5\,°!$$

$$I_K = \frac{230\,\text{V}}{0{,}904\,\Omega} = 254\,\text{A an der Steckdose}$$

Bei diesem Hausanschluß über Freileitung ist der Phasenwinkel-Fehler erst dann vernachlässigbar, wenn die einfache Stromkreislänge bei Einsatz von 1,5 mm^2 Cu 25 Meter überschreitet.

9 Die Netzinnenwiderstands-Messung

Unter der Netzinnenwiderstands-Messung, kurz R_i-Messung, versteht man eine Innenwiderstandsmessung des aktiven Stromkreises zur Einspeisung hin, also der Trafowicklung, des Außenleiters L und des Neutralleiters N. Die Netzinnenwiderstands-Messung ist nicht in den VDE-Bestimmungen für Schutzmaßnahmen vorgeschrieben. Dennoch leistet die R_i-Messung dem Praktiker wertvolle Dienste sowohl bei der Beurteilung einer Anlage als auch bei der Fehlersuche. Sie ist der Messung der Schleifenimpedanz sehr ähnlich, nur wird, wie oben bereits gesagt, der Stromkreis L-N gemessen (Bild 9.1) und nicht wie bei der Schleifenimpedanzmessung der Stromkreis L-PE. Deshalb sind viele Aussagen, die für die Messung der Schleifenimpedanz gemacht sind, auch hier gültig. Streng genommen müßte man Netzinnenimpedanz-Messung sagen, denn es liegt doch, beginnend mit der Induktivität der Trafo-Wicklung, auch hier ein komplexer Widerstand vor, genau wie bei der Schleifenimpedanz Z_S. Da aber ganz allgemein immer vom Innenwiderstand R_i einer Stromquelle gesprochen wird, soll das auch hier so sein.

9.1 Warum interessiert die R_i-Messung bei den Schutzmaßnahmen gegen gefährliche Körperströme?

Es wurde bereits gesagt, die R_i-Messung ist keine Messung, die zur Prüfung der Wirksamkeit von Schutzmaßnahmen vorgeschrieben ist. Dennoch ist sie für den Praktiker eine wichtige Hilfsmessung, leistet sie doch wertvolle Dienste bei der Fehlersuche innerhalb der Schutzmaßnahmen.

1. Bei der Schleifenimpedanzmessung

Wenn für die Schleifenimpedanz Z_S ein zu hoher Wert gemessen wird, der auf einen Fehler schließen läßt. Hier kann – bei gleichem Leiterquerschnitt – die R_i-Messung einen Vergleichswert liefern.
Siehe Kapitel 8.8: Wenn die Schleifenimpedanz zu hoch ist.

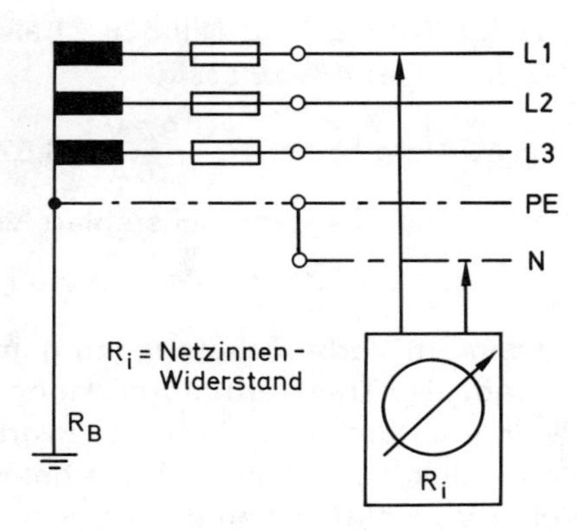

Bild 9.1: Bei der R_i-Messung wird L gegen N gemessen.

2. Bei der Fehlerstrom-Schutzeinrichtung im TN-System

Um eine Vertauschung des Neutralleiters N mit dem Schutzleiter PE festzustellen, ohne daß ein Auftrennen beider in der Verteilung erforderlich wird.
Siehe Kapitel 10.10: Welche zusätzlichen Prüfungen können anfallen?

3. Bei der Fehlerstrom-Schutzeinrichtung im TN- und TT-System

Um festzustellen, daß der Neutralleiter niederohmig ist, wenn dieser als Sonde bei Messung der Berührungsspannung herangezogen wird.
Siehe Anmerkung 10-D: Messung mit Betriebserde als Sonde.

9.2 Was sagt die R_i-Messung noch aus?

1. Die Berechnung des Spannungsfalls

Gemäß DIN VDE 0100 Teil 520 darf der Spannungsfall auf Kabeln und Leitungen bei voller Belastung zwischen Hausanschlußkasten und Ende der Stromkreise 4 % nicht überschreiten; außerdem sind folgende Höchstwerte einzuhalten:

0,5 % (1,1 V) zwischen dem Hausanschluß und den Zählern (AVBEltV),
0,5 % (1,1 V) zwischen dem Zähler und dem Verteiler,
3 % (6,6 V) für die Stromkreise ab Verteiler (DIN 18015).

Die R_i-Messung ist eine schnell auszuführende Messung zum Nachweis, daß die geforderten Werte eingehalten sind.

Beispiel: Nennspannung 230 V, Steckdosenstromkreis, mit LS-Schalter 16 A abgesichert. Es ist also mit Belastung bis zu 16 A zu rechnen. Wie hoch darf der maximale Innenwiderstand R_i sein?
Der maximale Spannungsfall darf betragen:

zwischen Hausanschluß und Zähler	0,5 %
zwischen Zähler und Steckdose 0,5 % + 3 % =	3,5 %
	4,0 %, d. h. 9,2 V.

Nach DIN VDE 0100 Teil 520 ist als Spannungsfall zwischen Übergabestelle und Verbraucher 4 % zulässig.

Bei 16 A ergibt sich $R_i = \frac{9{,}2\,\text{V}}{16\,\text{A}} = 0{,}57\,\Omega$ als maximal zulässiger Wert. Unter Berücksichtigung des Gebrauchsfehlers von $\pm$ 30 %, darf der höchstmögliche Wert

$$R_i - 30\,\% = R_i \times 0{,}7 = 0{,}57\,\Omega \cdot 0{,}7 \sim 0{,}4\,\Omega \text{ betragen.}$$

Wenn am Verbraucherabgang gemessen wird muß der netzseitige Innenwiderstand, also Transformatorwicklung und EVU-Netz von ca. 0,3 bis 0,4 Ω abgezogen werden. Damit darf der Ablesewert bei max. 0,7 – 0,8 Ω liegen. Es können jedoch durchaus weit kleinere Werte gemessen werden, beispielsweise in Wohnblocks oder Verwaltungsbauten, wo sich die Trafostation im Gebäude selbst befindet.

2. Die Prüfung von Überlastschutz und Kurzschlußschutz

Im TN-Netz mit Schutz durch Überstrom-Schutzeinrichtung kann meßtechnisch davon ausgegangen werden, daß bei einer vorschriftsmäßig niederohmigen Schleifenimpedanz sowohl Überlastschutz als auch Kurzschlußschutz gegeben sind. Voraussetzung ist selbstverständlich, daß die Bedingungen von DIN VDE 0100 Teil 430 erfüllt sind.
Aus den Strom-Zeit-Kennlinien für LS-Schalter mit Charakteristik
- B (früher L), C, D sowie Z nach DIN VDE 0641 Teil 11,
- K nach DIN VDE 0660 Teil 101,
- Schmelzsicherungen nach DIN VDE 0636,

kann man die Auslösezeit in Abhängigkeit vom Vielfachen des Nennstromes entnehmen. Dabei ist die obere Hüllkurve für die Ausschaltzeit maßgebend. Die Netzinnenwiderstandsmessung erlaubt die Berechnung des Kurzschlußstromes.

$$I_k = \frac{U_o}{R_i}$$

I_k Kurzschlußstrom
U_o Nennspannung
R_i Netzinnenwiderstand

Anmerkung

Aus dem Netzinnenwiderstand einer Leitung darf keinesfalls auf den Nennstrom der vorgeschalteten Überstrom-Schutzeinrichtung geschlossen werden. Dies hat gemäß DIN VDE 0298 Teil 4 nach Verlegeart, Häufung sowie Raumtemperatur zu erfolgen.

3. Die Ermittlung kleiner Netzinnenwiderstände

Werden nachträglich Betriebsmittel mit hohen Nennströmen installiert, wie beispielsweise elektrische Durchlauferhitzer oder Speicherheizungen, ist in der gleichen Weise vorzugehen wie bei der »Messung niederohmiger Schleifenimpedanzen« (Anmerkung 8-A).

9.3 Prüfgeräte zur Messung des Netzinnenwiderstandes

Da die Meßmethode für den Netzinnenwiderstand R_i die gleiche ist wie für die Schleifenimpedanz Z_S, sind prinzipiell alle Schleifenimpedanz-Meßgeräte geeignet. Einige der angebotenen Geräte haben eine Umschaltmöglichkeit von Z_S auf R_i. Fehlt diese Umschaltmöglichkeit, so muß anstelle des Steckers ein Meßadapter mit drei freien Anschlüssen (Prüfspitzen, Krokodilklemmen o. ä.) angeschlossen werden. Der für den Außenleiter L vorgesehene Anschluß (schwarz) bleibt bei beiden Messungen gleich, die für den Schutzleiter PE vorgesehene Anschlußleitung (grün-gelb) wird jedoch bei der R_i-Messung mit dem Neutralleiter N verbunden, eine eventuell vorhandene dritte Zuleitung (blau) kommt jetzt ausnahmsweise an den PE.

10 Die Messungen zur Prüfung der Fehlerstrom-Schutzeinrichtungen

Zur Beurteilung der Wirksamkeit von Fehlerstrom-Schutzeinrichtungen sind drei Meßgrößen heranzuziehen:
- die Berührungsspannung U_B* bzw. die maximal zulässige Berührungsspannung U_L
- der Fehlerstrom oder Differenzstrom I_Δ* – früher I_F
- der Erdungswiderstand der Körper R_A – früher R_E oder R_S

Definitionen:
Die *Berührungsspannung* ist die Spannung, die zwischen gleichzeitig berührbaren Teilen während eines Isolationsfehlers auftreten kann.
Der *Fehlerstrom* ist der Strom, der durch einen Isolationsfehler zum Fließen kommt. Liegt der Fehlerstrom im Auslösebereich der Fehlerstrom-Schutzeinrichtung, so führt das zur Auslösung.
Der *Erdungswiderstand (Ausbreitungswiderstand)* eines Erders ist der Widerstand zwischen dem Erder und der Bezugserde. In der Praxis wird beim Bestimmen des Erdungswiderstandes der Quotient aus Berührungsspannung geteilt durch Fehlerstrom verwendet.

Bestimmung:
DIN VDE 0100 Teil 610 Abschnitte 5.6.1.2; 5.6.1.3 und 5.6.4.
Erforderlich bei Schutz durch Fehlerstrom-Schutzeinrichtung
- für alle Systeme gemäß DIN VDE 0100 Teil 410 Abschnitt 6.1.7.2 und zusätzlich
- im TN-System gemäß DIN VDE 0100 Teil 410, Abschnitt 6.1.3.3 und 6.1.3.4,
- im TT-System gemäß DIN VDE 0100 Teil 410, Abschnitt 6.1.4.2 und 6.1.4.3,
- im IT-System gemäß DIN VDE 0100 Teil 410, Abschnitt 6.1.5.8 und 6.1.5.9.

Siehe auch »Die Fehlerstrom-Schutzeinrichtung im IT-System«, Anmerkung 10-B.

Es sei auf den *Entwurf* DIN VDE 0100 Teil 410 A3/6.89 hingewiesen, der bei – dem noch nicht erfolgten – Inkrafttreten Änderungen im Abschnitt 6.1 (Schutz durch Abschaltung oder Meldung) von DIN VDE 0100 Teil 410/11.83 bringen wird.

10.1 Was soll diese Schutzmaßnahme bewirken?

Entsteht durch einen Isolationsfehler ein Körperschluß, so muß die Fehlerstrom-Schutzeinrichtung allpolig – einschließlich Neutralleiter – innerhalb von 200 ms abschalten, wenn die Berührungsspannung die maximal zulässigen Grenzwerte von 50 V≃, im Bereich der eingeschränkten Berührungsspannung 25 V≃ überschreitet.

---

* Die hier und auf den Folgeseiten benutzten Kürzel I_Δ, U_B, $I_{\Delta o}$, U_{Bo} sind nicht genormt.

Über den Schutzleiter sind die Körper verbunden
- im TN-Netz mit dem geerdeten Punkt (Betriebserder) der einspeisenden Stromquelle, z. B. Transformator-Sternpunkt,
- im TT-Netz mit einem Erder innerhalb der Verbraucheranlage, unabhängig vom Betriebserder,
- im IT-Netz mit einem Erder innerhalb der Verbraucheranlage.

Fehlerstrom-Schutzeinrichtungen sind
- Fehlerstrom-Schutzschalter nach DIN VDE 0664 Teil 1,
- FI/LS-Schalter nach DIN VDE 0664 Teil 2,
- LS/DI-Schalter nach DIN VDE 0641 Teil 4.

Letztere benötigen für den Differenzstrom-Auslöser eine Hilfsspannung, arbeiten also nicht bei netzseitig unterbrochenem Neutralleiter. Der LS/DI-Schalter ist ein Leitungsschutzschalter mit zusätzlicher Differenzstrom-Schutzeinrichtung. Die Abschaltbedingungen für den LS-Schalter müssen erfüllt werden.

Der Fehlerstrom-Schutzschalter prüft laufend über seinen Summenstrom-Wandler die Summe der in den Außenleitern und dem Neutralleiter fließenden Ströme (Bild 10.1). Bei einer fehlerfreien Installation muß sie gleich Null sein. Ist das nicht der Fall, so fließt über eine fehlerhafte Isolation zum Körper und damit über den Schutzleiter zur Erde ein Ableitstrom. Das ist der Fehlerstrom I_Δ. Erreicht der Fehlerstrom die Höhe des Nennfehlerstroms ($I_{\Delta n}$)**, so muß der Fehlerstrom-Schutzschalter im TN-System innerhalb von 200 ms und im TT-System innerhalb von 5 s auslösen. Dabei haben die Fehlerstrom-Schutzschalter einen Toleranzbereich von 50–100 % des Nennfehlerstroms. Der Fehlerstrom-Schutzschalter darf also bereits auslösen, wenn der tatsächliche Fehlerstrom den halben Wert des Nennfehlerstroms erreicht hat (siehe Tabelle 10.1).

Tabelle 10.1: Auslösebereich der Fehlerstrom-Schutzeinrichtungen

Nennauslösestrom	Auslösebereich
10 mA	5 ... 10 mA
30 mA	15 ... 30 mA
300 mA	150 ... 300 mA
500 mA	250 ... 500 mA

Wichtig: Wird eine Fehlerstrom-Schutzeinrichtung im TN-System eingesetzt (früher »schnelle« oder »flinke Nullung«), so muß die Aufteilung des PEN-Leiters in Schutzleiter PE und Neutralleiter N *vor* der Fehlerstrom-Schutzeinrichtung liegen (von der Einspeisung her gesehen), wie in Bild 10.2 gezeigt.

** Der Nennfehlerstrom wird bezeichnet mit
$I_{\Delta n}$ gemäß DIN VDE 0100,
$I_{\Delta N}$ gemäß DIN VDE 0413 Teil 6 sowie DIN VDE 0664.

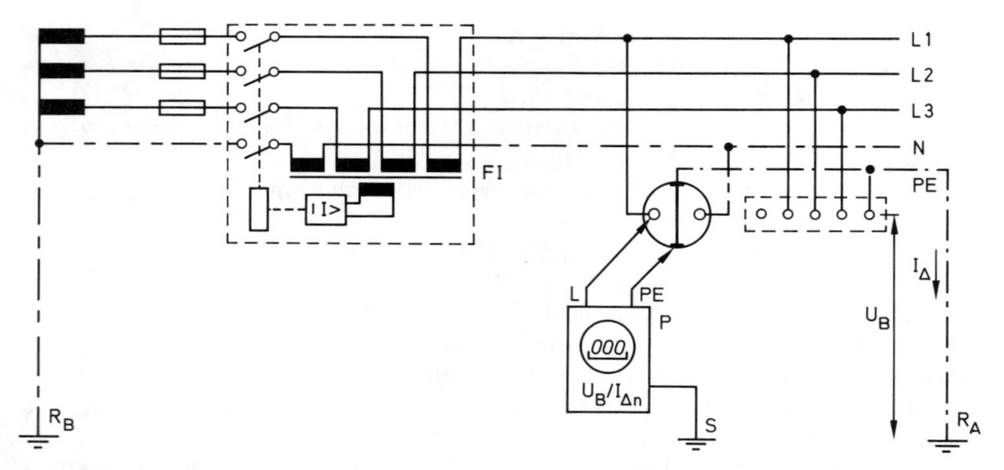

Bild 10.1: Fehlerstrom-Schutzeinrichtung im TT-System. FI = Fehlerstrom-Schutzeinrichtung, R_A = Erdungswiderstand, I_Δ = Fehlerstrom, U_B = Berührungsspannung, R_B = Betriebserde, P = Prüfgerät, S = Sonde.

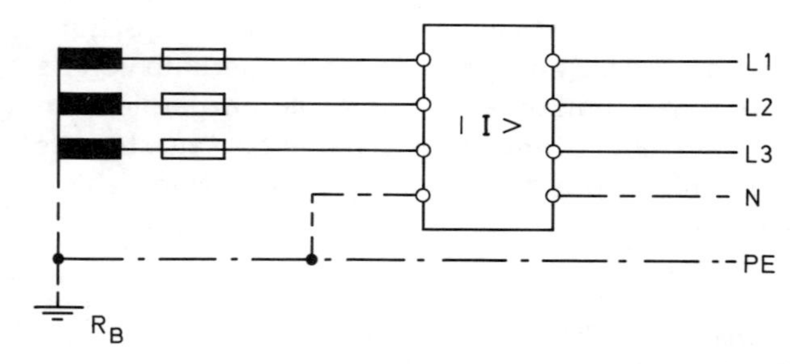

Bild 10.2: Die Fehlerstrom-Schutzeinrichtung im TN-System.

10.2 Wie hoch darf der Fehlerstrom sein?

Im Geltungsbereich der VDE-Bestimmungen sind zugelassen:

Stromkreis	Fehlerstrom-Schutzeinrichtung
Einphasen-Wechselstrom	zweipolig
Drehstrom mit oder ohne Neutralleiter	vierpolig

Für den Nennfehlerstrom $I_{\Delta n}$ sind folgende Werte maßgebend: 10 mA; 30 mA; 300 mA; 500 mA. Je nach Verwendung darf der Nennauslösestrom bis zu den maximalen Werten der Tabelle 10.2 gewählt werden.

Tabelle 10.2: Errichtungsbestimmungen für Installationen mit Fehlerstrom-Schutzeinrichtungen und Maximalwerte für den Nennauslösestrom.

VDE-Bestimmung DIN VDE ...	Anwendung	Nennauslösestrom $I_{\Delta n}$
0100 Teil 559	Leuchten und Beleuchtungsanlagen Vorführstände für Leuchten	$\leqq$ 30 mA
0100 Teil 701	Räume mit Badewanne oder Dusche Steckdosen im Bereich 3	$\leqq$ 30 mA
0100 Teil 702	Überdachte Schwimmbecken (Schwimmhallen) und Schwimmanlagen im Freien	$\leqq$ 30 mA
0100 Teil 704	Baustellen Steckdosenstromkreise (Einphasenbetrieb) bis 16 A Sonstige Steckdosenstromkreise	 $\leqq$ 30 mA $\leqq$ 500 mA
0100 Teil 705	Landwirtschaftliche Betriebsstätten, Intensivtierhaltung ($U_B \leqq 25$ V), allgemein Steckdosenstromkreise	$\leqq$ 500 mA $\leqq$ 30 mA
0100 Teil 706	Leitfähige Bereiche mit begrenzter Bewegungsfreiheit	$\leqq$ 30 mA
0100 Teil 708	Speisepunkte für Caravan-Stellplätze	$\leqq$ 30 mA
0100 Teil 720	Feuergefährdete Betriebsstätten	$\leqq$ 500 mA
0100 Teil 721	Caravans, Boote und Jachten sowie ihre Stromvertsorgung auf Camping- bzw. an Liegeplätzen	$\leqq$ 30 mA
0100 Teil 722	Fliegende Bauten, Wagen und Wohnwagen nach Schaustellerart ($R_A \leqq 30\,\Omega$)	$\leqq$ 500 mA
0100 Teil 723	Unterrichtsräume mit Experimentierständen	$\leqq$ 30 mA
0100 Teil 728	Ersatzstromversorgungsanlagen ($R_A \leqq 100\,\Omega$)	$\leqq$ 500 mA
0100 Teil 737	Feuchte und nasse Bereiche und Räume; Anlagen im Freien: Steckdosen bis 32 A	$\leqq$ 30 mA
0100 Teil 738	Springbrunnen	$\leqq$ 30 mA
0100 Teil 739	Zusätzlicher Schutz bei direktem Berühren in Wohnungen	$\leqq$ 30 mA
0107	Medizinisch genutzte Räume $\left(R_A \leqq \frac{25\text{ V}}{I_{\Delta n}}\right)$ für Anwendungsgruppe 0 und 1 allgemein für Anwendungsgruppe 2 für eingeschränkte Bereiche (siehe Anhang 1.5)	bei $I_n \leqq$ 63 A $I_{\Delta n} \leqq$ 30 mA bei $I_n >$ 63 A $I_{\Delta n} \leqq$ 300 mA
0118 Teil 1	Bergbauanlagen	$\leqq$ 500 mA
0544 Teil 100	Schweißeinrichtungen und Betriebsmittel für Lichtbogenschweißen und verwandte Verfahren – Bereiche erhöhter elektrischer Gefährdung –	$\leqq$ 30 mA

Tabelle 10.2: Fortsetzung

VDE-Bestimmung DIN VDE ...	Anwendung	Nennauslösestrom $I_{\Delta n}$
0544 Teil 1	Widerstandsschweißeinrichtungen I_{Δ}-Schutz mit FI-Schalter wahlweise anwendbar	frei wählbar
0660 Teil 501	Baustromverteiler	$\leqq$ 500 mA
0800 Teil 1	Fernmeldetechnik – Errichtung und Betrieb der Anlage – I_{Δ}-Schutz mit FI-Schalter wahlweise anwendbar	frei wählbar
0832	Straßenverkehrs-Signalanlagen (SVA) – Schutzmaßnahme für SVA im Freien – ($I_n \leqq$ 25 A)	$\leqq$ 500 mA

Quelle: ABB STOTZ-KONTAKT, Heidelberg.

Im Interesse größtmöglicher Sicherheit wird man einen möglichst niederen Nennauslösestrom wählen. Innerhalb der Auslösezeit von 200 ms liegen die Nennauslöseströme von 10 und 30 mA deutlich unterhalb der Zone, in der das Loslassen infolge von Verkrampfung in der Regel nicht mehr möglich ist. Diese Nennauslöseströme bieten den optimalen Schutz bei Durchströmung des menschlichen Körpers im Falle direkter Berührung aktiver Teile, die unter gefährlicher Berührungsspannung stehen.

Andererseits neigen Fehlerstrom-Schutzschalter mit niedrigen Nennauslöseströmen zu Fehlauslösungen. Obwohl seit Mitte 1986 stoßspannungsfeste und stoßstromfeste Schalter zur Vermeidung von Auslösungen, beispielsweise bei Gewitter, auf dem Markt sind, kann eine Fehlauslösung, bedingt durch angeschlossene Verbraucher, erfolgen.

Die für die Sicherheit elektrischer Geräte (Hausgeräte und Geräte für ähnliche Zwecke) gültige DIN VDE 0701 Teil 1 läßt Ableitströme von bis zu 7 mA, bei Geräten mit einer Heizleistung von $\geq$ 6 KW sogar 15 mA zu! Siehe Anhang 2, Absatz 3. Zu diesen gerätebedingten Ableitströmen würden sich auftretende Fehlerströme addieren. Daran sollte man vorsorglich bei der Messung der Berührungsspannung denken, denn hierdurch können Fehlmessungen oder Fehlauslösungen auftreten. Aufgrund des kleinen Ableitstromes, nämlich des Fehlerstromes, kommt es nur zu einer geringen Wärmeleistung an der Fehlerstelle. Deshalb hat die Fehlerstrom-Schutzeinrichtung ebenfalls eine große Bedeutung als Brandschutz, genauer gesagt als Schutz gegen das Zünden von Bränden durch Einwirkung des elektrischen Stromes. Auch hier gilt: Je kleiner der Nennauslösestrom, desto größer die Sicherheit.

Optimale Verfügbarkeit, also Schutz gegen ungewolltes Auslösen *und* Sicherheit der Installation, wird durch den Einsatz von selektiven Fehlerstrom-Schutzeinrichtungen erzielt. Hier werden Fehlerstrom-Schutzeinrichtungen unterschiedlicher Auslösecharakteristik in Reihe geschaltet. Es wird aber in jedem Fall spätestens innerhalb 200 ms abgeschaltet. Siehe dazu auch »Selektive Fehlerstrom-Schutzschalter« in der Anmerkung 10-F.

10.3 Wie hoch darf die Berührungsspannung sein?

Gemäß DIN VDE 0100 Teil 410 Abschnitt 6.1.1.4 beträgt die Grenze der dauernd zulässigen Berührungsspannung bei
- Wechselspannung $U_L = 50\,V\sim$,
- Gleichspannung $U_L = 120\,V=$.

Die eingeschränkte Berührungsspannung von 25 V~ bzw. 60 V= gilt in
- landwirtschaftlichen Betriebsstätten DIN VDE 0100 Teil 705,
- medizinisch genutzten Räumen DIN VDE 0107.

Fehlerstrom-Schutzeinrichtungen sind im TN-, TT- und IT-System zugelassen. Je nach System gelten die folgenden, auf dem Ohmschen Gesetz basierenden Beziehungen.

TN-System $Z_S \cdot I_{\Delta n} \leq U_0$

Z_S = Impedanz der Fehlerschleife
$I_{\Delta n}$ = Nennfehlerstrom der Fehlerstrom-Schutzeinrichtung
U_0 = Nennspannung gegen geerdeten Leiter

TT-System

$$R_A \cdot I_{\Delta n} \leq U_L$$

R_A = Erdungswiderstand der Erder der Körper
$I_{\Delta n}$ = Nennfehlerstrom der Fehlerstrom-Schutzeinrichtung
U_L = vereinbarte Grenze der dauernd zulässigen Berührungsspannung

IT-System
Für den ***1. Fehler*** gilt:

$$R_A \cdot I_d \leq U_L$$

R_A = Erdungswiderstand aller mit einem Erder verbundenen Körper
I_d = Fehlerstrom im Falle des ersten Fehlers zwischen einem Außenleiter und dem Schutzleiter oder einem damit verbundenen Körper. Der Wert von I_d berücksichtigt die Ableitströme und die Gesamtimpedanz der elektrischen Anlage gegen Erde.
U_L = Vereinbarte Grenze der dauernd zulässigen Berührungsspannung

Für den ***2. Fehler*** gilt die gleiche Bedingung wie
– für das TN-System (alle Körper sind durch einen Schutzleiter miteinander verbunden).
– für das TT-System (die Körper sind einzeln oder in Gruppen geerdet).

Weitere Einzelheiten zu den Prüfungen im IT-Netz siehe DIN VDE 0100 Teil 610, Abschnitt 5.6.1.4.

Hinweis

Zur Fehlerstrom-Messung in einer im Betrieb befindlichen Anlage – siehe Anmerkung 10-H: Vorstrom-Messung in der Fehlerstrom-Schutz-»Schaltung« (siehe Kasten!).

Fehlerstrom-Schutz-»Schaltung«

Unter Fehlerstrom-Schutz-»Schaltung« ist der gesamte Fehlerstromkreis einschließlich Fehlerstrom-Schutzeinrichtung zu verstehen.
DIN VDE 0100 Teil 600 kennt weder den Begriff der Fehlerstrom-Schutzschaltung noch den des Fehlerstrom-Schutzschalters. Anstelle von »Fehlerstrom-Schutzschaltung« wird formuliert »bei Verwendung von Fehlerstrom-Schutzeinrichtungen« oder »hinter einer Fehlerstrom-Schutzeinrichtung« (zur Bezeichnung des Fehlerstromkreises).
Der Oberbegriff »Fehlerstrom-Schutzeinrichtung« steht für Fehlerstrom-Schutzschalter gemäß DIN VDE 0664 Teil 1 oder für FI/LS-Schalter nach DIN VDE 0664 Teil 2. Im Zuge der internationalen Normung werden Fehlerstrom-Schutzeinrichtungen als RCOD (Residual Current Operated Device) bezeichnet.

10.4 Welche Prüfungen sind durchzuführen?

1. Besichtigen

Ergänzend zu der Besichtigung in Bezug auf die allgemeinen Anforderungen (Tabelle 1.1) und den besonderen Anforderungen an Schutzmaßnahmen mit Schutzleiter (Tabelle 1.3) ist durch Besichtigen festzustellen:

1.1 Liegt eine »echte Fehlerstrom-Schutzschaltung« vor (die Schutzleiter sind *nicht* mit dem PEN- oder Schutz-Leiter verbunden sondern mit der örtlichen Schutzerde)?

1.2 Liegt eine sogenannte »flinke« oder »schnelle« Nullung vor – also Schutz durch Fehlerstrom-Schutzeinrichtung im TN-Netz (die Schutzleiter sind – netzseitig gesehen – *vor* der Fehlerstrom-Schutzeinrichtung mit dem PEN- oder SchutzLeiter verbunden)?

2. Erproben

Durch Betätigen der Prüftaste ist festzustellen, ob die Fehlerstrom-Schutzeinrichtung einwandfrei funktioniert. Diese Erprobung sagt nicht aus, ob die Schutzmaßnahme in Ordnung ist.

3. Messungen

3.1 Die für Schutzmaßnahmen mit Schutzleiter allgemein erforderlichen Messungen sind
- Isolationsmessung gemäß Kapitel 4,
- Messung zum Nachweis der niederohmigen Verbindung der Potentialausgleichsleiter gemäß Kapitel 7, falls die Besichtigung Zweifel offen läßt.

3.2 Durch die Isolationsmessung ist festzustellen, daß hinter der Fehlerstrom-Schutzeinrichtung – netzseitig gesehen – keine Verbindung zwischen dem Neutralleiter N und dem Schutzleiter PE besteht. Die Messung erfolgt bei ausgeschalteter Schutzeinrichtung. Die Isolationswerte müssen den für die Außenleiter geforderten Werten entsprechen: Im Drehstrom-Netz 220/380 V also mindestens 500 kΩ gegen den Schutzleiter.

3.3 Messung der Berührungsspannung U_B, bezogen auf den Nennauslösestrom $I_{\Delta n}$ der Fehlerstrom-Schutzeinrichtung. Man unterscheidet zwei verschiedene Meßverfahren:
- Die Methode des ansteigenden Prüfstroms,
- Die Impuls-Methode.

Siehe dazu Anmerkung 10-A: Ansteigender Prüfstrom oder Impulsmessung? Von großer Bedeutung ist die Forderung von DIN VDE 0100 Teile 410 und 600: Ermittlung der Berührungsspannung bei Nennauslösestrom.

Messung mit ansteigendem Prüfstrom

Werden Meßgeräte verwendet, die nach der Methode des ansteigenden Fehlerstromes arbeiten und den Fehlerstrom-Schutzschalter bei jeder Messung zur Auslösung bringen, so messen diese nicht die Berührungsspannung bei Nennauslösestrom, sondern die Berührungsspannung, die zum Zeitpunkt der Schalterauslösung vorliegt. Diese Spannung kann bis zu 50 % kleiner sein, da der Fehlerstrom-Schutzschalter im Bereich seiner Auslösetoleranz von 50...100 % schon ab dem halben Nennfehlerstrom auslösen darf! Bei Verwendung solcher Meßgeräte ist also durch Rechnung die Berührungsspannung bei Nennauslösestrom zu ermitteln.

$$U_L \leq U_{BO} \times \frac{I_{\Delta n}}{I_{\Delta O}}$$

U_L = vereinbarte Grenze der dauernd zulässigen Berührungsspannung 50 V oder 25 V
U_{BO} = tatsächlich gemessene Berührungsspannung
$I_{\Delta n}$ = Nennfehlerstrom der Fehlerstrom-Schutzeinrichtung
$I_{\Delta O}$ = tatsächlich gemessener Fehlerstrom (Auslösestrom)

Der tatsächliche Auslösestrom $I_{\Delta O}$ ist demnach nur für diese Rechenoperation zu messen, zum Nachweis der Wirksamkeit der Schutzmaßnahme ist er nicht gefordert!

Die Impulsmessung

Eine zweite Meßmethode ist die seit einigen Jahren verwendete Impulsmethode. Anstelle eines bis zur Auslösung ansteigenden künstlichen Fehlerstromes läßt das Prüfgerät einen Impuls von 200 ms oder etwas kürzerer Dauer fließen. Während des Meßimpulses wird die Berührungsspannung gemessen. Wird zur Messung ein Impuls in Höhe des Nennauslösestromes $I_{\Delta n}$ erzeugt, so muß bei einwandfreier Schutzschaltung der Schutzschalter bei jeder Messung auslösen.

Messung ohne Auslösung

Wird jedoch mit einem Strom-Impuls gemessen, dessen Höhe unterhalb der Auslösetoleranz des Schutzschalters liegt, so führt die Messung nicht zu einer Schalterauslösung. Die Schutzmaßnahme wird also »diskret« gemessen, der niedere Prüfstrom-Impuls löst den Schalter nicht aus. Durch eine Rechenoperation im Gerät wird aber die Berührungsspannung U_B angezeigt, die dem Nennauslösestrom $I_{\Delta n}$ entspricht.

Achtung: Soll eine Schalterauslösung bei der Messung der Berührungsspannung unbedingt unterbleiben, so ist eine vorherige Vorstrom-Messung zwingend erforderlich (siehe Anmerkung 10-H): Vorstrom-Messung in der Fehlerstrom-»Schutzschaltung«).

3.4 An der elektrisch ungünstigsten Stelle, also am Ende des Stromkreises, ist eine Auslöseprüfung zwingend vorgeschrieben!

3.5 *Der Erdungswiderstand* ist zu ermitteln als Quotient aus Berührungsspannung geteilt durch Fehlerstrom. Dabei ist es gleich, ob von den Werten bei Schalterauslösung U_{BO} und $I_{\Delta O}$ oder von den Werten U_L und $I_{\Delta n}$ ausgegangen wird. Es gelten die Maximalwerte nach Tabelle 10.3. Der Erdungswiderstand ergibt sich aus

$$R_A = \frac{U_B}{I_{\Delta n}} = \frac{U_{BO}}{I_{\Delta O}} \leq \frac{U_L}{I_{\Delta n}}$$

R_A = Erdungswiderstand der Erder der Körper
U_B = bei $I_{\Delta n}$ gemessene Berührungsspannung

Tabelle 10.3: Maximal zulässiger Erdungswiderstand $R_{A\,max}$

Nennfehlerstrom $I_{\Delta n}$	10 mA	30 mA	100 mA	300 mA	500 mA
max. Erdungswiderstand Bei U_L = 50 V U_L = 25 V	 5000 Ω 2500 Ω	 1667 Ω 833 Ω	 500 Ω 250 Ω	 167 Ω 83 Ω	 100 Ω 50 Ω

Für selektive Fehlerstrom-Schutzschalter mit der Kennzeichnung [S] sind die angegebenen Werte zu halbieren. Siehe Anmerkung 10-F: Selektive Fehlerstrom-Schutzeinrichtungen. Für diese Schalter gilt

$$R_A \leq \frac{U_L}{2 \times I_{\Delta n}}$$

Sind mehrere Fehlerstrom-Schutzeinrichtungen mit dem gleichen Erder geerdet, so beträgt der maximal zulässige Wert des Erdungswiderstandes 30 Ω. Praktisch ist das nur im TT-Netz von Bedeutung, da im TN-Netz die als Erder benutzte Betriebserdung der Einspeisung (Transformator-Sternpunkt) und der Widerstand des netzseitigen PEN-Leiters niedrig sind (im allgemeinen $< 5\,\Omega$). Siehe Anmerkung 10-C: Mehrere Fehlerstrom-Schutzschalter am gleichen Erder.

Durch Witterung und Jahreszeit bedingt kann der Erdungswiderstand schwanken. Deshalb sollten bei der Beurteilung der Werte nicht nur die Meßtoleranz des Prüfgerätes, sondern auch diese Einflüsse Berücksichtigung finden. Grundsätzlich gilt: je trockener die Witterung, desto höher wird der Erdungswiderstand sein.

3.6 Neben der Auslöseprüfung gemäß Punkt 3.4 kann zur unterbrechungslosen Prüfung an anderen Verbraucher-Abgängen die niederohmige Verbindung der Körper und der Schutzleiter untereinander nachgewiesen werden; siehe auch Kapitel 7 »Niederohmmessungen«.

3.7 Wird in einem der seltenen Fälle eine Fehlerspannungs-Schutzeinrichtung verwendet, so ist eine Erprobung durch Betätigung der Prüftaste und Messung der Berührungsspannung durchzuführen. Siehe Anmerkung 10-E: Messungen der Fehlerspannungs-Schutzeinrichtung.

10.5 Welches Meßgerät ist zu verwenden?

Das Meßgerät muß folgender Bestimmung entsprechen: DIN VDE 0413, Teil 6 »VDE-Bestimmungen für Geräte zum Prüfen der Schutzmaßnahmen in elektrischen Anlagen, Geräte zum Prüfen der FI- und FU-Schutzschaltung«.

In dieser VDE-Bestimmung sind u. a. die Genauigkeitsanforderungen beschrieben. Hinsichtlich der Sicherheit beim Prüfen ist folgendes festgelegt. Von dem Prüfgerät darf

- keine Gefahr für den Prüfenden ausgehen,
- keine Berührungsspannung über 50 V~ bzw. 25 V~ für die Dauer von länger als max. 200 ms erzeugt werden.

Wie in Kapitel 10.4 unter Punkt 3.3 beschrieben, kann die Fehlerstrom-Schutzeinrichtung nach zwei verschiedenen Methoden geprüft werden:

- Methode des ansteigenden Stromes
- Impulsmethode

Tabelle 10.4: Welche Meßgrößen ermitteln die zwei Meßmethoden?

Meßgröße	Meß-methode Ab-kürzung	Ansteigender Prüfstrom	Impuls-Messung
Berührungsspannung bei $I_{\Delta n}$*	U_B	Rechnung aus $I_{\Delta n}$, $I_{\Delta o}$, U_{BO}	●
Berührungsspannung bei $I_{\Delta o}$	U_{Bo}	●	——
Tatsächlicher Auslösestrom $I_{\Delta o}$	$I_{\Delta o}$	●	——
Auslösezeit in ms	——	——	●

* Entscheidende Größe zur Beurteilung der Schutzmaßnahme!
● Messung möglich, —— Messung nicht möglich.

U_L = Vereinbarte Grenze der dauernd zulässigen Berührungsspannung 50 V~ oder 25 V~
U_{BO} = Tatsächlich gemessene Berührungsspannung
$I_{\Delta n}$ = Nennfehlerstrom
$I_{\Delta o}$ = Tatsächlich gemessener Fehlerstrom bei Auslösung

Beide Meßmethoden müssen die gleichen Genauigkeitsanforderungen erfüllen. Bei der Meßmethode mit ansteigendem Prüfstrom wird in vielen Fällen die Ermittlung von U_B durch Rechnung erforderlich, wie die Übersicht in Tabelle 10.4 zeigt.

Messung des tatsächlichen Fehlerstromes bei Auslösung

In bestimmten Fällen ist es von Interesse, den tatsächlichen Auslösestrom zu kennen, so beispielsweise bei der Fehlersuche, bei Wiederholungsprüfungen oder wenn eine Fehlerstrom-Schutzeinrichtung mit einem bestimmten Auslösestrom ausgewählt werden soll. In einem solchen Fall wird man ein Gerät mit ansteigendem Prüfstrom verwenden. Siehe hierzu »Ansteigender Prüfstrom oder Impulsmessung«? Besonders hilfreich ist ein Meßgerät, mit dem nach beiden Meßverfahren gemessen werden kann. Eine einfache, leicht selbst zu bauende Einheit ist in Anmerkung 10-G beschrieben: »Vorsatz zur Messung des tatsächlichen Auslösestromes bei Fehlerstrom-Schutzeinrichtungen«.

Hat das Meßgerät einen Sondenanschluß?

Die korrekte Messung der Berührungsspannung erfordert das Setzen einer Sonde, soll doch die durch einen Isolationsfehler am Körper bzw. am Geräteanschluß auftretende Spannung U_B gegen Erde gemessen werden. Die Sonde muß neutral gesetzt sein, also außerhalb der Spannungstrichter der Erder R_B und R_A (Bild 10.3 zeigt schematisch die Anordnung).

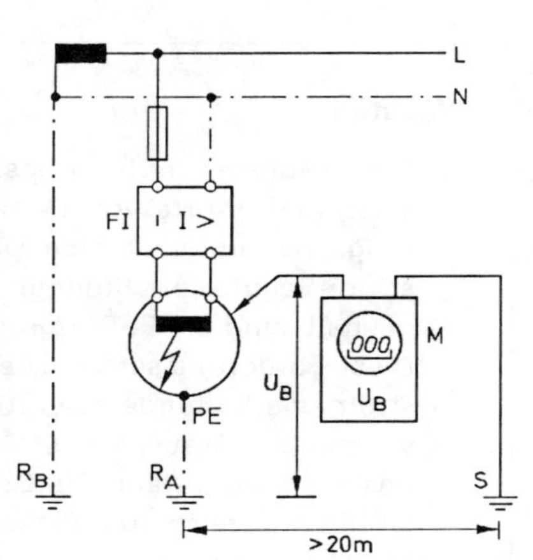

Bild 10.3: Messung der Berührungsspannung U_B mit Sonde. U_B = Berührungsspannung, R_B = Betriebserde, R_A = Erder der Schutzschaltung, S = Sonde, FI = Fehlerstrom-Schutzschalter, M = Prüfgerät.

Das ist heute innerhalb von bebauten Gebieten und Industrieansiedlungen kaum möglich. Deshalb wird in der Praxis fast immer ohne Sonde gemessen. Diese Messung geht zudem schneller und vermeidet das lästige Auslegen der Sondenleitung.
Ohne Sonde kann gemessen werden, indem der Neutralleiter als Sonde benutzt wird oder durch Messen der Spannungsabsenkung vor und bei Fehlerstrom-Beaufschlagung. Siehe hierzu Anmerkung 10-D: »Messung der Berührungsspannung mit oder ohne Sonde«.

10.6 Welche Meßfehler dürfen auftreten?

Die Gebrauchsfehler sind gemäß DIN VDE 0413 Teil 6 begrenzt
- bei Messung der Berührungsspannung *mit* Sonde: max. ± 10 %,
- bei Messung der Berührungsspannung *ohne* Sonde durch Messen der Spannungsabsenkung: max + 25 %.

Beide Fehler sind bezogen auf den Grenzwert der Berührungsspannung.
- bei Messung des tatsächlichen Auslösestromes: max. ± 10 %, bezogen auf den Nennfehlerstrom $I_{\Delta n}$.

Die Nenngebrauchsbedingungen sind
- Umgebungstemperatur 0 ... 30 °C,
- Abweichung der Lage des Prüfgerätes max. ± 30 ∢.

Das folgende Rechenbeispiel verdeutlicht die Ermittlung der Gebrauchsfehler. Bei einer Messung ohne Sonde darf der Meßfehler bis zu + 20 % betragen, bezogen auf die *maximal zulässige Berührungsspannung* von 50 V~ oder 25 V~:

25 % von 50 V = 12,5 V
25 % von 25 V = 6,25 V

Der tatsächliche Wert der Berührungsspannung kann nicht über dem angezeigten Wert liegen, sondern kann nur um diese Werte darunter liegen.

Wichtig:

1. Das Meßgerät muß so beschaffen sein, daß keine über die maximal zulässigen Werte von U_L = 50 V~ bzw. 25 V~ hinausgehende Berührungsspannung für eine Dauer über 200 ms auftreten kann. Fehlerstrom-Schutzeinrichtungen sind im Gleichstromnetz nicht einsetzbar, deshalb sind die FI-Prüfgeräte nur für Wechselstrom geeignet.
   Diese Forderung setzt bei den nach der Methode des ansteigenden Prüfstromes arbeitenden Geräten eine selbsttätige Abschaltung des Prüfvorganges voraus, die auf Grenzwerte für U_L von 50 V~ sowie 25 V~ eingestellt werden kann. Für Geräte, die nach der Impulsmethode arbeiten, ist die Meßzeit durch die Impulslänge gegeben, sie darf 200 ms nicht überschreiten.
2. Wird anstelle einer zusätzlichen Sonde die Betriebserde über den Neutralleiter als Sonde benutzt, so ist die tatsächliche Berührungsspannung höher als die vom Meßgerät angezeigte, wenn über dem Neutralleiter ein – verbrauchsbedingter – Spannungsfall vorliegt.
3. Bei Fehlerstrom-Schutzeinrichtungen im TN-Netz wird der Erdungswiderstand gebildet aus dem Widerstand des Betriebserders des einspeisenden Transformators sowie des Widerstandes vom PEN-Leiter. Beide Widerstände bilden den Erdungswiderstand R_A. Dieser wird im allgemeinen zwischen 1 Ω und 5 Ω liegen. Bei diesen Werten ist die Berührungsspannung als Produkt aus Nennauslösestrom $I_{\Delta n}$ und Erdungswiderstand R_A sehr klein! So wird bei »schneller« oder »flinker« Nullung, wie beispielsweise Fehlerstrom-Schutzeinrichtungen im Badezimmer, die Berührungsspannung oft unterhalb der Anzeigegrenze des Prüfgerätes liegen. Damit zeigt das Prüfgerät 0 V Berührungsspannung, ein Zeichen für eine einwandfreie Installation!

10.7 Wenn die Berührungsspannung zu hoch ist

Eine zu hohe Berührungsspannung kann sich in TT-Netzen dort ergeben, wo die geologische Bodenbeschaffenheit die Realisierung ausreichend niedriger Erderwiderstände erschwert. Grundsätzlich bestehen zwei Möglichkeiten, die Berührungsspannung zu senken:
– Verringerung des Erdungswiderstandes R_A,
– Wahl einer Fehler-Schutzeinrichtung mit kleinerem Nennauslösestrom $I_{\Delta n}$.
Die Verringerung des Erdungswiderstandes kann in Ausnahmefällen eine schwierige und aufwendige Angelegenheit werden. Siehe auch Kapitel 10. Im Gegensatz zu den hohen Abschaltströmen beim Schutz durch Überstromschutzeinrichtungen ist es einer der entscheidenden Vorzüge der Fehlerstrom-Schutzeinrichtung, daß höhere Widerstände für PE-Leiter und Erder zulässig sind. Sollten sich zu hohe

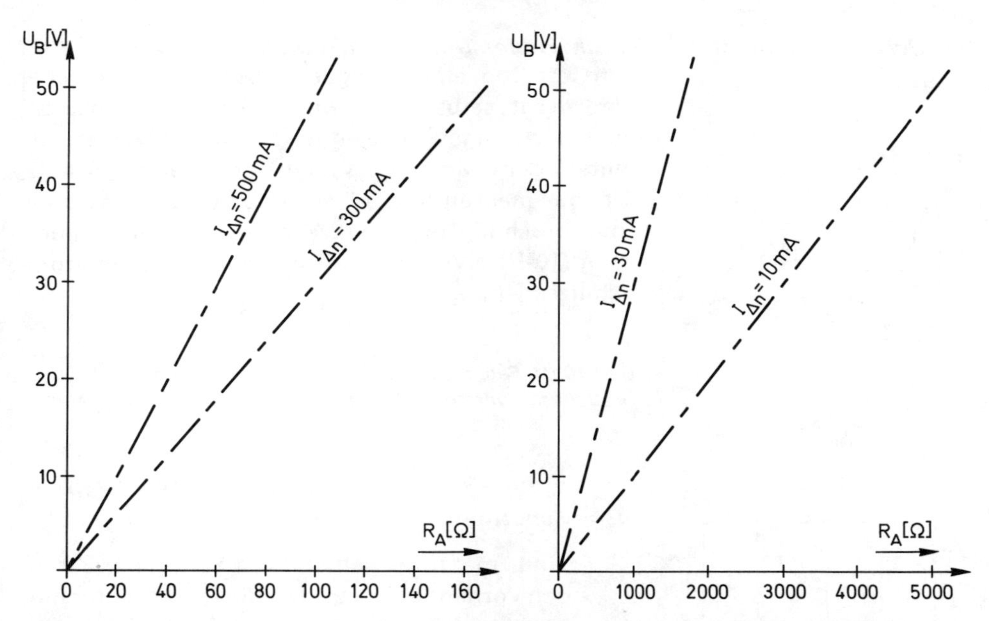

Bild 10.4: Die Berührungsspannung U_B in Abhängigkeit vom Erdungswiderstand R_A für verschiedene Nennfehlerströme $I_{\Delta n}$.

Berührungsspannungen ergeben, beispielsweise in landwirtschaftlichen Betriebsstätten, so sollte geprüft werden, ob an Stelle einer Schutzeinrichtung mit $I_{\Delta n}$ = 500 mA eine solche mit $I_{\Delta n}$ = 300 mA eingesetzt werden kann. Damit ist ein um 65 % höherer Erdungswiderstand (83 Ω anstelle von 50 Ω) zulässig. Bild 10.4 zeigt in zwei Diagrammen die Möglichkeiten, bei höherem Erdungswiderstand auf geringeren Nennfehlerstrom $I_{\Delta n}$ auszuweichen.

10.8 Wenn der Fehlerstrom-Schutzschalter ungewollt auslöst

Löst der Fehlerstrom-Schutzschalter bereits aus, wenn bei den Prüfgeräten mit ansteigendem Fehlerstrom die Starttaste gedrückt wird oder bei der Impuls-Methode die Berührungsspannung gemessen wird, so läßt das auf folgende Fehler schließen.

Der Meßbereich ist nicht richtig eingestellt.

Der eingestellte Meßbereich des Prüfgerätes ist größer als der Nennfehlerstrom des Schutzschalters, wie es in Bild 10.5 angedeutet ist.

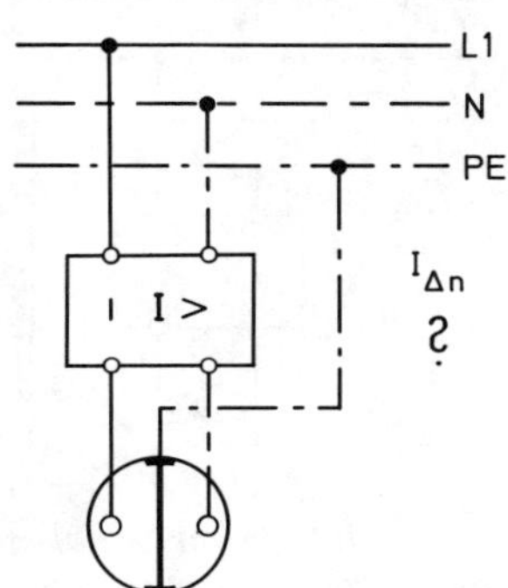

Bild 10.5: Wenn ein zu hoher Meßbereich am Prüfgerät eingestellt ist, kommt es zu ungewollten Auslösungen.

Im Schutzleiter fließt bereits ein Fehlerstrom, auch Vorstrom genannt. Dieser wird oft von einem angeschlossenen Verbraucher verursacht, selbst dann, wenn dieser ausgeschaltet, aber noch angeschlossen ist. Isolationswiderstände hinter dem ausgeschalteten Fehlerstrom-Schutzschalter messen oder Messen des Vorstromes ohne Unterbrechung mit einer Meßzange. Siehe Anmerkung 10-H: »Vorstrom-Messung der Fehlerstrom-Schutzschaltung«.

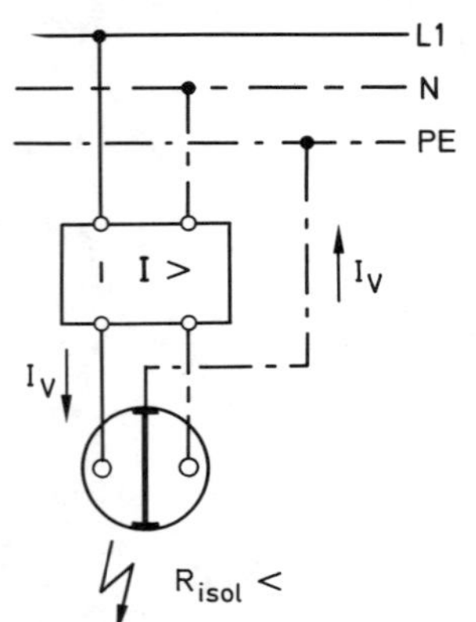

Bild 10.6: Fehlerströme von angeschlossenen Verbrauchern können zu Auslösungen führen. I_V = Vorstrom.

3. Sind die Neutralleiter mehrerer Fehlerstrom-Schutzeinrichtungen voneinander getrennt?

Sind mehrere Fehlerstrom-Schutzeinrichtungen vorhanden, so dürfen die Neutralleiter hinter der Fehlerstrom-Schutzeinrichtung nicht miteinander verbunden oder verwechselt sein. Die Ströme der Stromkreise teilen sich unsymmetrisch auf und führen zur Auslösung während des Betriebes.

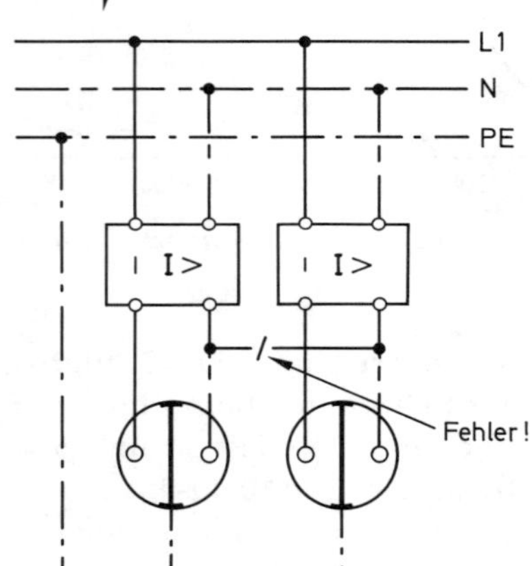

Bild 10.7: Die Neutralleiter von verschiedenen Stromkreisen dürfen nicht verbunden werden.

4. Sind PE und N hinter der Fehlerstrom-Schutzeinrichtung verbunden?

Eine Verbindung von Neutralleiter N und Schutzleiter PE an einer beliebigen Stelle hinter dem Schutzschalter macht die Schutzmaßnahme unwirksam, da ein erheblicher Anteil des Fehlerstromes über den Neutralleiter zurückfließt. Das kann zu ungewollten Auslösungen während des Betriebes führen, da ein Teil des Betriebsstromes als »Fehlerstrom« über den Schutzleiter abfließt. Die Schutzmaßnahme ist unwirksam. Bei der Auslöseprüfung kann es sein, daß keine Auslösung erfolgt. Dieser schwerwiegende Fehler wird bei der zuvor erfolgten Isolationsmessung zwischen *N* und *PE* gefunden.

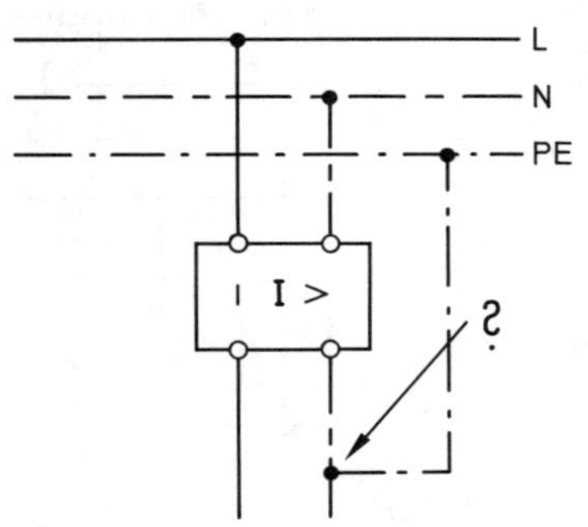

Bild 10.8: Ein schwerwiegender Fehler: N und PE sind hinter der Schutzeinrichtung miteinander verbunden.

10.9 Wenn die Fehlerstrom-Schutzeinrichtung bei der Prüfung nicht auslöst

Wenn der Fehlerstrom-Schutzschalter nicht auslöst so liegt wahrscheinlich einer der nachstehenden Fehler vor:

1. Mechanischer Fehler der Schutzeinrichtung

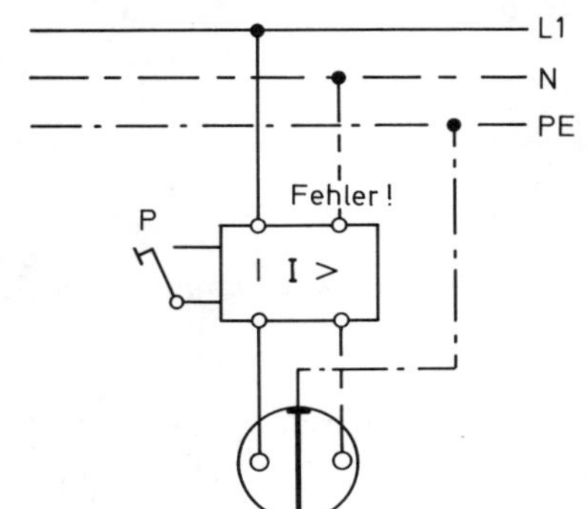

Erprobung: Löst die Fehlerstrom-Schutzeinrichtung beim Drücken der Prüftaste *P* aus? Wenn nicht, dann ist die Schutzeinrichtung unvollständig angeschlossen (wie Bild 10.9 andeutet) oder sie hat einen mechanischen Fehler.

Bild 10.9: Hier liegt eine Unterbrechung des N-Leiters vor der Fehlerstrom-Schutzeinrichtung vor. Sie kann beim Betätigen der Prüftaste P nicht auslösen.

2. Ist die richtige Fehlerstrom-Schutzeinrichtung im Stromkreis vorhanden?

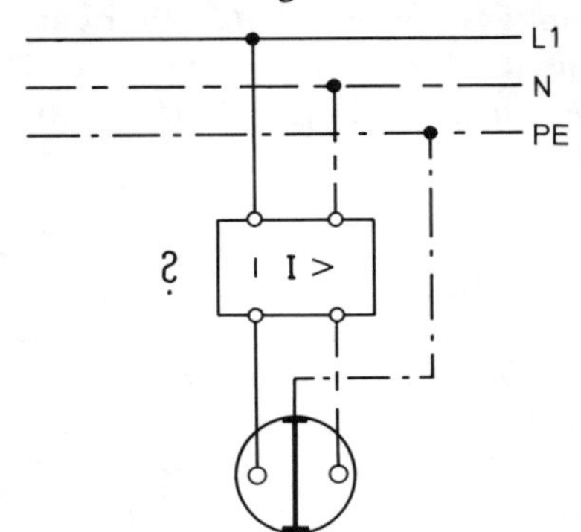

Überprüfung der Stromkreise und Besichtigung des Hauptanschlusses, der Verteilung usw. Entspricht der Nennauslösestrom den vorgeschriebenen Werten? Siehe dazu Tabelle 10.2.

Bild 10.10: Der Nennauslösestrom der Fehlerstrom-Schutzeinrichtung muß den VDE-Bestimmungen entsprechen, siehe auch Tabelle 10.2.

3. Ist der richtige Meßbereich eingestellt?

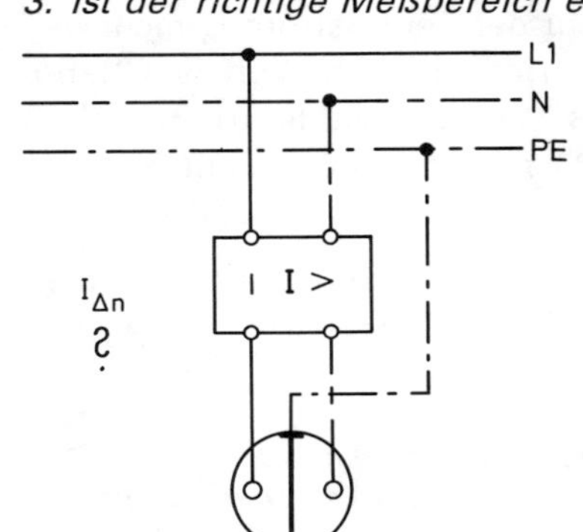

Der eingestellte Meßbereich des Prüfgerätes ist kleiner als der Nennfehlerstrom der Schutzeinrichtung. Wurde zuvor die Berührungsspannung nach der Impuls-Methode gemessen, so ist der abgelesene Wert ebenfalls falsch, er ist zu klein.

Bild 10.11: Bei der Prüfung der Fehlerstrom-Schutzeinrichtung ist der richtige Meßbereich des Prüfgerätes zu benutzen.

4. Ist die Fehlerstrom-Schutzeinrichtung überbrückt?

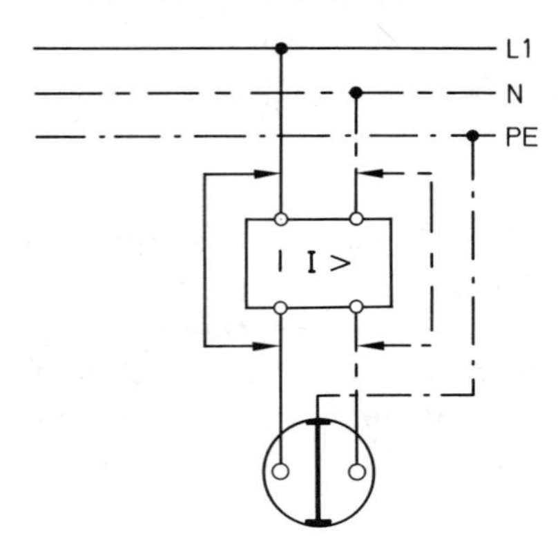

Der Anschluß ist auf eine Überbrückung der Schutzeinrichtung oder an anderer Stelle innerhalb des Verteilers zu überprüfen.

Bild 10.12: Auch eine Überbrückung kann verhindern, daß die Schutzeinrichtung auslöst.

5. Ist der Schutzleiter (PE) im TN-System vor der Schutzeinrichtung angeschlossen oder liegt eine Unterbrechung vor?

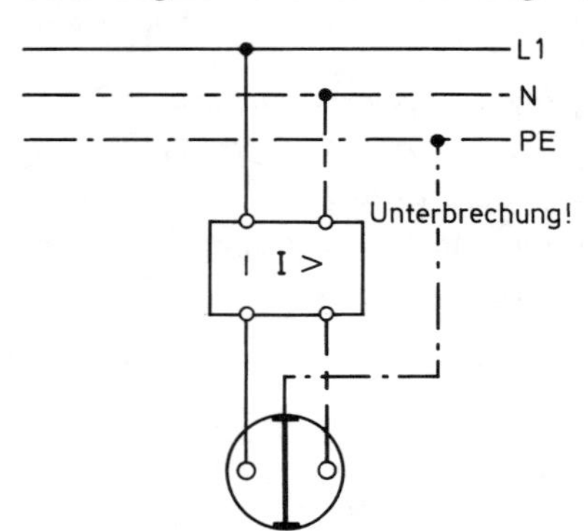

Ist im TN-System der Schutzleiter *vor* der Fehlerstrom-Schutzeinrichtung nicht einwandfrei mit dem Schutzleiter oder dem *PEN*-Leiter verbunden oder liegt eine Unterbrechung des Schutzleiters *PE* vor, so löst die Schutzeinrichtung nicht aus.

Bild 10.13: Ein Anschlußfehler oder eine Unterbrechung des Schutzleiters verhindert ein Auslösen der Schutzeinrichtung.

6. Ist im TT-System der Erdungswiderstand zu hoch?

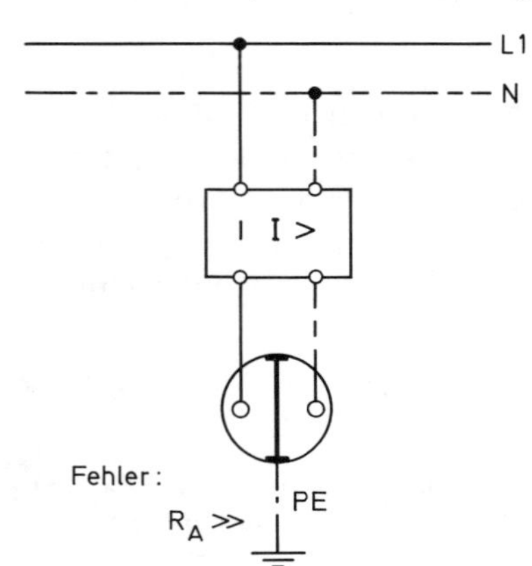

Ist der Erdungswiderstand R_A im TT-System zu hoch, so erreicht der Fehlerstrom I_Δ nicht den zur Auslösung erforderlichen Wert des Nennauslösestromes $I_{\Delta n}$. Dieser Fehler tritt praktisch nur bei $I_{\Delta n}$ = 300 mA oder 500 mA auf.

Bild 10.14: Ein zu hoher Erdungswiderstand im TT-System kann Ursache für das Versagen der Schutzeinrichtung sein.

7. Führen bei einer vierpoligen Fehlerstrom-Schutzeinrichtung andere Außenleiter Fehlerströme?

Bei einer vierpoligen Fehlerstrom-Schutzeinrichtung, die alle drei Außenleiter und den Neutralleiter erfaßt, kann bei der Auslöseprüfung die Fehlerstrom-Schutzeinrichtung nicht auslösen, wenn die anderen Außenleiter Fehlerströme führen, deren Höhe nicht zur Auslösung ausreicht. In diesem Falle dient der Prüfstrom zur Symmetrierung und täuscht der Fehlerstrom-Schutzeinrichtung einwandfreie Isolation der Stromkreise vor. Bei Prüfung an den anderen Außenleitern wird der Fehler gefunden.

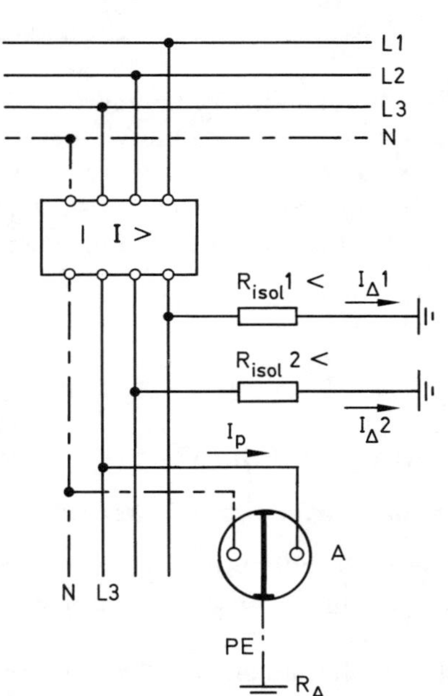

Bild 10.15: Durch fehlerhafte Isolation, dargestellt durch die Isolationswiderstände $R_{isol}1$ und $R_{isol}2$ der Stromkreise von L 1 und L 2, treten die Fehlerströme $I_{\Delta}1$ und $I_{\Delta}2$ auf. Geprüft wird am Verbraucherabgang A. Dieser liegt am Außenleiter L 3. Der Prüfstrom dient hier der Symmetrierung des Systems wie im Text beschrieben.

8. Eine hohe Berührungsspannung tritt auf, obwohl die Fehlerstrom-Schutzeinrichtung und Erdungswiderstand einwandfrei sind.

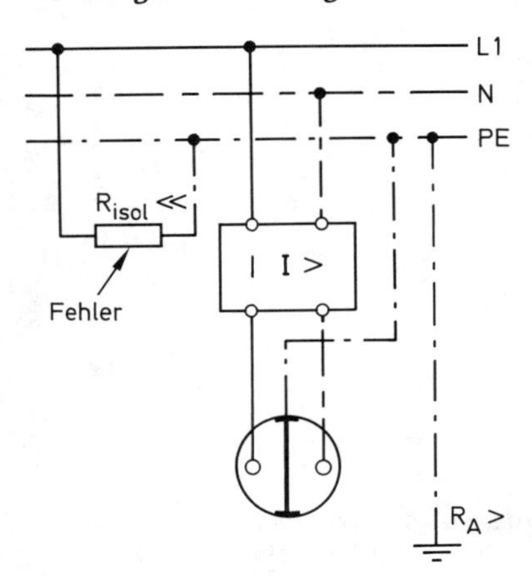

Bild 10.16: Eine seltene Verkettung von ungünstigen Fehlern kann zu einer unzulässig hohen Berührungsspannung führen.

Achtung! Beim folgenden – allerdings sehr seltenen – Fehler kann eine unzulässig hohe Berührungsspannung auftreten, ohne daß die Fehlerstrom-Schutzeinrichtung auslöst! Der Fehler tritt infolge des hohen zulässigen Erdungswiderstandes nur bei Schutzeinrichtungen mit $I_{\Delta n}$ = 10 mA oder 30 mA auf.

Durch den Isolationsfehler ($R_{isol} \ll$) wird vom Außenleiter $L1$ eine Teilspannung auf den Schutzleiter PE verschleppt. Die Höhe der Spannung wird von den Widerständen $R_{isol} \ll$ und R_A bestimmt. So würde beispielsweise bei einer Nennspannung von 230 V das Potential des Schutzleiters PE auf 115 V angehoben, wenn die Widerstände $R_{isol} \ll$ und R_A gleich groß sind. Der Isolationsfehler wird bei der vorangegangenen Isolationsmessung festgestellt.

10.10 Welche zusätzlichen Prüfungen können anfallen?

Bei gemischten Installationen ist die Auslöseprüfung zwingend erforderlich!

Eine »gemischte Installation« liegt beispielsweise in Wohnbauten vor, in denen gemäß DIN VDE 0100 Teil 701 nur für das Badezimmer eine Fehlerstrom-Schutzeinrichtung installiert wurde.
Solche Installationen wie in Bild 10.17 gibt es auch in Wohnhäusern mit Steckdosen im Außenbereich, in Schulen und Ausbildungswerkstätten. Hier ist eine Auslöseprüfung immer erforderlich, um festzustellen, ob die Zuordnung der Fehlerstrom-Schutzeinrichtung stimmt. Eine Kennzeichnung der Verbraucherabgänge ist für eine Wiederholungsprüfung zweckmäßig.

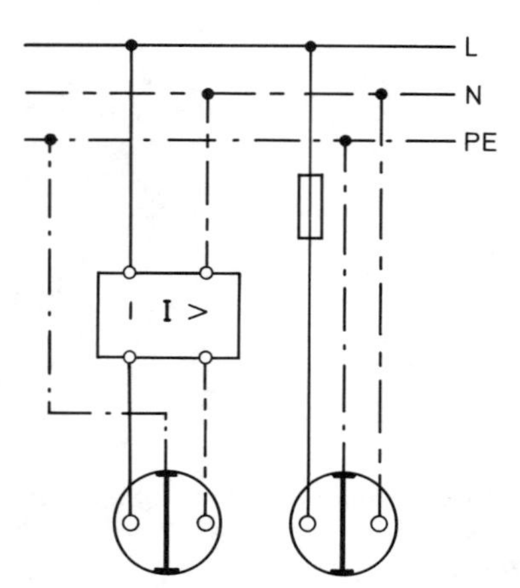

Bild 10.17: Bei einer solchen »gemischten« Installation ist die Auslöseprüfung bei jeder Messung erforderlich.

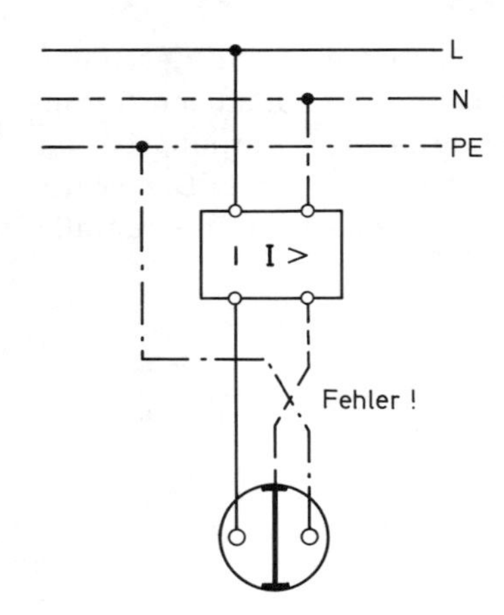

Bild 10.18: Bei Verwechslung von PE und N nach der Schutzeinrichtung löst diese sofort aus, wenn ein Verbraucher angeschlossen wird, dessen Strom im Auslösebereich der Fehlerstrom-Schutzeinrichtung oder darüber liegt.

Sind Schutzleiter PE und Neutralleiter N vertauscht?

Eine Vertauschung *PE/N* wie in Bild 10.18 macht sich beim Einschalten eines Verbrauchers sofort bemerkbar, der Verbraucherstrom wird zum Fehlerstrom und führt zur Auslösung des Schutzschalters. Bei kleineren Verbrauchern und $I_{\Delta n}$ = 300 mA oder 500 mA muß das nicht sein:

$$0{,}5\,A \times 220\,\mathrm{V} = 110\,\mathrm{W}!$$

Eine Messung des Netzinnenwiderstandes löst bei Vertauschung den Fehlerstrom-Schutzschalter durch den Prüfstrom des Meßgerätes zwingend aus! Siehe Netzinnenwiderstandsmessung!
Zur Feststellung dieses Fehlers ist eine Niederohmmessung des Schutzleiters PE ebenfalls möglich. Die Anlage muß dazu spannungsfrei, PE und N müssen *getrennt* sein, was bei ausgeschalteter Fehlerstrom-Schutzeinrichtung der Fall ist. Vorher muß eine Isolationsmessung von PE gegen N durchgeführt werden.

10.11 Wenn Sie Meßergebnisse verschiedener Prüfgeräte untereinander vergleichen

Ein Prüfgerät mit ansteigendem Fehlerstrom kann eine kleinere Berührungsspannung anzeigen als ein Gerät mit Impulsmessung! Unabhängig vom zulässigen Meßfehler (siehe Kapitel 8.6 »Welche Meßfehler dürfen auftreten«) kann ein Gerät, das nach der Methode des ansteigenden Prüfstromes arbeitet, eine bis zu 50 % kleinere Berührungsspannung anzeigen, da hier der Fehlerstrom bei *Schalterauslösung* gemessen wird! Siehe auch Anmerkung 10-A »Ansteigender Prüfstrom oder Impulsmessung?«. Dagegen mißt die Impulsmethode die Berührungsspannung immer bei *Nennauslösestrom*. Treten Zweifel auf oder will man den tatsächlichen Anzeigefehler ermitteln, kann ein Prüfwiderstand nach Bild 10.19 zwischen

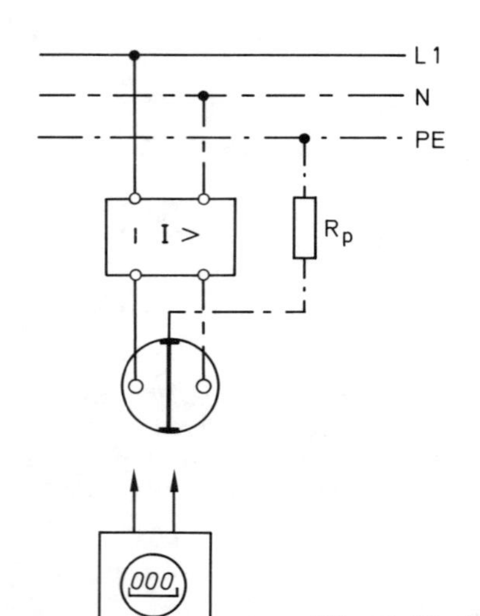

Schutzkontakt und Schutzleiter PE geschaltet werden. Hierdurch kann eine künstliche Berührungsspannung hervorgerufen werden, die das Prüfgerät zusätzlich anzeigen muß. Die Werte sind in der folgenden Tabelle zusammengefaßt.

Bild 10.19: Mit einem definierten Prüfwiderstand R_P im Schutzleiter läßt sich der Anzeigefehler des Meßgerätes ermitteln.

Eingestellter Meßbereich	R_p	Anzeige*
10 mA	1000 Ω	10 V
30 mA	1000 Ω	30 V
300 mA	100 Ω	30 V
500 mA	100 Ω	50 V

R_p zusätzlicher Prüfwiderstand

* bei Nennauslösestrom

Achtung! Derartige Messungen sind zweckmäßigerweise in einer Werkstatt mit Prüftafel und nur von einer erfahrenen Fachkraft auszuführen.

Anmerkungen

10-A Ansteigender Prüfstrom oder Impulsmessung?

Die Meßgeräte-Baubestimmung DIN VDE 0413 Teil 6 beschreibt zwei Methoden zur Messung der Berührungsspannung:

– die Methode des ansteigenden Prüfstromes,
– die Impulsmethode.

Beiden Methoden ist gemeinsam, daß sie über dem Erdungswiderstand R_A die Berührungsspannung U_B anzeigen, wenn ein künstlich durch das Prüfgerät erzeugter Fehlerstrom fließt. Im Meßablauf weisen beide Methoden jedoch deutliche Unterschiede auf.

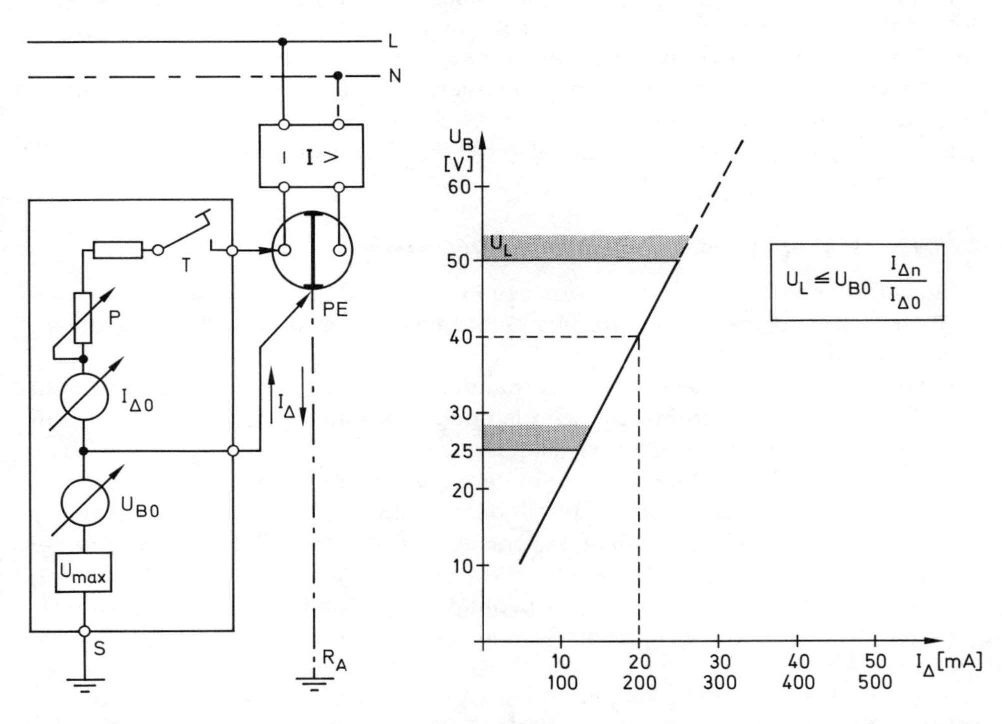

Bild 10-A1: Prüfgerät mit ansteigendem Prüfstrom, schematisch dargestellt.
$I_{\Delta O}$ = Anzeige des Fehlerstromes,
U_{BO} = Anzeige der Berührungsspannung,
U_{max} = Begrenzung der Berührungsspannung, P = Selbsttätig veränderlicher Prüfwiderstand, S = Sonde, T = Starttaste,
I_Δ = Fehlerstrom, R_A = Erderwiderstand.

Bild 10-A2: Kennlinie des ansteigenden Prüfstroms und Unterbrechung des Meßvorganges bei erreichen von U_L.
U_L = Grenze der dauernd zulässigen Berührungsspannung (50 V bzw. 25 V).

Die Methode des ansteigenden Prüfstromes

Die Anzeige erfolgt digital oder analog. Nachdem eine überschlägige Vorprüfung auf grobe Fehler durch Betätigen von Schaltern bzw. Berühren von Fingerkontakten über Leuchtmelder stattgefunden hat, wird der Meßvorgang durch Tastendruck gestartet. Das Gerät erzeugt nun einen stetig ansteigenden Fehlerstrom über einen selbsttätigen Stromregler (Bild 10-A2). Der Anfangsstrom liegt nicht bei Null, sondern bei ca. 10 % des eingestellten Endwertes. Die Geräte haben Strombereiche für die Nennfehlerstromwerte 10 mA – 30 mA – 100 mA – 300 mA – 500 mA. Das Hochfahren des Prüfstromes dauert einige Sekunden.
Hat die Fehlerstrom-Schutzeinrichtung ausgelöst, so sollte der zum Zeitpunkt der Auslösung fließende Stromwert gespeichert sein, damit man in Ruhe ablesen kann. Durch Umschaltung kann auch die Berührungsspannung abgelesen werden. Um fehlerhafte Anlagen nicht mit einer zu hohen Berührungsspannung zu beaufschlagen, sorgt eine einstellbare Spannungsbegrenzung auf die Grenzwerte 25 V oder 50 V für die automatische Unterbrechung des Meßvorganges bei Überschreiten dieser Werte. Die Unterbrechung wird signalisiert.
Bei der Auslösung des Fehlerstromschalters werden folgende Werte angezeigt:
– $I_{\Delta O}$ tatsächlicher Auslösestrom,
– U_{BO} Berührungsspannung bei $I_{\Delta O}$, also bei Schalterauslösung.

Vorteile der Methode des ansteigenden Prüfstromes

1. Es wird der zum Zeitpunkt der Auslösung fließende Fehlerstrom I_{Δ} gemessen. Die Kenntnis dieses Fehlerstromes bei Auslösung ist für einige Prüfaufgaben sehr wichtig:
   - Für Anlagen, wo Ableitströme vorhanden sind oder vermutet werden, kann man eine Fehlerstrom-Schutzeinrichtung auswählen, deren Auslösestrom nahe am Nennauslösestrom $I_{\Delta n}$ liegt.
   - Bei unerwünschter Auslösung oder Verdacht auf unerwünschte Auslösung ist es wichtig zu wissen, wo innerhalb des weiten zulässigen Auslösebereiches von 50–100 % $I_{\Delta n}$ die Auslösung tatsächlich erfolgt. Das gilt beispielsweise bei den in zunehmendem Maße eingesetzten Netzfiltern (z. B. zum Schutz von EDV-Anlagen). Netzfilter rufen – bedingt durch Kapazitäten und Induktivitäten – kontinuierliche oder stoßartige (beim Ein- und Ausschalten) Ableitströme hervor.
   - Bei zyklischen Prüfungen gemäß der UVV VBG 4 oder DIN VDE 0105 werden die Auslösewerte in Prüfbüchern festgehalten, um eventuelle zeitbedingte Veränderungen zu erkennen.
   - Übersteigt der zur Auslösung führende Fehlerstrom I_{Δ} den Nennauslösestrom $I_{\Delta n}$, so ist es wichtig zu wissen, bei welchem Fehlerstrom die Schutzeinrichtung auslöst und ob der Nennwert geringfügig oder erheblich überschritten ist. So werden Fehler in der Schutzeinrichtung selbst (mechanische Fehler) oder in der Schutz-»Schaltung« (Verbindung von *N* zu *PE*) erkannt.

– Wird bei der Prüfung der Nennauslösestrom $I_{\Delta n}$ nicht erreicht, so ist der Erdungswiderstand R_A zu hoch.

2. Prüfung von Fehlerspannungs-Schutzeinrichtungen möglich.
Da bei der Methode des ansteigenden Prüfstromes auch die bei der Auslösung anstehende Berührungsspannung angezeigt wird, eignet sich die Methode zur Prüfung von Fehlerspannungs-Schutzeinrichtungen.

Die Impulsmethode

Die Anzeige kann je nach Ausführung des Meßgerätes analog oder digital erfolgen. Einer überschlägigen Vorprüfung auf grobe Fehler – meist durch Berührung eines Fingerkontaktes – dienen Leuchtmelder oder Schauzeichen. Durch Tastendruck wird der eigentliche Meßvorgang ausgelöst. Über die Dauer von maximal 200 ms erzeugt das Meßgerät einen Fehlerstrom, dessen Höhe dem vorgewählten Nennfehlerstrom oder eines Teiles davon entspricht. Im ersten Fall löst das Gerät bei jeder Messung aus, im zweiten Fall wird mit 30 — 40 % des Nennfehlerstromes die Berührungsspannung gemessen. Der Prüfstrom liegt also unterhalb der Auslösegrenze, die 50 % $I_{\Delta n}$ beträgt. Die ebenfalls nur 30 — 40 % der zulässigen Berührungsspannung wird auf den bei 100 % Nennfehlerstrom geltenden Wert hochgerechnet. Dieser Wert wird digital angezeigt. Ist die Berührungsspannung auf diese Art gemessen, kann durch weiteren Tastendruck der Fehlerstrom-Schutzschalter mit Nennfehlerstrom ausgelöst werden. Die Impulshöhe regelt ein elektronischer Konstantstrom-Regler.
Selbstverständlich ist eine Auslöseprüfung mit einem Impuls in Höhe des Nennfehlerstromes $I_{\Delta n}$ jederzeit möglich, in Zweifelsfällen kann die Auslöseprüfung immer vorgenommen werden. Moderne Prüfautomaten signalisieren zusätzlich, ob der Schutzschalter innerhalb der Zeitspanne von 200 ms ausgelöst hat oder zeigen die Auslösezeit an.

Vorteile der Impulsmethode

Diese Meßmethode ohne zwingende Schalterauslösung bietet einige sehr wesentliche Vorteile:
– Das lästige Wiedereinschalten der Schutzeinrichtung nach jeder Messung entfällt.
– Betriebsstörungen werden während der Messung vermieden.
– Die Meßzeit ist kürzer als die der ersatzweise zugelassenen Niederohmmessung der Schutzleiter.
– Die Schutzmaßnahme wird mit einer deutlich niederen Berührungsspannung beaufschlagt als zulässig ist.
– Durch den schnellen Meßvorgang wird die Akzeptanz der Messung wesentlich erhöht.
– In Zweifelsfällen kann jederzeit eine Auslöseprüfung erfolgen, vorausgesetzt die angezeigte Berührungsspannung liegt unter den maximal zulässigen Grenzwerten.

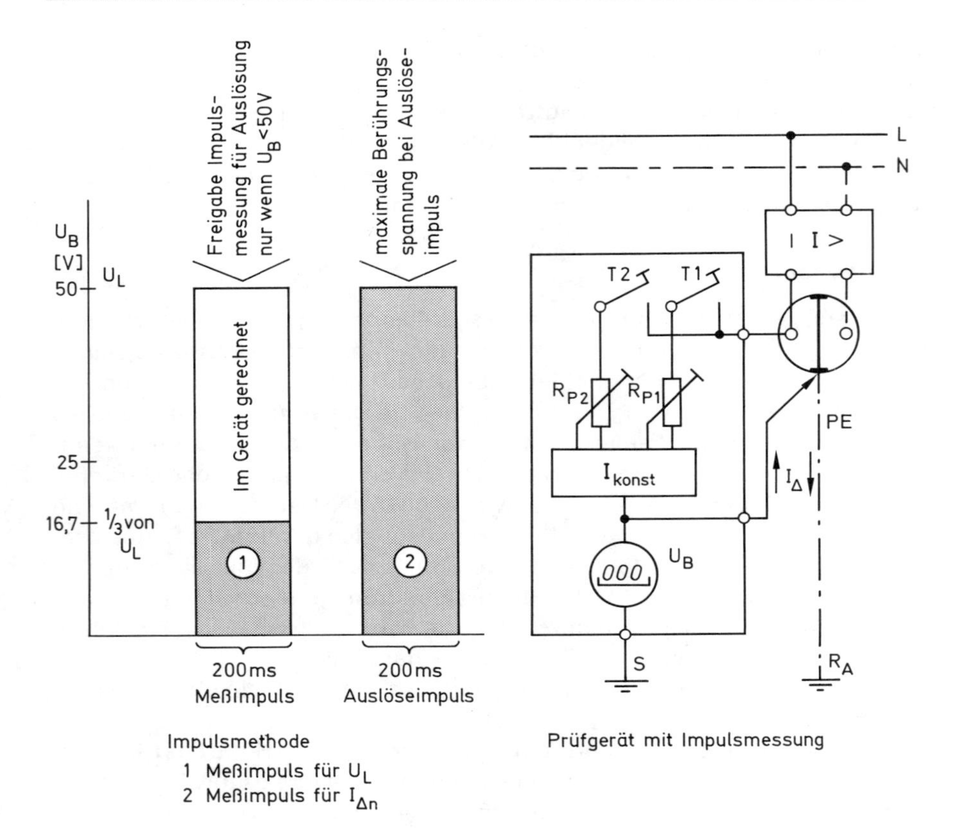

Bild 10-A3: Prüfimpulse und schematische Darstellung des Prüfgerätes nach der Impulsmethode. I_{Δ} = Fehlerstrom, R_A = Erdungswiderstand, S = Sonde, U_B = Anzeige der Berührungsspannung, T 1 = Starttaste Messung der Berührungsspannung, T 2 = Starttaste Auslöseprüfung, $I_{Konst.}$ = Konstantstrom-Regelung, R_{P1}, R_{P2} = stufig wählbare Prüfwiderstände.

Ergibt sich bei der Hochrechnung eine Berührungsspannung, die über dem maximal zulässigen Wert liegt, so wird die Auslösung gesperrt. Angezeigt wird die bei Nennauslösestrom anstehende Berührungsspannung U_B.
Zusätzlich zeigen die Geräte nach erfolgter Auslöseprüfung den (gerechneten) Erdungswiderstand und die Auslösezeit an.

Beide Methoden bieten also Vorzüge: Geht es um die zügige und damit kostensparende Prüfung von Anlagen mit vielen Verbraucherabgängen, so ist die Impulsmethode zu empfehlen, wird dagegen das Prüfgerät zur Wiederholungsprüfung, zur Beurteilung und Auswahl von Fehlerstrom-Schutzeinrichtungen oder zur Fehlersuche eingesetzt, so ist die Methode des ansteigenden Prüfstromes von Vorteil. Ein auf beide Meßmethoden umschaltbares Prüfgerät ist deshalb besonders empfehlenswert.

Ein Prüfgerät, welches wahlweise erlaubt, nach beiden Methoden zu messen, ist überall dort die optimale Anschaffung, wo beide Aufgabenstellungen anstehen. Ein solches Gerät ist zudem in der Lage, diejenigen Werte zu ermitteln, die die höchstmögliche Sicherheit bieten:
– die Berührungsspannung U_B bezogen auf Nennauslösestrom $I_{\Delta n}$,
– den tatsächlich zur Schalterauslösung führenden Fehlerstrom $I_{\Delta O}$.

10-B Die Fehlerstrom-Schutzeinrichtung im IT-System

IT-Systeme werden vielfach dort eingesetzt, wo eine sehr hohe Verfügbarkeit gefordert ist, z. B. in Operationsräumen oder für Ersatzstromversorgungsanlagen. Folgende Voraussetzungen sind zu erfüllen:
1. Kein aktiver Leiter darf geerdet sein.
2. Die Körper müssen einzeln, in Gruppen oder in ihrer Gesamtheit mit einem Schutzleiter verbunden und geerdet sein.

Je nach den Erdungsverhältnissen ergeben sich für die Schutzmaßnahmen folgende drei Möglichkeiten:
1. Verwendung einer Isolations-Überwachungs-Einrichtung und ein zusätzlicher Potentialausgleich, der geerdet sein muß.
2. Wenn alle Körper mit einem Schutzleiter untereinander verbunden sind, dann sind die Bedingungen des TN-Systems zu erfüllen, siehe Kapitel 8.2.
3. Wenn die Körper einzeln oder in Gruppen geerdet sind, dann müssen die Bedingungen des TT-Systems erfüllt sein, siehe Kapitel 10.3.

Da kein Punkt des Systems geerdet ist, führt der erste Fehler (Erdschluß) nicht zur Abschaltung. Der Fehler kann mit Hilfe einer Isolationsüberwachungs-Einrichtung gemeldet werden. Er ist so schnell wie möglich zu beseitigen.
Eine Auslösung der Fehlerstrom-Schutzeinrichtung erfolgt erst beim zweiten Fehler. Werden Fehlerstrom-Schutzeinrichtungen eingesetzt, so sprechen diese nur an, wenn die beiden Fehler hinter verschiedenen Fehlerstrom-Schutzeinrichtungen auftreten. Ist nur eine Fehlerstrom-Schutzeinrichtung vorhanden, so muß die Abschaltung durch eine Überstrom-Schutzeinrichtung sichergestellt werden. Der Einsatz von Fehlerstrom-Schutzeinrichtungen ist jedoch immer erforderlich, wenn das IT-System beim ersten Fehler zum TT-System werden kann, also bei einzelnen oder in Gruppen geerdeten Körpern (Bild 10-B1).
Für den ersten Fehler gilt gemäß DIN VDE 0100 Teil 610 Abschnitt 5.6.1.4.1.3 die Formel

$$R_A \cdot I_d \leq U_L$$

R_A = Erdungswiderstand aller mit einem Erder verbundenen Körper
U_L = Vereinbarte Grenze der dauernd zulässigen Berührungsspannung
I_d = Fehlerstrom beim ersten Fehler zwischen einem Außenleiter und dem Schutzleiter oder einem damit verbundenen Körper. I_d berücksichtigt die Ableitströme und die Gesamtimpedanz der elektrischen Anlage gegen Erde.

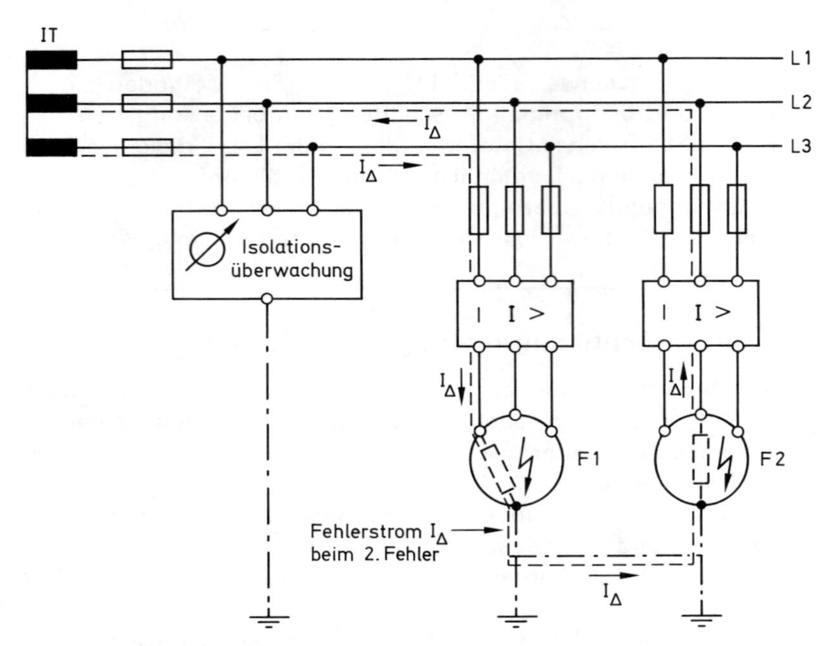

Bild 10-B1: IT-System mit Isolationsüberwachungs-Einrichtung und zusätzlichem Potentialausgleich. Tritt der erste Fehler F1 auf, so verhält sich das hier gezeigte IT-System mit einzeln geerdeten Körpern wie ein TT-System. Erst beim zweiten Fehler fließt der gekennzeichnete Fehlerstrom I_Δ, mindestens eine der beiden Schutzeinrichtungen löst aus. Das gilt auch dann, wenn der zweite Fehler F2 im gleichen Außenleiter wie der Fehler F1 liegt.

Zur Abschätzung von I_d unter Berücksichtigung von Nennspannung, Kabel- und Leitungstypen, Längen und Querschnitten ist der durch eine Erdungsmessung festzustellende Gesamterdungswiderstand heranzuziehen.
Eine Vorstrom-Messung mit Meßzange (siehe Anmerkung 10-H) erlaubt die Direktmessung von I_d, wobei die Gesamtimpedanz der Anlage gegen Erde in diese Vorstrom-Messung eingeht! Falls die Leiter aufgrund ihres Querschnittes nicht gemeinsam von der Meßzange umgriffen werden können, kann in vielen Fällen ein auf die inneren Abmessungen der Meßzange abgestimmtes Adapterkabel helfen. Einzelheiten der Prüfung im IT-System siehe DIN VDE 0100 Teil 610 Abschnitt 5.6.1.4.

10-C Mehrere Fehlerstrom-Schutzeinrichtungen am gleichen Erder

In größeren Anlagen, beispielsweise in Krankenhäusern, in Schulen oder Wohnblocks kann eine mehr oder minder große Anzahl Fehlerstrom-Schutz-»Schaltungen« mit dem gleichen Erder geerdet sein. Wie hoch darf der Erdungswiderstand

sein? Eine Festlegung gibt es nur für Fliegende Bauten (DIN VDE 0100 Teil 722). Obwohl für jede einzelne Schutz-»Schaltung« Fehlerstrom und Berührungsspannung innerhalb der zulässigen Grenzen liegen, werden sich bei einem Fehler, der *gleichzeitig* auf mehrere Schutz-»Schaltungen« einwirkt, die Fehlerströme addieren und somit eine unzulässig hohe Berührungsspannung über dem gemeinsamen Erder hervorrufen.
Der Erdungswiderstand der Erder der Körper, die mit dem gleichen Erder verbunden sind, darf beim Einsatz von mehreren Fehlerstrom-Schutzeinrichtungen $\leq 30\,\Omega$ sein, unabhängig von den Nennauslöseströmen $I_{\Delta n}$ der einzelnen Fehlerstrom-Schutzeinrichtungen. Wenngleich diese Forderung – wie oben erwähnt – nur für Fliegende Bauten gilt, ist sie für ähnlich gelagerte Fälle auch anwendbar.

10-D Messung der Berührungsspannung mit und ohne Sonde

Zur Messung der Berührungsspannung, die im Fehlerfall durch den Fehlerstrom I_Δ über dem Erdungswiderstand R_A entsteht, bedarf es grundsätzlich einer Sonde im neutralen Erdreich. Denn es wird ja der Spannungsfall über R_A, also über dem Erdungswiderstand, gemessen. Siehe hierzu Bild 10-D1 sowie die allgemeine Formel

$$R_A \cdot I_\Delta \leq U_L$$

Aus den im Kapitel 11 dargelegten Gründen ist es kaum mehr möglich, eine Sonde neutral, d. h. außerhalb der Spannungstrichter von einander beeinflussenden anderen Erdern, metallenen Rohren oder geschirmten Kabeln zu setzen. Deshalb haben sich neben der Sondenmessung noch zwei Methoden ohne Sonde herausgebildet, insgesamt also drei Methoden zur Messung von U_L.

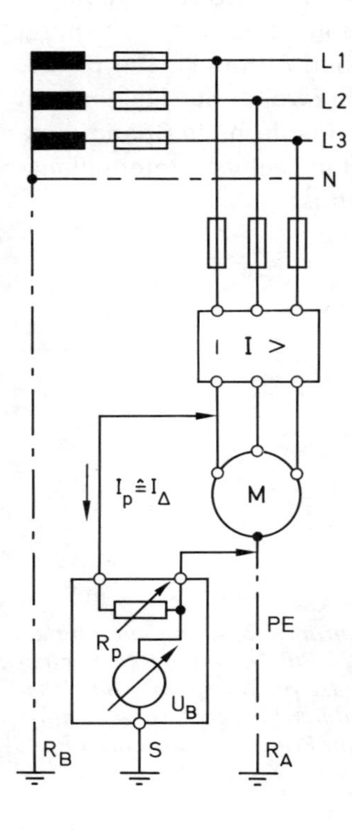

Bild 10-D1: Messen der Berührungsspannung mit Sonde – Ströme und Spannungen. R_B = Betriebserde, R_A = Schutzerde der Fehlerstrom-Schutz-»Schaltung«, M = Betriebsmittel, R_P = Prüfwiderstand im Prüfgerät, U_B = Berührungsspannungsanzeiger im Prüfgerät, I_P = durch R_P erzeugter Fehlerstrom, S = Sonde.

1. Messung mit Sonde als Bezugserde

Die Sonde ist außerhalb des Spannungstrichters im neutralen Gelände zu setzen, Mindestabstand vom Erder mindestens 20 m, eine größere Entfernung ergibt eine bessere Messung. Der Innenwiderstand des Prüfgerätes sollte bei ca. 3000 Ω (entspricht dem Widerstand des Menschen) liegen. Gemessen wird streng genommen die Fehlerspannung, d. h. die Spannung gegen einen theoretischen Erdpunkt. Die Berührungsspannung kann im Zweifel nur kleiner sein als die Fehlerspannung, insofern ein Spannungsfall über dem Widerstand eines Potentialausgleichs-Leiters abzuziehen ist.

Vorteil: Gemessen wird gegenüber der Bezugserde der Sonde, frei von netzseitigen Einflüssen.

Nachteil: Selten ausführbar; zeitaufwendiges Setzen der Sonde; Verlegen der Sondenleitung oft schwierig; Mitziehen der Sondenleitung zu jeder Meßstelle, dadurch Gefahr der Beschädigung auf Baustellen usw.

2. Messung mit Betriebserde als Sonde

Diese Meßmethode benutzt die Betriebserde R_B des einspeisenden Transformators als Sonde (Bild 10-D2). Damit entfällt das schwierige Setzen der Sonde, die »Sondenleitung« ist der Neutralleiter *N*. Die Berührungsspannung sollte mit einem Innenwiderstand der Meßeinrichtung von ca. 3000 Ω (Widerstand des Menschen) gemessen werden. Gemessen wird streng genommen die Fehlerspannung, d. h. die Spannung gegen einen theoretischen Erdpunkt. Die Berührungsspannung kann im Zweifel nur kleiner sein als die Fehlerspannung, insofern ein Spannungsfall über dem Widerstand eines Potentialausgleichsleiters abzuziehen ist.

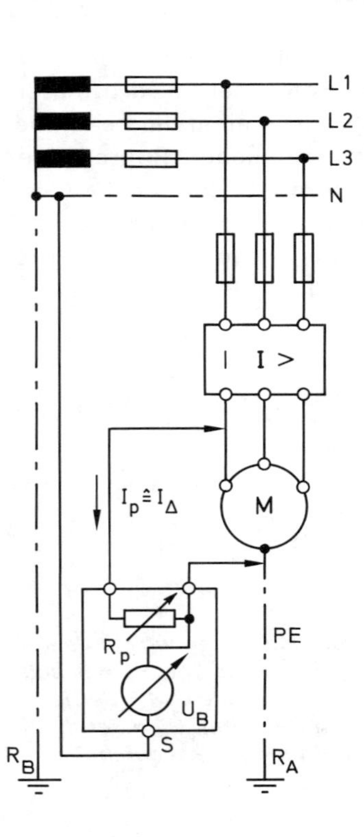

Bild 10-D2: Messen der Berührungsspannung mit der Betriebserde als Sonde. R_B = Betriebserde, R_A = Schutzerde der Fehlerstrom-Schutzeinrichtung, M = Betriebsmittel, R_P = Prüfwiderstand im Prüfgerät, U_B = Berührungsspannungsanzeiger im Prüfgerät, I_P = durch R_P erzeugter Fehlerstrom.

Vorteil: Keine Sonde erforderlich; Zeitersparnis.
Nachteil: Messung im IT-System und bei Dreileiter-Drehstrom (ohne Neutralleiter) nicht möglich. Kann beim Einsatz von Fehlerstrom-Schutzeinrichtungen im TN-Netz (schnelle oder flinke Nullung) keine Anzeige liefern, da *N* und *PE* vor der Schutzeinrichtung miteinander verbunden sind. Tritt ein merklicher Spannungsfall auf dem *N*-Leiter auf, hervorgerufen durch einen nicht vernachlässigbaren Widerstand und dem Strom eines angeschlossenen Verbrauchers, so ist der Meßwert für U_B um diesen Spannungsfall zu hoch: Durch vorherige Netzinnenwiderstandsmessung wird der Widerstand des Neutralleiters erkannt.

3. Messung der Differenzspannung ohne Bezugserde

Die Methode benötigt keine Sonde, wie Bild 10-D3 zeigt. Ähnlich der Meßmethode für die Schleifenimpedanz wird die Nennspannung U_o zweimal gemessen. Das erste Mal ohne Fließen des Prüfstromes, das zweite Mal bei Fließen eines Prüfstromes ≙ Fehlerstromes. Die Spannungsdifferenz stellt den Spannungsfall über dem Erdungswiderstand R_A, also die Berührungsspannung, dar.
Vorteil: Gegenüber den beiden anderen Methoden wird zweipolig gemessen, insofern die Hilfsenergie für das Meßgerät nicht aus dem Netz genommen wird. Ein zweipoliger Meßadapter ist so einfach zu handhaben wie ein zweipoliger Spannungsprüfer. Ein solcher Meßadapter erlaubt zügiges Messen an Drehstrom-Abgängen und in Verteilern.
Messung im IT-System oder bei Dreileiter-Drehstrom möglich. Keine Sonde erforderlich.
Nachteil: Eine Änderung der Netzspannung während des Meßzyklus geht als Fehler ein. Der Spannungsfall über Betriebserder, Trafowicklung und Außenleiter wird mitgemessen und geht ebenfalls als Fehler in die Messung ein.

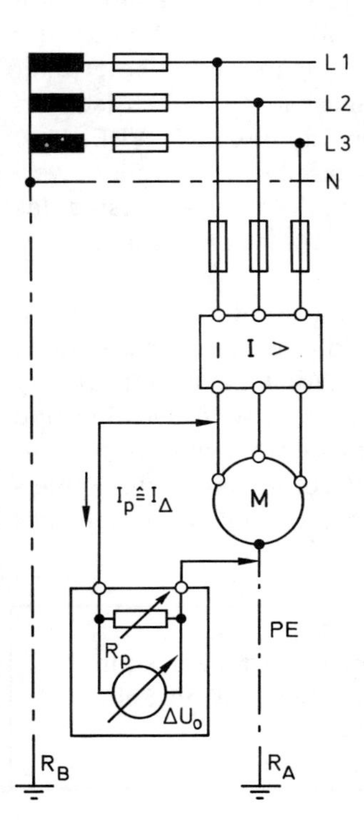

Bild 10-D3: Messen der Differenzspannung ohne Sonde. R_B = Betriebserde, R_A = Schutzerde der Fehlerstrom-Schutzeinrichtung, M = Betriebsmittel, R_P = Prüfwiderstand im Prüfgerät, ΔU_o = Anzeige der aus der Spannungsdifferenz gebildeten Berührungsspannung, I_P = durch R_P erzeugter Fehlerstrom.

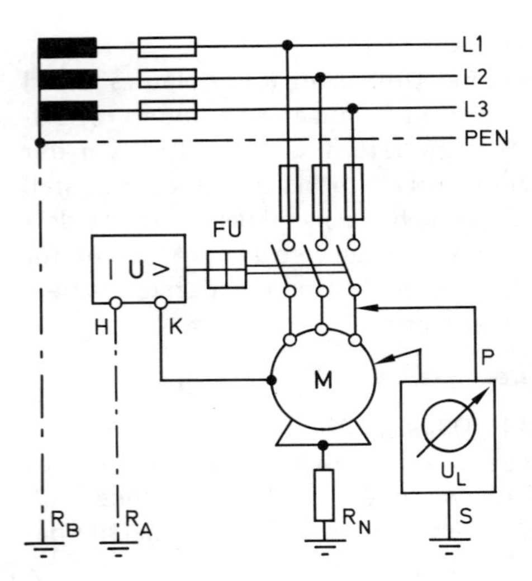

Bild 10-E1: Prüfung der Fehlerspannungs-Schutz-»Schaltung«. FU = Fehlerspannungs-Schutzschalter, P = Prüfgerät, S = Sonde, R_B = Betriebserder $\leq 2\,\Omega$, R_A = Erder der Schutzschaltung $\leq 200\,\Omega$, in Ausnahmefällen $\leq 500\,\Omega$, R_N = Nebenerder des Betriebsmittels.

10-E Messung bei der Fehlerspannungs-Schutz-»Schaltung«

Die Auslösespule der Fehlerspannungs-Schutzeinrichtung wird wie ein Spannungsmesser zwischen den Körper des Betriebsmittels (M) und einen Schutzerder R_A geschaltet. Der Schutzerder R_A muß außerhalb der Spannungstrichter aller anderen »Nebenerder« sitzen. Da dies bekanntermaßen kaum möglich ist, darf in Neuanlagen die Fehlerspannungsschutzeinrichtung gemäß DIN VDE 0100 Teil 410 Abschnitt 6.1.7.3 sowie Abschnitt 7 nur in Sonderfällen angewendet werden. Ein »Nebenerder« R_N, beispielsweise in Form eines Montagegerüstes des Betriebsmittels M (siehe Bild 10-E1), stellt einen Schluß zur Fehlerspannungsschutzeinrichtung dar und macht Sie unwirksam!
Das Prüfgerät beaufschlagt den Körper des Betriebsmittels mit einer Fehlerspannung bis zu den Grenzwerten von 50 V~ bzw. 25 V~ und mißt die zum Zeitpunkt der Auslösung anstehende Berührungsspannung U_B. Wenn bei Erreichen der Grenzwerte die Schutzeinrichtung noch nicht ausgelöst hat, wird die Messung selbsttätig unterbrochen. Vor der Messung ist eine Erprobung durchzuführen: Auslösung bei Drücken der Prüftaste. Sind mehrere Verbraucher in die Fehlerspannungs-Schutzeinrichtung einbezogen, so ist der Schutzleiter gemäß DIN VDE 0100 Teil 410 Abschnitt 7.4 zu dimensionieren.

> Wiederholungsprüfungen sind sehr wichtig, denn im Laufe der Zeit können sich die Verhältnisse der »Nebenerder« so geändert haben, daß die Schutzmaßnahme unwirksam geworden ist.

10-F Selektive Fehlerstrom-Schutzeinrichtungen

Optimale Verfügbarkeit, also Sicherheit der Installation und gleichzeitig Schutz gegen ungewolltes Auslösen, wird durch selektive Fehlerstrom-Schutzeinrichtungen erzielt. Diese werden auch Haupt-Fehlerstrom-Schutzeinrichtungen genannt. Hier werden Fehlerstrom-Schutzeinrichtungen unterschiedlicher Nennauslöseströme wie in Bild 10-F1 in Reihe geschaltet. Somit ist sichergestellt, daß nur die dem Fehler am nächsten zugeordnete Fehlerstrom-Schutzeinrichtung auslöst.

Selektive Fehlerstrom-Schutzeinrichtungen tragen das Kennzeichen [S] und die Angabe über den maximal zulässigen Erderwiderstand. Die selektive Fehlerstrom-Schutzeinrichtung löst gemäß DIN VDE 0664 Teil 1 unter folgenden Kriterien aus:

0,15 ... 0,5 s bei $I_{\Delta n}$,
0,06 ... 0,2 s bei $2 \cdot I_{\Delta n}$,
0,04 ... 0,15 s bei $5 \cdot I_{\Delta n}$,
0,04 ... 0,15 s bei 500 A.

Unabhängig von diesen Werten gelten die in DIN VDE 0100 Teil 410 genannten Auslösezeiten: 0,2 s im TN-System, 5 s im TT-System.

Maximal zulässiger Erdungswiderstand R_A für selektive Fehlerstrom-Schutzeinrichtungen [S]:

Fehlerstrom $I_{\Delta n}$	300 mA
bei U_L = 50 V~	84 Ω
U_L = 25 V~	42 Ω

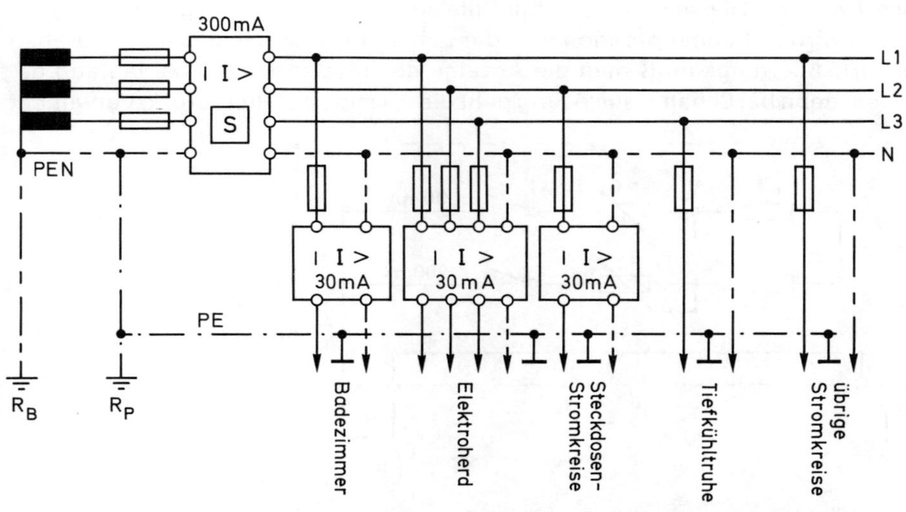

Bild 10-F1: Fehlerstrom-Schutz»Schaltung« mit selektiver Fehlerstrom-Schutzeinrichtung im TN-Netz. R_B = Betriebserde, R_P = Schutzerde, $R_A = \frac{R_B \cdot R_P}{R_B + R_P} \approx R_B$.

Die selektive Fehlerstrom-Schutzeinrichtung [S] arbeitet zeitverzögert. Sie schaltet innerhalb von 200 ms ab, wenn der doppelte Nennfehlerstrom fließt, also $2 \times I_{\Delta n}$. Somit gilt

$$R_A \cdot 2 \cdot I_{\Delta n} \leq U_L$$

$$R_A \leq \frac{U_L}{2 \cdot I_{\Delta n}}$$

$$R_A \cdot I_{\Delta n} \leq \frac{U_L}{2}$$

Aus der letzten Gleichung ergibt sich, daß die Berührungsspannung hier nur die halben Werte haben darf, also 25 V~ bzw. 12,5 V~.
Die selektiven Fehlerstrom-Schutzeinrichtungen haben die hohe Stromstoßfestigkeit von 5 kA.

10–G Vorsatzgerät zur Messung des tatsächlichen Auslösestromes bei Fehlerstrom-Schutzeinrichtungen 30 mA und 300 mA

Wenngleich gemäß DIN VDE 0100 Teile 410 und 600 zum Nachweis der Wirksamkeit einer Fehlerstrom-Schutzeinrichtung neben der Auslöseprüfung allein die Messung der Berührungsspannung vorgeschrieben ist, möchte der Praktiker zur Beurteilung der Fehlerstrom-Schutzeinrichtung in manchen Fällen auch den tatsächlichen Auslösestrom $I_{\Delta 0}$ wissen (siehe Anmerkung 10 A).
Mit Hilfe eines leicht selbst zu bauenden Vorsatzgerätes kann ein Fehlerstrom simuliert werden. Dieser wird dann mit Hilfe eines Multimeters angezeigt (Bild 10-G). Dabei wird mit dem Potentiometer der Fehlerstrom durch langsames Drehen gesteigert. Allerdings muß man die Anzeige des Meßgerätes dabei laufend beobachten, denn bei Schalterauslösung geht die Anzeige auf Null zurück. Verwendet

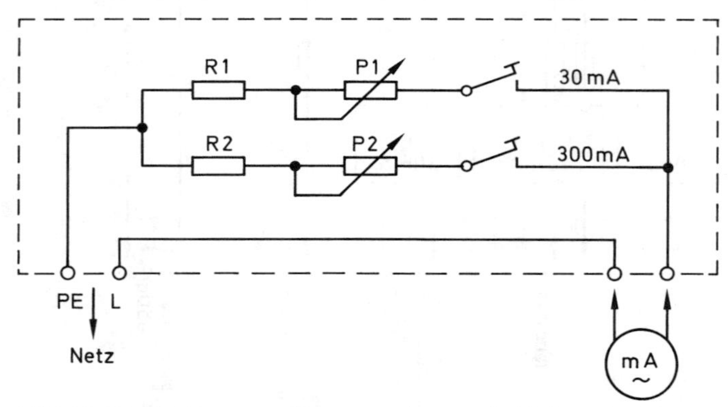

Bild 10-G1: Vorsatz zur Messung des tatsächlichen Auslösestromes.
R1 = 6,8 kΩ/ 6 W P1 = 10 kΩ/10 W
R2 = 680 Ω/17 W P2 = 1 kΩ/40 W

man eines der modernen Digitalmultimeter mit Maximalspeicher, so bleibt der zum Zeitpunkt der Auslösung anstehende Strom gespeichert.
Die dargestellte Schaltung eignet sich für Fehlerstrom-Schutzschalter von 30 mA und 300 mA. Die Widerstände sind so dimensioniert, daß der Auslösebereich von 50 % bis 100 % des Nennfehlerstromes $I_{\Delta n}$ bestrichen werden kann. Netzspannungsschwankungen von ± 10 % sind berücksichtigt. In Anbetracht der hohen Verlustleistung im Belastungskreis für 300 mA ist die Taste nur kurzzeitig zu betätigen.

Achtung: Vor Einsatz des beschriebenen Meßvorsatzes ist zwingend die Berührungsspannung zu messen! Diese muß in den vorgegebenen Grenzen von 50 V~ bzw. 25 V~ liegen. Weiterhin muß eine Auslöseprüfung erfolgen. Für beide Prüfungen ist ein Prüfgerät einzusetzen, welches DIN VDE 0413 Teil 6 entspricht.

10-H Vorstrom-Messung in der Fehlerstrom-Schutz»Schaltung«

Wie hoch ist der Fehlerstrom in einer im Betrieb befindlichen Anlage?
Diese Frage wird sich der Praktiker stellen
- im gewerblichen Bereich und in Industriebetrieben bei Wiederholungsprüfungen gemäß VBG 4,
- in den Fällen, wo Fehlerstrom-Schutzeinrichtungen aus ungeklärten Gründen gelegentlich auslösen,
- bei Prüfungen der Schutzmaßnahmen in Anlagen, in denen eine Unterbrechung der Stromversorgung unter allen Umständen vermieden werden soll. Das gilt beispielsweise im medizinischen Bereich, in der Stromversorgung von Anlagen der Datenverarbeitung oder in Fertigungs- und Produktionsbetrieben.

Die allgemein übliche Messung bei einem fehlerhaften Fehlerstrom-Schutz ist die Isolationsmessung der Außenleiter gegen den Schutzleiter PE. Hierfür ist ein Isolationsmesser gemäß DIN VDE 0413 Teil 1 zu verwenden. Grundsätzlich muß bei abgeschaltetem Netz gemessen werden, zweckmäßig hinter der abgeschalteten Fehlerstrom-Schutzeinrichtung. Eine Unterbrechung der Versorgung ist unvermeidlich. Da die Isolationsmessung mit Gleichspannung erfolgt, werden kapazitive oder induktive Blindwiderstände (Netzfilter!) nicht berücksichtigt. Gegebenenfalls sind auch die Verbraucher abzuklemmen.
Wesentlich einfacher und schneller zu handhaben ist die direkte Vorstrom-Messung mit einer Meßzange. Da mit der Zange die Leiter umgriffen werden, kann unterbrechungslos gemessen werden. Es gibt zwei Möglichkeiten, die in Bild 10-H1 gezeigt werden:

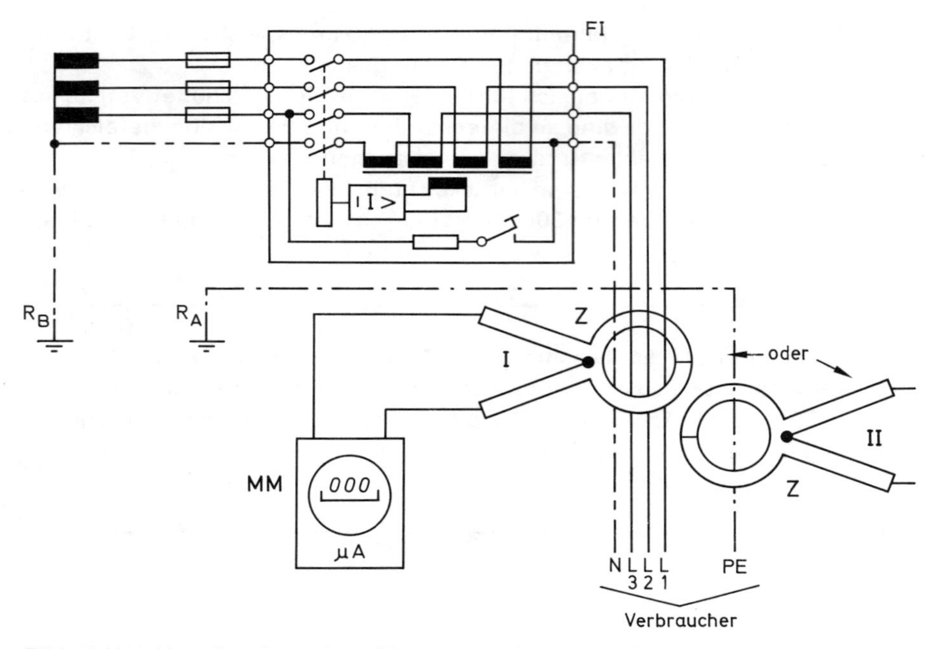

Bild 10-H1: Unterbrechungslose Messung vorhandener Fehlerströme mit der Meßzange. Mit der Meßzange werden entweder alle Außenleiter plus Neutralleiter gemeinsam umgriffen (im Bild bei I) oder der Schutzleiter PE allein (im Bild bei II). FI = Fehlerstrom-Schutzeinrichtung, Z = Meßzange (Pos I oder II), MM = Multimeter vorzugsweise mit Maximalspeicher, R_B = Betriebserde, R_A = Schutzerde.

- Umgreifen des Schutzleiters PE nahe dem Abgang zum Erder (TT-Netz) oder nahe der Stelle, an der der PE – vor der Fehlerstrom-Schutzeinrichtung – mit dem Neutralleiter N verbunden ist (TN-Netz).
- Umgreifen aller aktiven Leiter zusammen, also aller Außenleiter L und zusätzlich den Neutralleiter N. Dies geschieht am zweckmäßigsten am Zu- oder Abgang der Fehlerstrom-Schutzeinrichtung. Mit der Meßzange werden also die gleichen Leiter umgriffen, die über den Summenstromwandler der Fehlerstrom-Schutzeinrichtung geführt werden.

Aus Gründen eindeutiger Zuordnung ist das Umgreifen der aktiven Leiter zweckmäßiger.

Auf diese Zangenstrom-Messung sei hier besonders hingewiesen. In der Praxis wird die Zangenmessung allgemein dort eingesetzt, wo hohe Ströme zu messen sind und eine Direktmessung nicht mehr möglich ist. Mit einer auch für kleine Ströme im mA-Bereich geeigneten Zange und einem Multimeter mit µA-Meßbereichen und unter Berücksichtigung der Meßzangenübersetzung kann jedoch auch in diesen niederen Strombereichen der entscheidende Vorteil der Zangen-

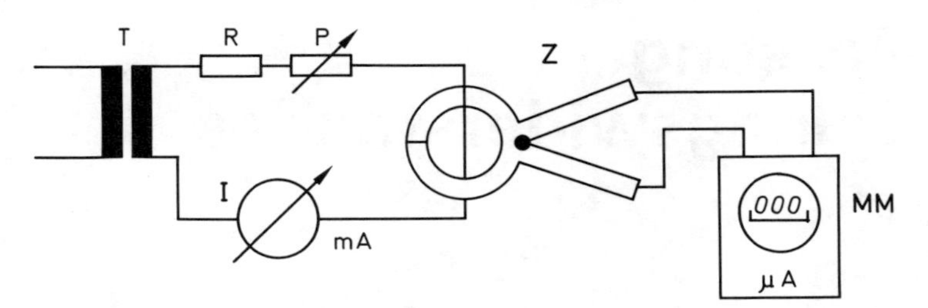

Bild 10-H2: Einrichtung zur Bestimmung des Meßfehlers bei Zangenstrommessung. T = Transformator z. B. 220/6 V oder 220/24 V, R = Vorwiderstand zur Strombegrenzung auf 30 mA und 500 mA, P = Drahtpotentiometer zum kontinuierlichen Einstellen von Strömen in den Bereichen 1 ... 30 mA und 10 ... 500 mA, I = mA-Meter mit Bereichen z. B. o ... 50 mA und 0 ... 500 mA Genauigkeit Klasse 1,5 oder besser, Z = Meßzange geeignet für Messungen im mA-Bereich, MM = Multimeter mit analoger oder digitaler Anzeige im µA-Bereich, vorzugsweise mit Maximalspeicher.
Ausgehend von der Sekundärspannung des Transformators sollten zwei Widerstände R und zwei Potentiometer P gewählt werden, ein Satz für kleine Ströme bis 30 mA, der andere Satz für Ströme bis 500 mA.

strom-Messung genutzt werden, und das ist die unterbrechungsfreie Messung! Bei dieser direkten Vorstrom-Messung wird auch der Fehlerstrom erfaßt, der durch kapazitive oder induktive Widerstände gegen den Schutzleiter oder gegen Erde entsteht.
Sicher liegt der Meßfehler der Zangenmessung bei einigen Prozent. Wie groß er ist, kann mit einer einfachen Prüfschaltung nach Bild 10-H2 ermittelt werden. Die einmal ermittelten Abweichungen gelten dann bei allen späteren Messungen mit der gleichen Kombination aus Zange + Multimeter. So läßt sich leicht eine Meßgenauigkeit von ± 5 ... 10 %, bezogen auf den Nennauslösestrom, realisieren. Zum Vergleich sei der Gebrauchsfehler bei der Messung des Isolationswiderstandes von ± 30 % genannt!

Die Vorstrom-Messung mit Meßzange ist bei allen Systemen möglich, wo Fehlerstrom-Schutzeinrichtungen eingesetzt sind: TN-, TT- und IT-System.

11 Die Messung des Erdungswiderstandes

11.1 Wozu dienen Erdungen?

Erdungen sind wesentliche Teile unserer Stromversorgungsanlagen. Sie dienen unterschiedlichen Zwecken, insbesondere um Stromkreise und Anlagenteile auf ein gemeinsames Potential, das der Erde, früher Bezugserde, zu bringen. Weiterhin sind Erdungen unerläßlich für die Schutzmaßnahmen gegen die Gefahren des elektrischen Stromes. Erdungen werden auch zum Schutz gegen Überspannungen, z. B. Schaltüberspannungen oder atmosphärische Überspannungen, in elektrischen Anlagen notwendig. Aber auch Rohrleitungen und Tankanlagen müssen z. B. für den katodischen Korrosionsschutz geerdet sein. Sowohl Schutzmaßnahmen mit Schutzleiter als auch der Überspannungsschutz erfordern niederohmige Erdungen, deren jeweilige Grenzwerte in VDE-Bestimmungen festgelegt sind.
Das Thema Erdungsmessung soll hier unter dem vorrangigen Gesichtspunkt der Schutzmaßnahmen behandelt werden, wenngleich die meßtechnischen Aussagen über die Erdungsmessung von grundsätzlicher Art sind und auch beim Messen anderer Erdungen gelten.

11.2 Was ist der Erdungswiderstand?

Die physikalischen und geologischen Gegebenheiten sind für Erdungswiderstände weit komplizierter als für andere Widerstände in elektrischen Stromkreisen oder für Potentialausgleichsleiter. Bevor auf die Messung von Erdungswiderständen eingegangen wird, muß einiges über diese physikalisch und geologisch bedingten Zusammenhänge gesagt werden.
Eine Erdung besteht aus der Erdungsleitung, dem Erder und dem Erdausbreitungswiderstand. Bild 11.1 zeigt die Zusammenhänge. Die Erdungsleitung ist ein Schutzleiter, der die Potentialausgleichsschiene mit dem Erder verbindet. Der Querschnitt muß dem Querschnitt eines Potentialausgleichsleiters entsprechen.
Der Erder ist die leitende Verbindung zu dem ihn umgebenden Erdreich. Dabei unterscheidet man (vorhandene) natürliche Erder, die nicht für eine Erdung in den Boden eingebracht wurden, aber für eine solche genutzt werden können. Dies sind beispielsweise metallene Rohre im Erdreich. Seit Verwendung von Kunststoff-Rohren ist die Nutzung von Rohrleitungen im Erdreich praktisch nicht mehr möglich.

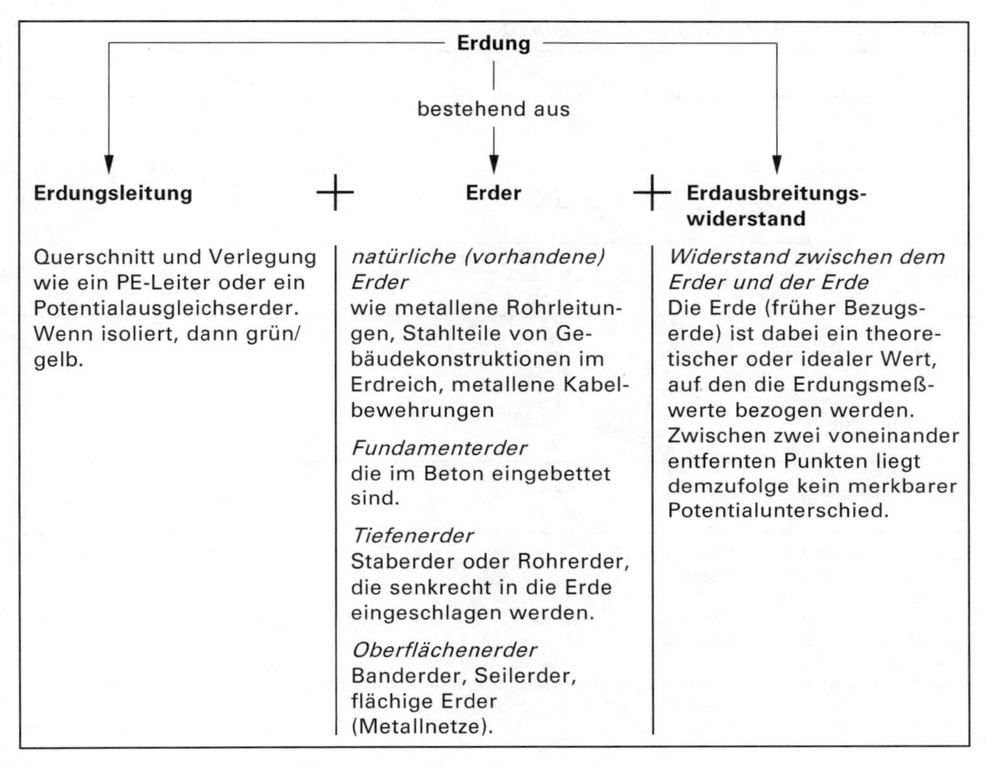

Bild 11.1: Erdung und ihre Zusammenhänge.

Künstliche Erder dienen ausschließlich der Erdung. Es gibt unterschiedliche Ausführungen, wie Fundamenterder, Tiefenerder und Oberflächenerder, deren Einsatz sich nach den Anforderungen und den örtlichen Gegebenheiten richtet.
Der Erdausbreitungswiderstand R_A ist der Widerstand zwischen dem Erder und der Erde, früher Bezugserde. Der Erdausbreitungswiderstand ist abhängig von der Art des Erders und dem spezifischen Erderwiderstand.

Berechnung des Ausbreitungswiderstandes R_A für verschiedene Erder

Die Erde (früher Bezugserde) ist das leitfähige Erdreich, dessen elektrisches Potential an jedem Punkt vereinbarungsgemäß gleich null gesetzt wird. Neben dieser Definition der Erde als Ort kann auch die Erde als Stoff (Humus, Lehm, Sand, Kies usw.) verstanden werden.
Der spezifische Erdungswiderstand ρ_E ist definiert in Ωm. Dabei muß man sich einen Würfel Erdreich von 1 m Kantenlänge vorstellen, wobei an zwei einander gegenüberliegenden Seiten leitende Flächen angeordnet sind (Bild 11.2).

Tabelle 11.1: Formeln zur Ermittlung von R_A

Erder	*Faustformel*	*Hilfsgröße*
Banderder (Strahlenerder)	$R_A = \frac{2 \cdot \rho_E}{l}$	–
Staberder (Tiefenerder)	$R_A = \frac{\rho_E}{l}$	–
Ringerder	$R_A = \frac{2\,\rho_E}{3\,D}$	$D = 1{,}13 \cdot \sqrt[2]{F}$
Maschenerder	$R_A = \frac{\rho_E}{2 \cdot D}$	$D = 1{,}13 \cdot \sqrt[2]{F}$
Plattenerder	$R_A = \frac{\rho_E}{4{,}5 \cdot a}$	–
Halbkugelerder	$R_A = \frac{\rho_E}{\pi \cdot D}$	$D = 1{,}57 \cdot \sqrt[3]{I}$

R_A = Ausbreitungswiderstand (Ω)
ρ_E = Spezifischer Erdwiderstand (Ωm)
l = Länge des Erders (m)
D = Durchmesser eines Ringerders, Durchmesser der Ersatzkreisfläche eines Maschenerders oder Durchmesser eines Halbkugelerders (m)
F = Fläche (m^2) der umschlossenen Fläche eines Ring- oder Maschenerders
a = Kantenlänge (m) einer quadratischen Erderplatte, bei Rechteckplatten ist für a einzusetzen: $\sqrt{b \cdot c}$, wobei b und c die beiden Rechteckseiten sind
I = Inhalt (m^3) eines Einzelfundamentes

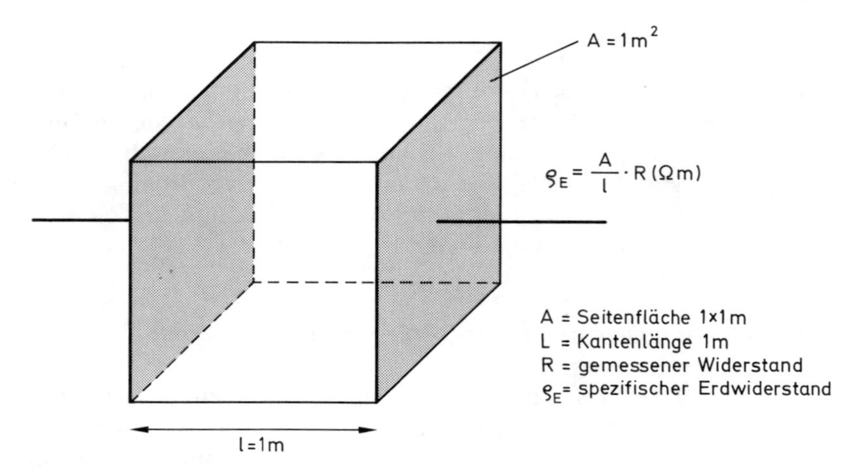

Bild 11.2: Würfel aus 1 m Kantenlänge, der den spezifischen Erdwiderstand ρ_E ergibt.

Der spezifische Erdwiderstand ρ_E

Der spezifische Erdwiderstand ist abhängig von der Bodenzusammensetzung, von der Feuchtigkeit und von der Temperatur des Erdreiches. Zunehmende Feuchtigkeit vermindert den spezifischen Erdwiderstand, allerdings nur bis zu einem bestimmten Wert. Die Schwankungen können bis zu ± 30 % betragen, bezogen auf einen im Frühjahr oder Herbst gemessenen Wert. Die Tabelle 11.2 zeigt die spezifischen Erdwiderstände und Erdungswiderstände von verschiedenen Bodenarten. Die Unterschiede sind ganz erheblich. So hat ein sandiger oder kieshaltiger Boden beispielsweise einen zehnmal höheren spezifischen Erdwiderstand als Ackerboden oder Lehmboden. Das gleiche gilt für die angegebenen Erdungswiderstände. Werte für andere Erderabmessungen lassen sich durch Inter- oder Extrapolation errechnen.
Die Werte für den spezifischen Erdwiderstand stellen Mittelwerte für homogene Böden dar, die im Einzelfall beträchtlich schwanken können, beispielsweise bei Ackerböden usw. zwischen 20 – 300 Ω · m, bei trockenem Sandboden oder Kies von 200 – 2000 Ω · m.

Tabelle 11.2: Spezifische Erdwiderstände und Erdausbreitungswiderstände für verschiedene Bodenarten und Erderausführungen

Bodenart	Spezifischer Erdwiderstand ρ_E	Erdungswiderstand (Ω)					
		Staberder m Tiefe			Banderder m Länge		
	Ω · m	3	6	10	5	10	20
Feuchte Humuserde, Moorboden, Sumpf	30	10	5	3	12	6	3
Ackerboden, Lehm- und Tonböden	100	33	17	10	40	20	10
Sandige Lehmböden	150	50	25	15	60	30	15
Feuchter Sandboden	300	66	33	20	80	40	20
Trockener Sandboden	1000	330	165	100	400	200	100
Beton 1 : 5*	400				160	80	40
Feuchter Kies	500	160	80	48	200	100	50
Trockener Kies	1000	330	165	100	400	200	100
Steiniger Boden	3000	1000	500	300	1200	600	300
Fels	10^7	–	–	–	–	–	–

* für Magerbeton 1 : 7 sind die Werte um 24 % zu erhöhen

11.3 Der Spannungstrichter um den Erder

Um den Erder bildet sich im Erdreich ein sogenannter Spannungstrichter, dessen Form von den Abmessungen des eingesetzten Erders abhängig ist. Bei einem homogenen Erdreich, wo das Erdreich um den Erder gleiche Zusammensetzung, gleiche Feuchtigkeit und gleiche Temperatur hat, bildet sich der Spannungstrichter in Form von konzentrischen Potentiallinien um den Erder herum aus. Bei einem Staberder sind es konzentrische Kreise um den Erder (Bild 11.3), bei einem Banderder nehmen sie eine elliptische Form an.
Je niederohmiger der spezifische Erdwiderstand ist, desto kleiner ist der Durchmesser des Spannungstrichters. Bei einem schlecht leitfähigen Erdreich, beispielsweise bei Sand oder Kies, ist der Durchmesser wesentlich größer. Diese Überlegungen sind bei der Erdungsmessung anzustellen, denn zur Erzielung einer korrekten Erdungsmessung müssen Hilfserder bzw. Sonden außerhalb des Spannungstrichters gesetzt sein.
Die Potentialverteilung um den Erder ist bei der Beurteilung der Höhe der Schrittspannung (U_S im Bild) von entscheidender Bedeutung. Bei einem steil abnehmenden Potentialverlauf ist darauf zu achten, daß die Schrittspannung, also die Spannung zwischen den beiden Füßen eines im Potentialfeld laufenden Menschen (max. ca. 1 m) oder eines Nutztieres keine gefährlichen Werte annehmen kann. Sollte dies der Fall sein, so muß eine sogenannte Potentialsteuerung installiert werden – eine Maßnahme, die zum Abflachen der Potentialverteilung und somit zur Verminderung der Schrittspannung dient.

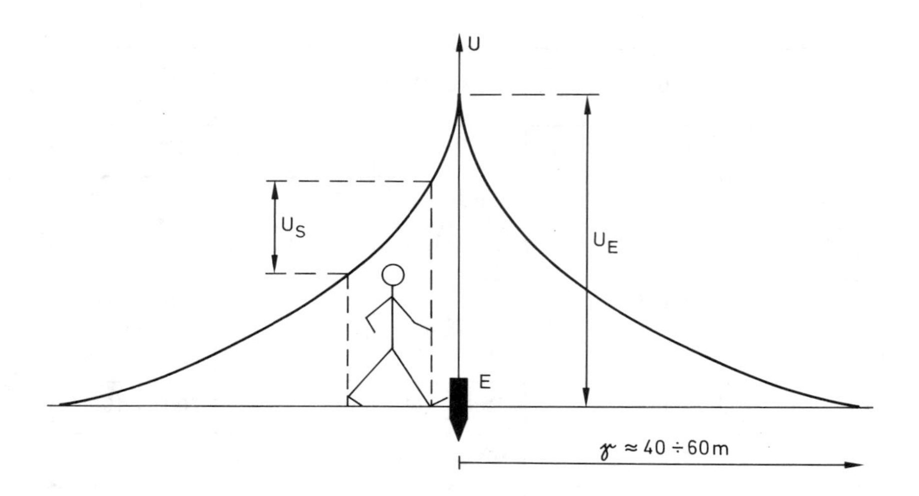

Bild 11.3: Spannungen um einen Staberder. U_E = Spannung über dem Erder, U_S = Schrittspannung, E = Staberder, γ = Radius des Spannungstrichters.

11.4 Was ist bei allen Erdungsmessungen zu beachten?

Das Prinzip der Erdungsmessung beruht auf der Messung des Spannungsfalls über dem zu messenden Erdungswiderstand. Kennt man den Strom, der durch den Erder fließt, und mißt die Spannung, so kann nach dem ohmschen Gesetz der Erdungswiderstand gerechnet werden.

$$R_E = \frac{U_E}{I_E}$$

R_E = Erdungswiderstand allgemein
U_E = Spannung über dem Erder (Erderspannung)
I_E = Strom durch den Erder

Prinzipieller Meßkreis der Erdungsmessung

Die Meßschaltung nach Bild 11.4 setzt zwei wichtige Punkte voraus:

1. Der Widerstand des Spannungsmeßkreises über U_E und Sondenwiderstand R_S muß sehr hochohmig sein gegenüber dem Erdungswiderstand R_A. Der über U_E und R_S fließende Strom I_S muß viel kleiner sein als der über den Erder fließende Strom I_A (1000 : 1 bis 1000 : 0), damit die Parallelschaltung $R_A \,||\, R_S$ praktisch den Widerstandswert von R_A aufweist.
2. Erder und Hilfserde bzw. Sonde müssen so weit voneinander entfernt sein, daß sich die Spannungstrichter nicht beeinflussen, d. h. nicht überlappen.

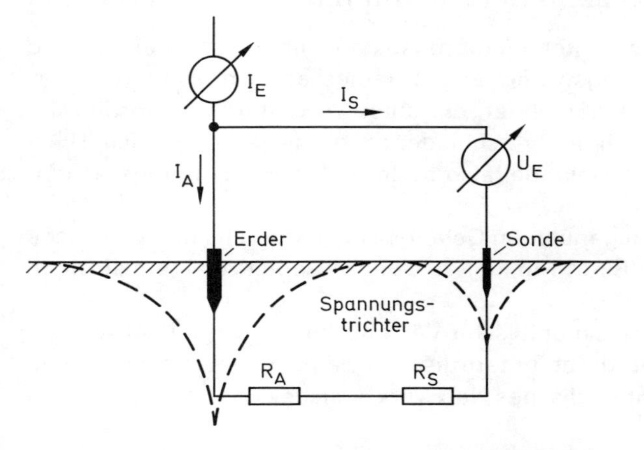

Bild 11.4: Schaltung zur Erdungsmessung. R_S = Sondenwiderstand, I_A = Meßstrom durch den Erder, I_S = Strom über U_E und Sonde, $I_E \sim I_A$, $I_S \ll I_A$.

Sind Erder, Hilfserder und/oder Sonde genügend weit voneinander entfernt?

Will man wissen, ob Hilfserder oder Sonde diese Bedingung erfüllen, so macht man nach erfolgter Erdungsmessung noch eine zweite, versetzt aber zuvor Hilfserder und/oder Sonde. Nach dem Versetzen muß der gemessene Wert der gleiche bleiben, denn es soll ja der Widerstand der Erdung und nicht der der Hilfserde gemessen werden. Ergeben sich unterschiedliche Messungen, so muß der Abstand von Erder, Hilfserder und/oder Sonde vergrößert werden.
Es wird immer wieder die Frage gestellt, ob die Abstände wirklich 20 m betragen müssen. Dazu muß gesagt werden, daß die häufig genannten 20 m in den weitaus meisten Fällen eine viel zu kurze Entfernung darstellen. Sind die spezifischen Erdungswiderstände nicht sehr niedrig wie bei sumpfigen und feuchten humusreichen Böden, so sollten Abstände von mindestens 40 ... 60 m untereinander eingehalten werden. Bei Banderdern oder flächigen Erdern (Fundamenterdern) gilt dieser Wert von jeder Stelle des Erders aus. Nach oben hin hat die Entfernung praktisch keine Grenze. Die Erdungsmeßgeräte erlauben Hilfserder bzw. Sondenwiderstände in der Größenordnung von einigen kΩ.
100 m Leitung zum Hilfserder haben bei einem Querschnitt von 1,5 mm^2 einen Widerstand von ca. 1,2 Ω, bei einem Leitungsquerschnitt von 1 mm^2 sind es ca. 1,8 Ω. Selbst bei einem schlechten Erdungswiderstand von ca. 1000 Ω bleibt für die Leitungslänge ein nahezu beliebiger Spielraum.
Als Hilfserder oder Sonde eignen sich besonders zu diesem Zweck gebaute Erdbohrer von ca. 0,5 m Länge. Aber auch Erdspieße in Form eines Staberders von ca. 1 m Länge oder ein selbstkonfektioniertes Stück verzinkter T-Stahl mit angeschweißter Anschlußschraube können eingesetzt werden.

11.5 Die Schwierigkeiten beim Setzen von Hilfserder und Sonden

Wird der durch den Spannungstrichter gebotene Abstand nicht respektiert, so wird ein zu niedriger Wert des Erdungswiderstandes gemessen, d. h. es wird sicherheitstechnisch mit einer Größe gerechnet, die einen zu guten Wert vortäuscht. In der Praxis ist es bedingt durch drei verschiedene Gründe kaum möglich, Hilfserder und Sonden in neutrales Gelände, also außerhalb der Spannungstrichter, zu setzen:

1. In bebautem oder industriell genutztem Gelände sind natürliche und künstliche Erder so dicht beieinander (Bild 11.5), daß das ganze Gebiet zu einem einzigen Spannungstrichter wird.
2. Durch in der Erde befindliche metallische Verrohrungen (Wasser, Abwasser, Fernheizung, Gas usw.) und durch unterirdisch verlegte Kabel mit geerdetem Mantel entsteht eine Art unterirdisches Netzwerk, welches das gesamte Gebiet überzieht.
3. Verkehrsadern wie Gleiskörper von Eisenbahnen oder Straßenbahnen mit deren Fahrleitungen können mit den Meßleitungen gar nicht und Fahrstraßen kaum überquert werden.

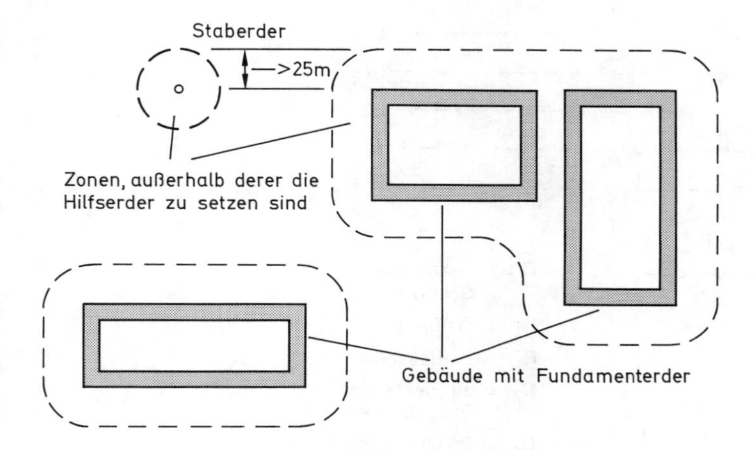

Bild 11.5: Das Setzen der Hilfserder bei flächigen Erdungen.

11.6 Messen ohne Hilfserder bzw. ohne Sonde

Was tun, wenn man keine Hilfserder bzw. Sonden setzen kann? Hier sollen fünf Möglichkeiten genannt werden, wobei für das Errichten von Schutzerden im allgemeinen nur die ersten drei in Frage kommen.

1. Die Erder-Schleifenwiderstandsmessung

Die sogenannte Erder-Schleifenwiderstandsmessung kommt ohne Hilfserder aus. Der Meßkreis entspricht der der Schleifenwiderstandsmessung, nur wird die Schleife nicht über den PEN-Leiter zum Betriebserder des EVU geschlossen, sondern über die örtliche, vom Schutzleiter PE abgeklemmte Schutzerdung und die Betriebserde des einspeisenden Trafos. Näheres siehe unter Erder-Schleifenwiderstandsmessung (Kapitel 11.10).

2. Die Berechnung mit Hilfe der Berührungsspannung

Die Berechnung des Schutzerderwiderstandes erfolgt mit Hilfe einer Messung der Berührungsspannung. Geeignet ist ein Prüfgerät für Fehlerstrom-Schutzeinrichtungen, welches die Berührungsspannung U_B anzeigt und nach der Impulsmethode arbeitet. Das Verfahren ist im Kapitel 10 (Prüfen von Fehlerstrom-Schutzeinrichtungen) ausführlich dargestellt. Die Geräte messen U_B über dem Schutzerderwiderstand auch dann, wenn kein Fehlerstrom-Schutzschalter vorhanden ist (Bild 11.6a)! Obwohl Universalprüfgeräte einen Sondenanschluß haben, messen sie auch ohne Sonde. Die Formel zur Berechnung der Schutzerde ist die gleiche wie bei Fehlerstrom-Schutzeinrichtung:

$$R_A = \frac{U_B}{I_{\Delta n}}$$

R_A = Erdungswiderstand
U_B = angezeigter Wert der Berührungsspannung
$I_{\Delta n}$ = am Gerät eingestellter Nennauslösestrom

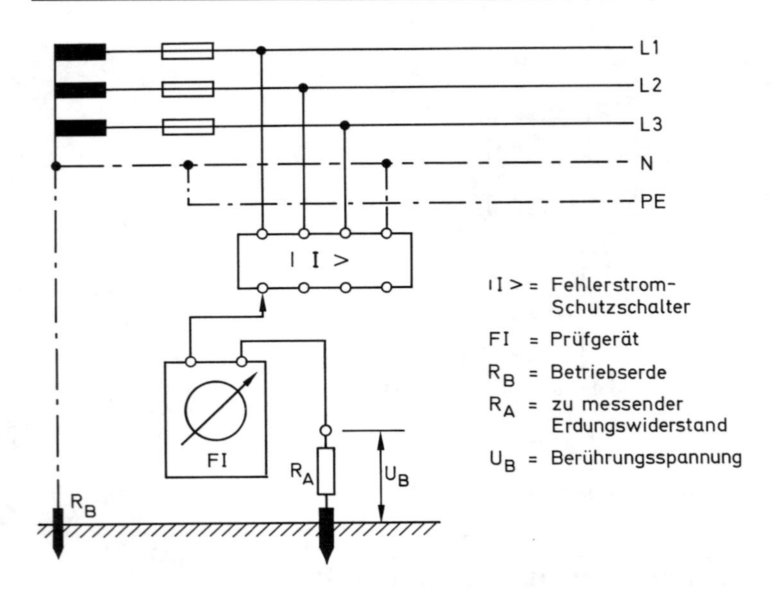

Bild 11.6: Meßkreis zur Erdungsmessung mit einem FI-Prüfgerät.

Es empfiehlt sich, mit Nennauslösestromwerten von 300 mA oder 500 mA zu arbeiten, da dann Fremdeinflüsse wie vagabindierende Ströme oder Polarisationserscheinungen am Erder das Meßergebnis am wenigsten beeinflussen.
Prinzipiell kann auch ein FI-Prüfgerät eingesetzt werden, welches nach der Methode des ansteigenden Stromes arbeitet, nur ist dann die Vorschaltung eines Fehlerstrom-Schutzschalters für die Messung zwingend notwendig, denn man braucht für die Rechnung den tatsächlichen Auslösestrom $I_{\Delta aus}$ und die dabei anstehende Berührungsspannung $U_{B\,aus}$.

3. Die Verwendung des Neutralleiters oder des PEN-Leiters als Sonde

Hier wird die Betriebserde R_B des einspeisenden Transformators als Sonde benutzt, Neutralleiter und PEN-Leiter sind die Sondenleitungen. Zuerst ist der zu messende Erder vom Schutzleiter abzuklemmen. Als Meßspannung wird Netzspannung verwendet, die man sich zweckmäßigerweise und vor allem aus Sicherheitsgründen mit einem Leitungsroller herbeiführt. Die Sondenleitung wird an den Neutralleiter der Steckdose des Leitungsrollers angeschlossen. Der Außenleiter L speist den Meßstromkreis. Die Meßschaltung entspricht der von Bild 11.11 (Erdungsmessung mit Netzspannung hinter einem Baustrom-Verteiler), die Sondenleitung ist bei »N« anzuschließen. Auch bei dieser Messung dürfen die Spannungstrichter der beiden Erder einander nicht beeinflussen.

4. Die Berechnung des Erdungswiderstandes mit Hilfe des spezifischen Erdwiderstandes

Kennt man den spezifischen Erdwiderstand, so kann man anhand der Tabelle 11.1 je nach Erder und seinen Abmessungen den Erdungswiderstand R_A berechnen. Voraussetzung ist die genaue Kenntnis dieses spezifischen Erdwiderstandes, der zuvor zu messen ist (siehe Kapitel 11.9). Dies muß in einem Gelände gleicher geologischer Beschaffenheit erfolgen, wo man die erforderlichen vier Sonden setzen kann.

5. Die Nutzung von Erfahrungswerten

Auch dies setzt homogene Böden voraus. Hat man eine Erdung in einem Gelände gleicher Bodenbeschaffenheit bereits errichtet, wobei man sicher war, daß Hilfserder bzw. Sonde neutral, also ohne gegenseitige Beeinflussung gesetzt waren, so kann man in erster Näherung davon ausgehen, daß eine neu errichtete Erde gleicher Erderform und Erderabmessungen die gleichen Werte aufweist.
Der erfahrende Praktiker wird beurteilen können, mit welchen Unsicherheiten er zu rechnen hat und gegebenenfalls eine Kontrollmessung nach einer anderen Methode vornehmen. Er wird unter Berücksichtigung der Meßtoleranzen immer die sichere Seite ausweisen.

6. Die »spießlose« Erdungsmessung

Genau genommen handelt es sich hier um eine zweipolige Widerstandsmessung mit Wechselstrom. Die Meßspannung wird durch einen Spannungswandler in die Erdungsleitung induziert. Dabei ist dieser Spannungswandler ein Zangenstromwandler. Und darin liegt der große Vorteil der Methode: Kein Erdungsleiter muß aufgetrennt werden, was bei in Betrieb befindlichen Anlagen nicht zulässig ist.
Der Strom in der zu messenden Erdungsleitung eines vermaschten Erdungssystems wird mit einem zweiten Zangenstromwandler erfaßt. Gemessen wird der Strom, der durch die Reihenschaltung dieses Erdungswiderstandes – in Bild 11.7 R_{E1} – mit allen anderen parallel liegenden Erdungswiderständen – im Bild 11.7 $R_B // R_{E2} \dots R_{En}$ – fließt.
Wenn der gemessene Erdungswiderstand dieser Reihenschaltung kleiner ist als der für R_{E1} zulässige, genügt diese Messung den Anforderungen von DIN VDE 0100 Teil 610 gemäß Kapitel 5.6.2. Der Widerstand R_{E1} ist in jedem Falle kleiner als der für die Reihenschaltung gemessene und liegt somit auf der sicheren Seite! Geht man davon aus, daß die Parallelschaltung aller anderen Erder wesentlich niederohmiger als der gemessene Erder ist, so dürfte der Ablesewert ohnehin dem Erdungswiderstand sehr nahe kommen. Ausnahme: Wenn auf diese Weise die Betriebserde des Trafosternpunktes gemessen wird mit der Parallelschaltung der wesentlich hochohmigeren Potentialausgleichs-Erdern entlang eines PEN-Leiters.

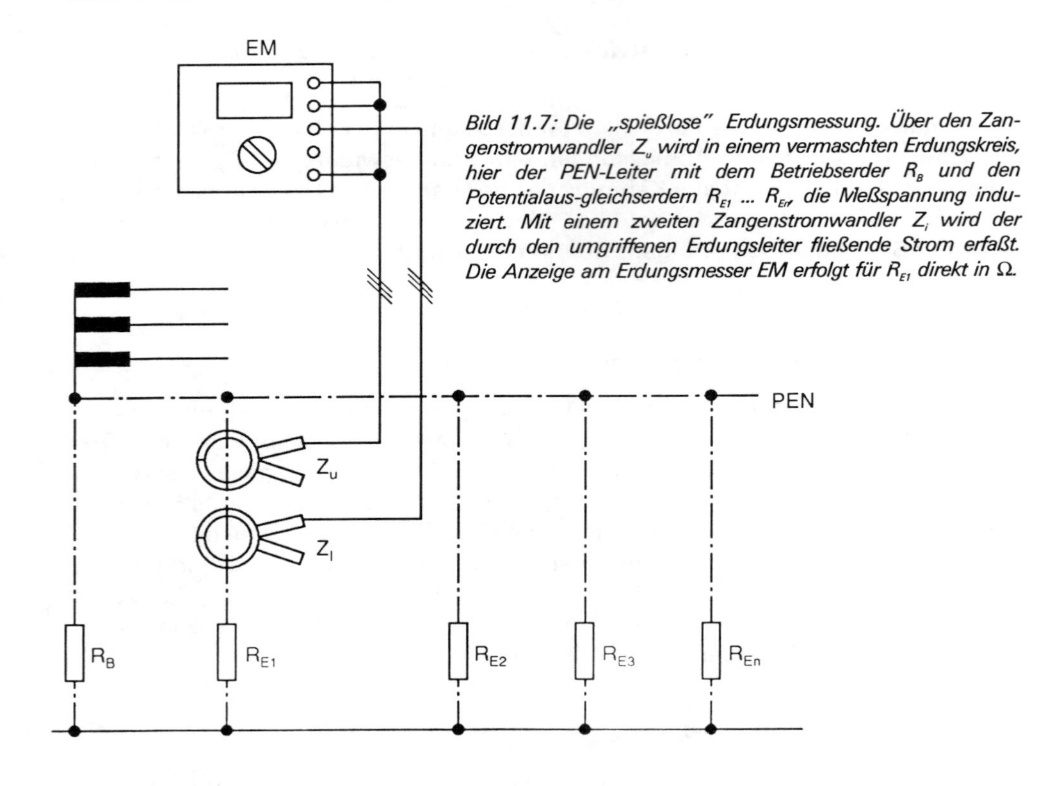

Bild 11.7: Die „spießlose" Erdungsmessung. Über den Zangenstromwandler Z_u wird in einem vermaschten Erdungskreis, hier der PEN-Leiter mit dem Betriebserder R_B und den Potentialaus-gleichserdern R_{E1} ... R_{Er}, die Meßspannung induziert. Mit einem zweiten Zangenstromwandler Z_i wird der durch den umgriffenen Erdungsleiter fließende Strom erfaßt. Die Anzeige am Erdungsmesser EM erfolgt für R_{E1} direkt in Ω.

11.7 Die Erdungsmessung nach dem Kompensations-Meßverfahren

Das über lange Zeit gebräuchlichste Meßverfahren ist das Kompensations-Meßverfahren. Die Erdungsmeßgeräte nach dem Kompensations-Meßverfahren müssen gemäß DIN VDE 0413 Teil 5 gebaut sein. Sie werden oft auch Erdungsmeßbrücken genannt, da die Innenschaltung einer Widerstandsmeßbrücke sehr ähnlich ist. Eine eingehende Darstellung der Meßschaltung findet sich in der Anmerkung 11-A: Das Prinzipschaltbild beim Kompensationsverfahren.
Batterie- oder Akku-Betrieb, selten Kurbelinduktor, machen diese Erdungsmesser netzunabhängig. Die Meßschaltung benötigt einen Hilfserder und eine Sonde (Bild 11.8). Für das Setzen von Hilfserder und Sonde gelten die in den vorgehenden Abschnitten gemachten Aussagen.
Das Erdungsmeßgerät treibt den Strom I über Hilfserder und Erder. Entsprechend der Spannungstrichter nehmen die Potentiale mit zunehmender Entfernung ab. Zwischen beiden entsteht eine neutrale Zone K, die als Erde definiert ist. In diese neutrale Zone ist die Sonde zu setzen, die keineswegs in der Linie der direkten Verbindung Erder/Hilfserder sitzen muß. Eine Anordnung im Dreieck Erder –

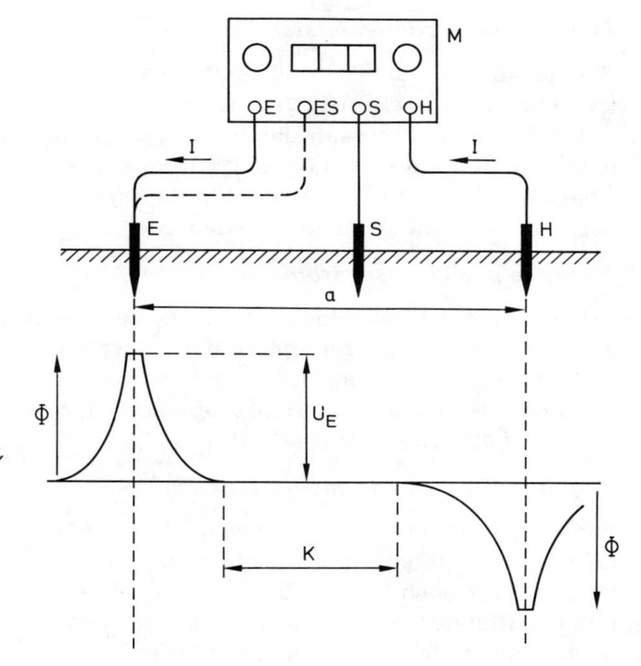

Bild 11.8: Erdungsmeßgerät und Spannungsverlauf im homogenen Erdreich.
M = Erdungsmeßgerät, E = Erder, H = Hilfserder, S = Sonde, a = Abstand zwischen Erder und Hilfserder, I = Meßstrom, U_E = Erderspannung, K = Neutrale Zone (Erde), R_E = Erdungswiderstand $\frac{U_E}{I}$, Φ = Potential.

Hilfserder – Sonde läßt sich häufig leichter realisieren und ergibt gute Meßergebnisse.

Mit Hilfe der Sonde *S* kann nun die Erdspannung U_E gemessen werden. Da die Messung über eine Kompensationsschaltung erfolgt, geschieht dies praktisch leistungslos, es fließt also kein Strom über die Sondenleitung. Und da kein Strom fließt, bildet sich nach Abgleich des Meßgerätes auch kein Spannungstrichter um die Sonde, was den Aufbau der Meßschaltung erleichtert.

Die paktische Handhabung der Erdungsmeßgeräte nach dem Kompensations-Meßverfahren ist je nach Gerätetyp leicht unterschiedlich. Grundsätzlich können über einen Stufenschalter verschiedene Meßbereiche eingestellt werden, z. B. 0 ... 10 Ω, 0 ... 100 Ω, 0 ... 1000 Ω, 0 ... 10 000 Ω. Die hohen Meßbereiche dienen der Messung des spezifischen Erdwiderstandes, für die die Geräte ebenfalls geeignet sind. Dann erfolgt der eigentliche Abgleich durch Betätigen von Widerstandsdekaden oder eines Drehwiderstandes unter gleichzeitiger Beobachtung eines Nullinduktors, beispielsweise eines Nullgalvanometers oder Fensterdiskriminators. Bei Abgleich wird der Widerstandswert an den Dekadenschaltern bzw. an der Skala des Drehwiderstandes abgelesen.

Vierleiterschaltung

Soll der Widerstand der Zuleitung zum Erder E nicht mit erfaßt werden, so ist eine zweite Meßleitung vom Erder an eine zusätzliche Klemme des Meßgerätes *(ES)* zu legen.

Zu hoher Hilfserderwiderstand?

Hat man die Befürchtung, daß der Widerstand des Hilfserders zu hoch sein könnte (zulässig sind je nach Erdungsmeßgerät 2 ... 5 kΩ), so kann man zunächst den Hilfserder-Widerstand messen durch Tauschen der Meßleitungen. Die Hilfserderleitung kommt an die Erderklemme und die Erderleitung an die Hilfserderklemme. Überschreitet das Meßergebnis den zulässigen Hilfserderwiderstand, so muß ein besserer Hilfserder errichtet werden. Siehe hierzu auch Bild 11.9.

Messung mit Wechselstrom

Um zu vermeiden, daß Polarisationserscheinungen am Übergang des metallenen Erders zum Erdreich oder im Erdreich selbst eine Messung fälschen können, wird grundsätzlich mit Wechselstrom gemessen. Die Meßspannung an den offenen Klemmen des Gerätes kann 50 V überschreiten, jedoch muß dann der Leerlaufstrom auf 10 mA begrenzt sein (DIN VDE 0413 Teil 5).

Vagabundierende Ströme im Erdreich

Vagabundierende Wechselströme im Erdreich können das Meßergebnis stark verfälschen. Sie treten auf im Umfeld von Industrieanlagen mit hohem Stromverbrauch, aber auch in der Nähe von mit Wechselstrom betriebenen elektrischen Bahnen (Bundesbahn). Man kann diese vagabundierenden Ströme mit einem hochohmigen Voltmeter, zwischen Erder und Hilfserder bzw. Sonde angeschlossen, nachweisen. Um den Einfluß dieser vagabundierenden Ströme auszuschließen, arbeiten die Erdungsmesser mit Frequenzen, die nicht $16\,^2/_3$, 50 oder 60 Hz oder deren Oberwellen betragen. Die Frequenz der Meßspannung muß zwischen 70 und 140 Hz liegen.

11.8 Die Erdungsmessung nach dem Strom-Spannungs-Meßverfahren

Das Strom-Spannungs-Meßverfahren beruht auf der ganz einfachen Meßschaltung, wie sie eingangs (Bild 3.2) dargestellt ist. Über den Erder wird ein in seiner Höhe bekannter Strom getrieben und der Spannungsfall über dem Erdungswiderstand mit einer sehr hochohmigen Spannungsmesser-Schaltung und einer Sonde gemessen.

Die Meßspannung wird entweder im Erdungsmesser erzeugt, oder man bedient sich der Netzspannung. Im ersten Fall gelten die gleichen Kriterien wie bei den Erdungsmeßbrücken in Bezug auf Spannung und Frequenz. Bei Verwendung von Netzspannung sind besondere Vorkehrungen zu treffen, die weiter unten behandelt werden.

A. Netzunabhängige direktanzeigende Erdungsmeßgeräte

Die in den letzten Jahren auf den Markt gekommenen Geräte arbeiten nach dem Strom-Spannungs-Meßverfahren. Sie müssen gemäß DIN VDE 0413 Teil 7 gebaut sein. Eine eingehende Darstellung der Meßschaltung findet sich in Anmerkung 11-B. »Das Prinzipschaltbild des Erdungsmessers nach dem Strom-Spannungs-Meßverfahren«. Dieses Verfahren erlaubt die Direktanzeige des Erdungswiderstandes über ein digitales LCD-Display mit 2000 Anzeigeschritten (Digits), also mit einer sehr großen Auflösung. Und es entfällt der bei den Erdungsmeßbrücken erforderliche manuelle Abgleich. Die Geräte haben einen batterie- oder akkugespeisten Wechselstromgenerator und sind somit netzunabhängig.
Der Aufbau der Erdungsmeßschaltung mit Hilfserder und Sonde ist der gleiche wie bei der Erdungsmeßbrücke, und auch der Spannungsverlauf im Erdreich ist identisch. Es kann in Dreileiterschaltung gemessen werden oder – um den Widerstand der Erdungsleitung zu eliminieren – in Vierleiterschaltung mit einer zusätzlichen Meßleitung von der Anschlußbuchse ES an den Erder.

Störspannungen

Um die in Abschnitt 11.7 beschriebenen Störspannungen zu erkennen und deren Einfluß auszuschalten oder wenigstens so gering wie möglich zu halten erkennen moderne Erdungsmeßgeräte die Störspannungen automatisch, sperren die Messung und zeigen auf dem Anzeigefeld an, wenn durch zu hohe Werte die Erdungsmessung nicht innerhalb des genormten Anzeigefehlers (+/– 30 % gemäß DIN VDE 0413 Teil 7) erfolgen kann. Besonders hervorzuheben sind Geräte, bei denen der Prüfer Höhe und Frequenz der Störspannung ablesen kann. Die Kenntnis der Frequenz der Störspannung erlaubt es oft, den Verursacher der Störspannung zu orten und auszuschalten.
Durch manuell oder automatisch umschaltbare Meßfrequenzen – innerhalb der genormten Werte – zwischen 70 und 140 Hz – wird die Frequenz gewählt, bei der der Störspannungseinfluß am geringsten ist.

Widerstand von Hilfserder und Sonde

Aus Tabelle 11.2 erkennt man die von der Bodenart bedingten sehr unterschiedlichen spezifischen Erdwiderstände, die selbstverständlich nicht nur den Erdungswiderstand sondern auch die Widerstände von Hilfserde und Sonde bestimmen. Ist der Hilfserderwiderstand zu hoch so kann die Meßspannungsquelle keinen hinreichend großen Meßstrom (I im Bild 11.8) in den Meßkreis treiben. Weiterhin ist das Verhältnis von Hilfserder- und Sondenwiderstand zum Erdungswiderstand für die Meßgenauigkeit maßgebend. Bild 11.9 zeigt die Zusammenhänge: Je größer das Verhältnis R_H/R_E desto ungenauer die Messung.
Dies sei an einem Beispiel erläutert: Um in einem mehr oder weniger feuchten Sandboden eine hinreichend niederohmige Erde einzubringen bedurfte es erheblichen Aufwandes. Jetzt soll der Erdungswiderstand gemessen werden. Die kurzen

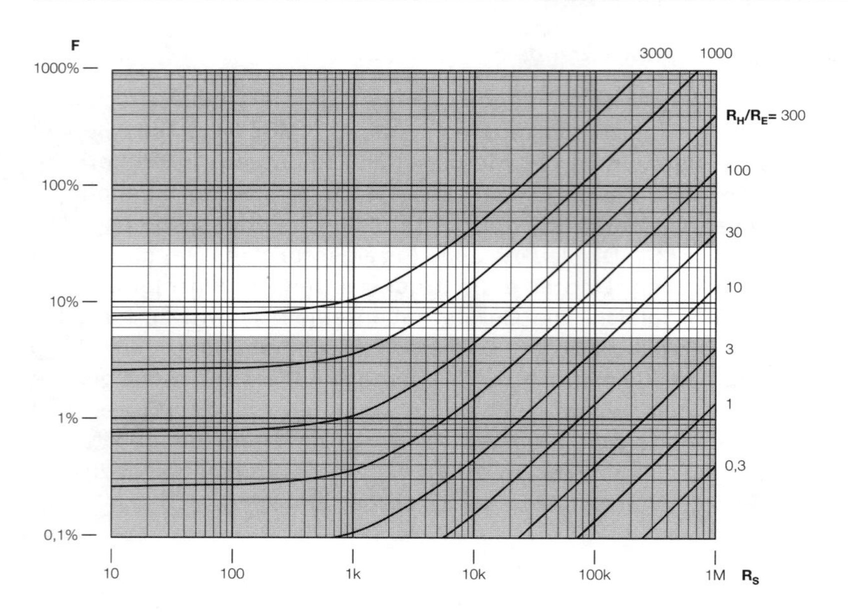

Bild 11.9: Meßfehler F in Abhängigkeit vom Verhältnis Hilfserderwiderstand zu Erdungswiderstand R_H/R_E. Werkbild NGI, Norma Goerz Instruments GmbH.

Erdbohrer für Hilfserde und Sonde haben nun ihrerseits auch hohe Erdungswiderstände. Man kann sie messen indem man die Anschlüsse von Erde und Hilfserde bzw. Sonde vertauscht so wie in Kapitel 11.7 beschrieben. Man macht also je eine Erdungsmessung für Erde, Hilfserde und Sonde. Einfacher geht es, wenn mit dem Erdungsmesser schon bei der eigentlichen Erdungsmessung die Widerstände von Hilfserde und Sonde angezeigt werden können und er zudem noch selbsttätig nach den Kurven von Bild 11.8 rechnet und beim Überschreiten der Meßfehlergrenze von 30 % eine Warnung gibt.

Bei einem Erdungswiderstand von 2 Ohm und einem Hilfserderwiderstand von 2000 Ohm ergibt sich das Verhältnis $R_H/R_E = 1000$. Liegt der Sondenwiderstand bei 5000 Ohm so beträgt gemäß Bild 11.9 der allein durch zu hohe Hilfserder- und Sonderwiderstände bedingte Fehler 10 %.

Um diese Widerstände zu verkleinern empfiehlt es sich, das Erdreich um den Erdspieß zu befeuchten. Oder man setzt zwei Erdspieße elektrisch parallel aber in einigen Metern Abstand. Also zwei Erdspieße für die Hilfserde und zwei für die Sonde. Zwei Erdspieße dicht beieinander bringen keine Widerstands-Verringerung.

B. Erdungsmessung mit Hilfe der Netzspannung

Die einfachste Erdungsmeßschaltung läßt sich mit Hilfe der Netzspannung aufbauen. Wie in Bild 11.10 dargestellt, benötigt man einen einstellbaren Widerstand R_V, einen Strommesser *A* und einen Spannungsmesser *V*, der auch hier um den Faktor 100 hochohmiger sein sollte als der Erdungswiderstand R_E. Läßt man einen definierten Strom über R_E fließen, so kann nach der bekannten Formel leicht

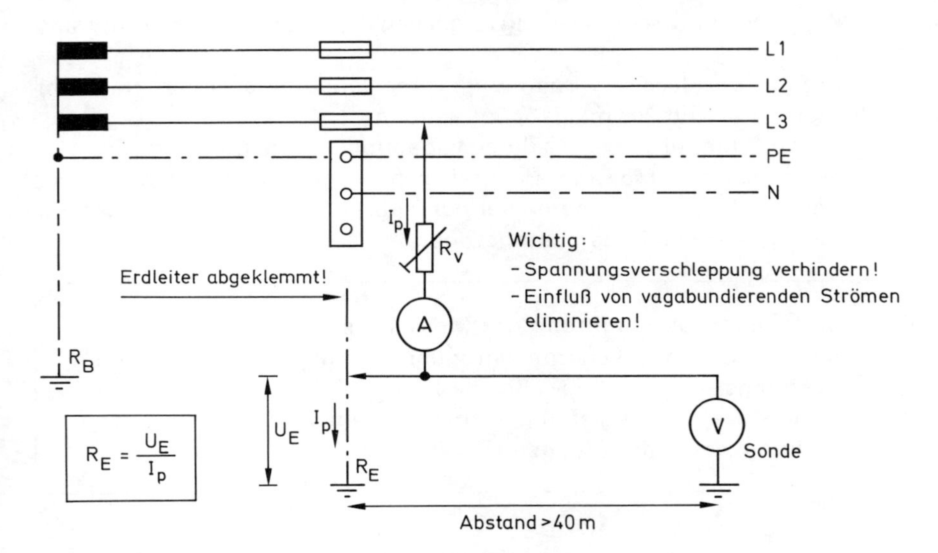

Bild 11.10: Erdungsmessung mit Netzspannung

gerechnet werden. Ist der Meßstrom I_P hinreichend hoch (10 – 20 A!), so werden eventuell vorhandene Polarisationserscheinungen die Messung kaum fälschen.

> **Achtung Gefahr!** Diese Messung entspricht nicht den in DIN VDE 0413 Teil 7 vorgegebenen Sicherheitsvorkehrungen! Ist der Erdungswiderstand hochohmig oder ist die Zuleitung zum Erder gar unterbrochen, so werden alle mit dieser Zuleitung eventuell verbundenen Metallteile auf ein viel zu hohes Potential gebracht, im ungünstigsten Fall bis zur Außenleiterspannung 220 V! Sind im Rahmen des Potentialausgleichs auch Rohrleitungen einbezogen, so kommen auch sie auf das gleiche hohe Potential.

Diese Gefahr der Spannungsverschleppung ist nicht der einzige Nachteil, der der Messung mit Netzspannung anhaftet. Da mit Netzfrequenz gemessen wird, kann durch vagabundierende Wechselströme das Meßergebnis erheblich verfälscht

werden, umso mehr, je höher die parasitäre Spannung im Verhältnis zur Erdspannung ist.
Beide Gründe lassen vor dem Strom-Spannungs-Meßverfahren warnen. In neuerer Zeit sind nun aber Universal-Prüfgeräte auf den Markt gekommen, mit denen unterschiedliche Messungen zur Schutzmaßnahmenprüfung vorgenommen werden können. Laut Herstellerangabe sind diese Geräte so konzipiert, daß die Forderungen von DIN VDE 0413 Teil 7 voll eingehalten werden, die Nachteile der Spannungsverschlepppung und Beeinflussung durch vagabundierende Erdströme sind nicht mehr gegeben:

a) die Gefahr einer unzulässigen Spannungsverschleppung ist durch eine sehr kurze Meßzeit unterhalb 200 ms gebannt worden;
b) die Fälschung des Meßergebnisses durch vagabundierende Erdströme wird im Rahmen der zulässigen Meßtoleranz praktisch ausgeschaltet: Während der Messung wird auch die Komponente der parasitären Spannung erfaßt und zur Korrektur des Meßergebnisses herangezogen.

Bei der praktischen Durchführung der Messung sollte die erforderliche Außenleiterspannung aus Sicherheitsgründen stets mit einem vorschriftsmäßigen Leitungsroller an die Meßstelle herangeführt werden und niemals mit einer einzelnen Meßleitung, niemals mit einer dünnen einadrigen Hilfserderleitung aus dem Erdungsmeßkoffer!

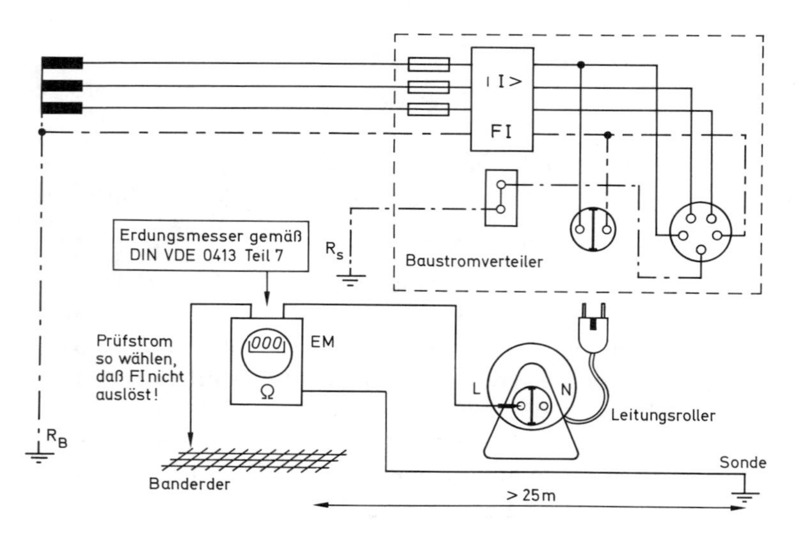

Bild 11.11: Erdungsmessung mit Netzspannung hinter einem Baustrom-Verteiler. FI = Fehlerstrom-Schutzschalter, R_B = Betriebserde, R_S = Schutzerde des Baustrom-Verteilers, EM = Erdungsmesser, L = Außenleiter (am Leitungsroller abgenommen), N = Neutralleiter am Leitungsroller.

Bild 11.11 zeigt die Erdungsmessung, wobei die Meßspannung dem Baustromverteiler entnommen wird. Selbstverständlich muß der Meßbereich am Prüfgerät so gewählt werden, daß der Prüfstrom zum Zeitpunkt der Messung nicht den Fehlerstrom-Schutzschalter im Baustrom-Verteiler zur Auslösung bringt. Geeignet sind Stromkreise mit Fehlerstrom-Schutzschaltern von 300 mA oder 500 mA.

11.9 Die Messung des spezifischen Erdwiderstandes

Wie im Abschnitt 11.2 (Was ist der Erdungswiderstand?) dargestellt, ist der spezifische Erdwiderstand die geologisch-physikalische Größe, die zur Berechnung von Erdungsanlagen dient. Zur Ermittlung bedient man sich der Meßmethode von Wenner (F. Wenner, A method of measuring earth resistivity; Bull. National Bureau of Standards, Bull. 12(4), Paper 258, S 478–496; 1915/16). Es kann eine Erdungsmeßbrücke oder ein nach dem Strom-Spannungs-Meßverfahren arbeitendes Meßgerät verwendet werden. Das Gerät muß vier Anschlußklemmen haben.
In den Erdboden werden vier gleich lange Erdspieße in gerader Linie und in gleichem Abstand a voneinander eingetrieben. Die Einschlagtiefe darf maximal $^1/_3$ von a betragen. Im Zentrum der Meßanordnung wird ein Mittelpunkt M bestimmt. Gemäß Bild 11.12 werden die beiden äußeren Erdspieße mit den Klemmen *E* (Erder) und *H* (Hilfserder) verbunden. Durch diese fließt der Meßstrom. Die beiden inneren Erdspieße werden mit den KLemmen *ES* und *S* verbunden. Über diesen Sondenmeßkreis wird der durch den Meßstrom erzeugte Spannungsfall hochohmig abgegriffen. Aus dem abgelesenen Widerstandswert *R* wird der spezifische Erdwiderstand berechnet nach der Beziehung

$$\rho_E = 2\pi \cdot a \cdot R$$

ρ_E = mittlerer spezifischer Erdwiderstand ($\Omega \cdot m$)
a = Sondenabstand (m)
R = gemessener Widerstand (Ω)

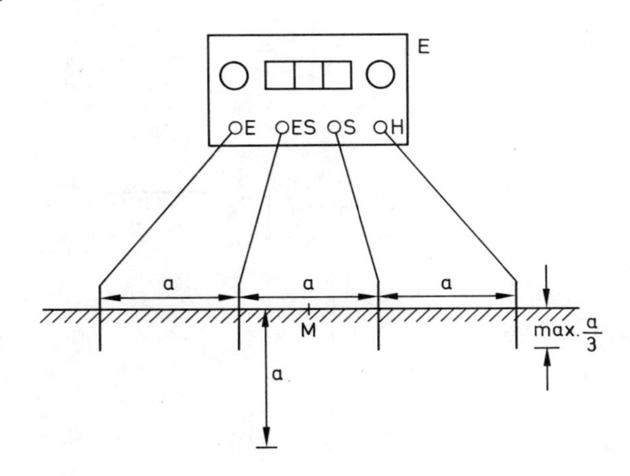

Bild 11.12: Messung des spezifischen Erdwiderstandes nach der Methode von Wenner.
M = Mittelpunkt der Messung,
a = gleichmäßiger Abstand (2 m ÷ 30 m),
E = Erdungsmeßgerät mit den Klemmen E, ES, S, H.

Die Meßmethode von Wenner erfaßt den spezifischen Erdwiderstand bis zu einer Tiefe, die ungefähr dem Abstand *a* zweier Spieße entspricht. Vergrößert man den Abstand *a*, so können folglich tiefere Erdschichten mit erfaßt und der Boden auf Homogenität geprüft werden. Durch mehrfaches Verändern von *a* kann man ein Profil aufnehmen, aus dem über den Einsatz eines geeigneten Erders geschlossen werden kann. Je nach der zu erfassenden Tiefe wird man *a* zwischen 2 m und 30 m wählen. Es ergeben sich damit Kurven, wie sie in Bild 11.13 dargestellt sind.

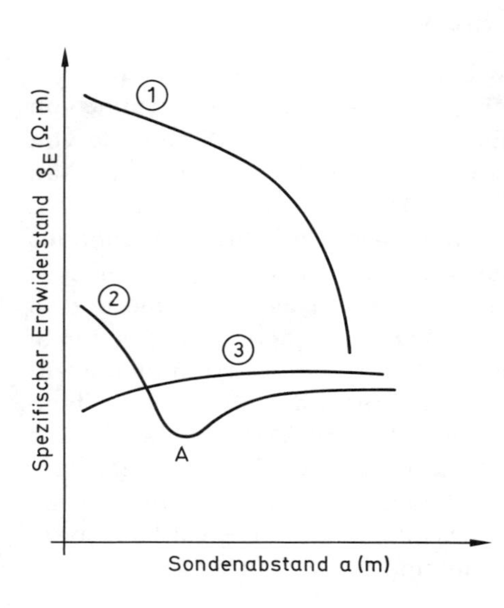

Kurve 1: Da ρ_E erst in der Tiefe abnimmt, ist nur ein Tiefenerder möglich.

Kurve 2: Da ρ_E nur bis zum Punkt A abnimmt, bringt das Vergrößern der Einschlagtiefe über A hinaus keine besseren Werte.

Kurve 3: Mit zunehmender Tiefe ergibt sich keine Verringerung von ρ_E: Empfehlenswert ist ein Banderder.

Bild 11.13: Bestimmung des Erdertyps und der Einschlagtiefe in Abhängigkeit vom spezifischen Erdwiderstand. Schematisierte Darstellung gem. Technische Richtlinien für Erdungen in Starkstrom-Netzen 1962 VDEW.

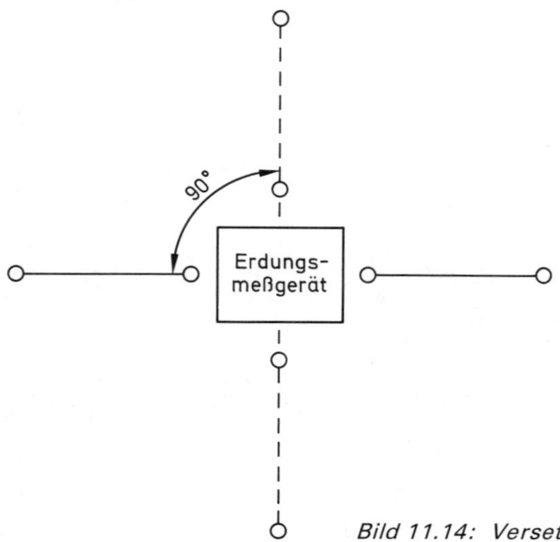

Bild 11.14: Versetzte Achsen der Erdspieße (Draufsicht).

Das Meßergebnis kann verfälscht werden durch Wurzelwerk, unterirdische Wasseradern oder Metallteile im Erdreich wie Rohrleitungen, Kabel, andere Banderder. Bei diesem Verdacht sollte eine zweite Messung mit gleichem Abstand *a* erfolgen, bei der die Achse der Spieße um 90° gedreht wird (Bild 11.14).
Ist ein sehr hoher spezifischer Erdwiderstand zu erwarten, so sollten die Hilfserderwiderstände (*E* und *H* in Bild 11.12) verringert werden. Hierzu sind mehrere Spieße anstelle des einen kreisförmig um dessen Platz anzuordnen, wobei der Abstand der einzelnen Spieße untereinander nicht größer sein darf als $\frac{a}{20}$.

11.10 Die Erder-Schleifenwiderstandsmessung

Bedingt durch die in Kapitel 11 ausführlich dargelegten Gründe der erheblichen Schwierigkeiten beim Setzen von Hilfserdern und Sonden kommt diesem äußerst einfachen und schnell durchzuführenden Meßverfahren eine große Bedeutung zu. DIN VDE 0100 Teil 600 bezeichnet die Erder-Schleifenwiderstandsmessung als ein Meßverfahren, in dem zwei Erder in Reihe liegen: die Betriebserde des einspeisenden Transformators R_B und den zu messenden Erder R_E.
Als Meßgerät kommt ein Schleifenwiderstandsmesser infrage, dessen Meßbereich so groß sein sollte, daß auch bei schlechten Erdungsverhältnissen noch eine ablesbare Anzeige gewährleistet ist, z. B. 0 ... 100 Ω oder 0 ... 200 Ω. Der Meßkreis ist fast der gleiche wie bei der Messung der Schleifenimpedanz. Die zu messende Erder-Schleife besteht aus der Wicklung des einspeisenden Trafos, dem Außenleiter, dem zu messenden Erder R_E, der Erde (praktisch widerstandslos) und der Betriebserde des einspeisenden Trafos (Bild 11.15). Hieraus wird ersichtlich, daß

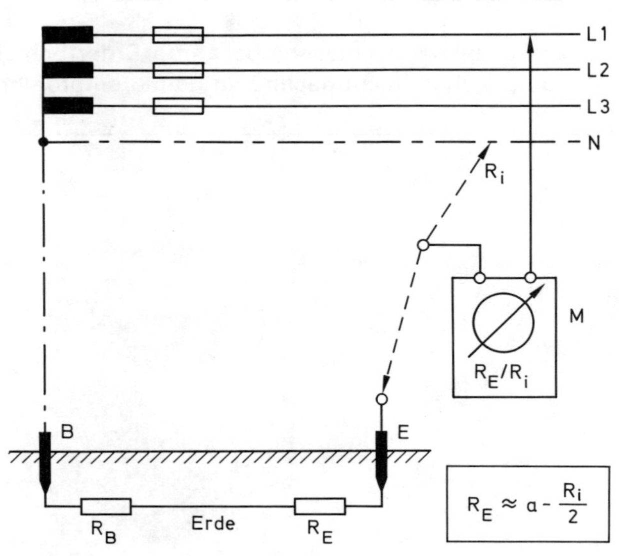

Bild 11.15: Die Erder-Schleifenwiderstandsmessung im TT-System. E = zu messender Erder, R_E = Erdungswiderstand, R_B = Widerstand des Betriebserders B, R_i = Netzinnenwiderstand, M = Meßgerät, a = Ablesewert.

der abgelesene Erdungswiderstand mehr beinhaltet als den Erdungswiderstand R_E. Man kann also vom Ablesewert abziehen:
- ca. 2 Ω für den Erdungswiderstand der Betriebserde B,
- ca. 0,2 ... 1 Ω für Wicklungswiderstand und Außenleiterwiderstand L1.

Wer diesen Wert genau ermitteln will, sollte zuvor im TN-System eine Schleifenwiderstandsmessung (L – PE) oder im TT-System eine Netzinnenwiderstandsmessung (L – N) durchführen und den durch 2 geteilten Wert (anteilig für L) in Abzug bringen.

Die Vorteile der Erder-Schleifenwiderstandsmessung sind:
- keine Hilfserder, keine Sonde,
- keine Fehlmessung durch den Einfluß des Spannungstrichters,
- schnell auszuführen,
- meßtechnisch immer auf der sicheren Seite, denn es wird ein zu hoher Wert gemessen.

Nur dort, wo hohe Störspannungen und dadurch bedingt starke vagabundierende Ströme zu befürchten sind, kann es zu erheblichen Meßfehlern kommen. Hier sollte man mehrere Messungen in Zeitabständen von einigen Minuten machen, um eventuelle Änderungen der Meßergebnisse festzustellen. Liegen mehrere Meßergebnisse dann dicht beieinander, so ist daraus der Mittelwert zu bilden. Deutlich abweichende Werte sind dabei nicht zu berücksichtigen. Auf keinen Fall sollte vergessen werden, während der Messung die Erdungsleitung von der PE-Schiene abzutrennen.

Es bedarf schon sehr ungünstiger Umstände (sehr hohe Erdungswiderstände), wenn der Meßfehler außerhalb der für die anderen Meßverfahren geltenden Fehlergrenzen von ± 30 % liegen sollte.

Diese, bisher nicht sehr bekannte Erder-Schleifenwiderstandsmessung kann deshalb nicht nachhaltig genug empfohlen werden.

Anmerkungen

11-A Das Prinzipschaltbild eines Erdungsmessers nach dem Kompensations-Meßverfahren

Die Wirkungsweise der Erdungsmeßbrücke zeigt die Schaltung in Bild 11-A1. Es handelt sich um eine Wechselspannungsmeßbrücke mit einem zwischengeschalteten Wechselstromübertrager und einem frequenzselektiven Filter. Der Generator G hat eine Frequenz zwischen 70 und 140 Hz. Sie muß mindestens 5 Hz von einer der Nennfrequenzen $16\,^2/_3$, 50 oder 60 Hz und deren Oberwellen abliegen. Er treibt den Strom I über den Referenzwiderstand R_{ref}, Den Hilfswiderstand R_{H} und den Erdungswiderstand R_{E}. Über den Abgriff α am Referenzwiderstand wird eine Teilspannung dem Wechselstrom-Übertrager T zugeführt. Sekundärseitig können gestufte Spannungen über den Bereichswähler B abgegriffen werden. Am Abgang von B liegt die Referenzspannung U_{ref} an. Sie beträgt

$$U_{\text{ref}} = I \cdot \alpha \cdot R_{\text{ref}} \cdot \ddot{U}$$

wobei $\ddot{U}$ das mittels B gewählte Übersetzungsverhältnis von T ist. Die Anzeige α bestimmt numerisch den Erdungswiderstand, die Stellung B bestimmt den dekadisch gestuften Meßbereich.

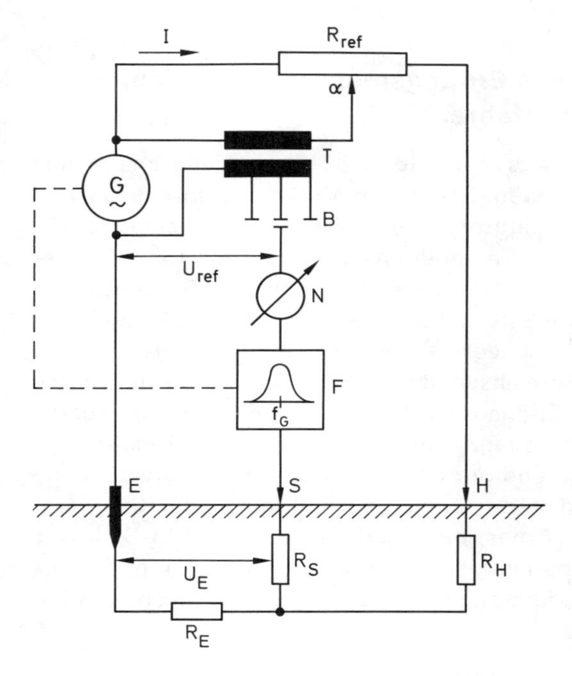

Bild 11-A1: Prinzipschaltbild der Erdungsmeßbrücke. G = Wechselstrom-Generator, R_{ref} = Referenzwiderstand, α = Abgriff an R_{ref}, T = Wechselstrom-Übertrager, B = Bereichswähler, N = Nullindikator für Wechselstrom, F = frequenzselektives Filter, I = Meßstrom, U_{ref} = Referenzspannung, U_E = Erderspannung, E = Erder, R_E = Erdungswiderstand, S = Sonde, R_S = Sondenwiderstand, H = Hilfserder, R_H = Hilfserderwiderstand.

Die Erderspannung U_E über dem Erdungswiderstand R_E wird mit der Sonde S abgegriffen. Der Abgleich erfolgt durch Verstellenn des Abgriffs α. Die Brücke ist abgeglichen, wenn der Nullindikator »Null«« zeigt und kein Strom mehr im Sondenkreis fließt. Somit beeinflußt auch der Sondenwiderstand R_S die Messung nicht.
Für die Erderspannung U_E gilt

$$U_E = I \cdot R_E$$

Im abgeglichenen Zustand gilt die Beziehung

$$U_E = U_{ref}$$

oder

$$I \cdot R_E = I \cdot \alpha \cdot R_{ref} \cdot \ddot{U}$$

$$R_E = \alpha \cdot R_{ref} \cdot \ddot{U}$$

Weder Sondenwiderstand R_S noch Hilfserderwiderstand R_H gehen in die Beziehung ein. Allerdings hat der Hilfserderwiderstand R_H Einfluß auf die Höhe des Meßstromes I und der Sondenwiderstand R_S auf den Abgleichvorgang, so daß beide Widerstände in der Höhe begrenzt sind, wenn auch bei 2 – 5 kΩ.
Das frequenzselektive Filter F ist auf die Frequenz des Generators G abgestimmt, damit Ströme anderer Frequenzen nicht in den Sondenmeßkreis kommen können. Bei Geräten mit einem Kurbelinduktor liegt anstelle des Filters ein mit der Induktorwelle gekoppelter mechanischer Gleichrichter vor dem Nullinduktor.

11-B Das Prinzipschaltbild eines Erdungsmessers nach dem Strom-Spannungs-Meßverfahren

Die Wirkungsweise des Erdungsmessers zeigt Bild 11-B1. Es handelt sich um eine Spannungsmessung über dem mit einem bekannten Meßstrom durchflossenen unbekannten Widerstand R_E. Der Generator hat eine Frequenz zwischen 70 und 140 Hz. Sie muß mindestens um 5 Hz von einer der Nennfrequenzen 16 $^2/_3$, 50 oder 60 Hz und deren Oberwellen abliegen. Im Strommeßkreis treibt der Generator den vom Regler C konstant gehaltenen Meßstrom I über das Rechengerät R, den Hilfserderwiderstand R_H und den Erdungswiderstand R_E. Gestaffelte Werte für den Konstantstrom können über den Bereichswähler B gewählt werden und damit unterschiedliche Meßbereiche. Der Spannungsmeßkreis besteht aus dem auf die Generatorfrequenz abgestimmten frequenzselektiven Filter F, dem Rechengerät mit nachgeschalteter Digitalanzeige und der Sonde mit dem Sondenwiderstand R_S. Dieser Spannungsmeßkreis wird bei der Dreileiterschaltung mit der Klemme E, bei der Vierleiterschaltung mit dem Erder selbst verbunden. In Bild 11-B1 ist die Vierleiter-Schaltung gezeigt. Der Spannungsmeßkreis ist so hochohmig, daß die Beeinflussung durch den Sondenwiderstand in weiten Grenzen vernachlässigbar ist. Der Erdungswiderstand beträgt

$$R_E = \frac{U_E}{I}$$

und ist unabhängig vom Widerstand des Hilfserders, vorausgesetzt, ein zu hoher Widerstand begrenzt den Meßstrom I nicht soweit, daß der Konstantstrom-Regler nicht mehr ausregeln kann.

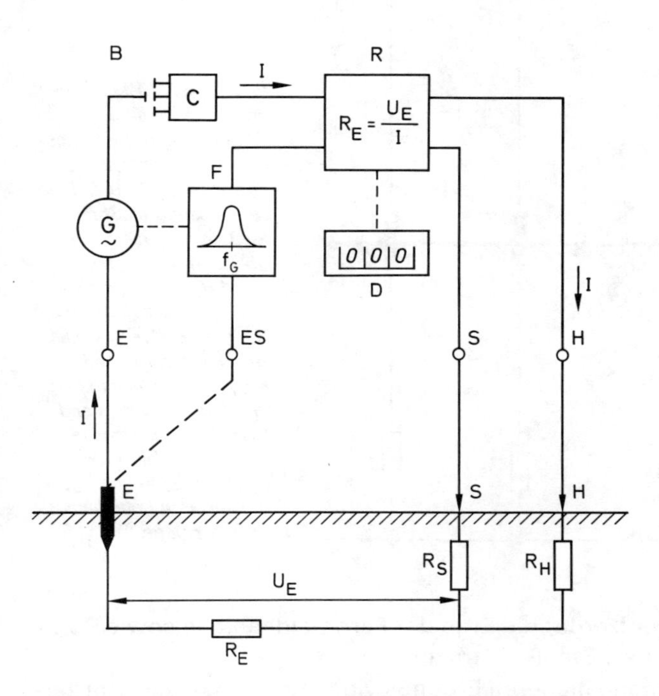

Bild 11-B1: Prinzipschaltbild des Erdungsmessers nach dem Strom-Spannungs-Meßverfahren (Vierleiterschaltung). G = Wechselstrom-Generator, B = Bereichswähler, R = Rechenschaltung, F = frequenzselektives Filter, D = Digital-Anzeiger, C = Konstantstrom-Regler, I = Meßstrom, U_E = Erderspannung, E = Erder, ES = Klemme für Vierleitermessung, R_E = Erdungswiderstand, S = Sonde, R_S = Sondenwiderstand, H = Hilfserder, R_H = Hilfserderwiderstand.

11-C Die selektive Erdungsmessung

Nicht selten liegen mehrere Erdungen parallel:

- Die dem Potentialausgleich dienenden Erdungen des PEN-Leitern an den einzelnen Hausanschlüssen liegen alle parallel zum Betriebserder R_B der Einspeisung.
- An der Potentialausgleichsschiene einer Anlage sind mehrere Erder zusammengeführt: die Potentialausgleichserde – als Fundamenterder oder als Banderder

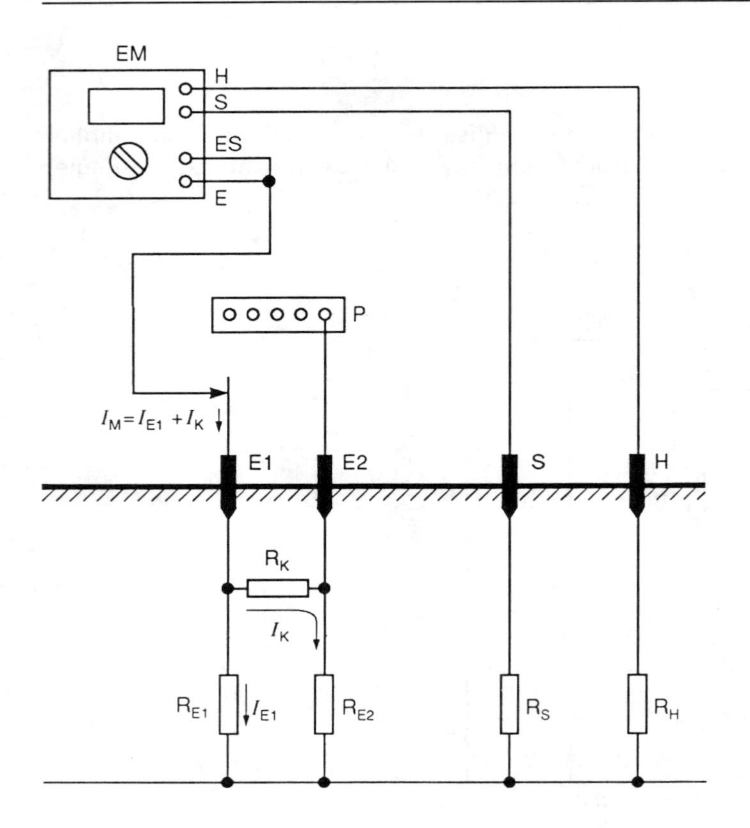

Bild 11-C1: Messung des Erdungswiderstandes mit Abtrennung des Erdungsleiters von der Potentialausgleichsschiene. Bei dieser Messung fließt der Meßstrom I_M nicht nur über den Erdungswiderstand R_{E1}, sondern über die Parallelschaltung $R_{E1} \parallel R_K + R_{E2}$ • I_M = Meßstrom, I_K Strom durch Kopplungswiderstand R_K und Erdungswiderstand R_{E2} • R_S = Sonderwiderstand; R_H = Hilfserderwiderstand; E_M = Erdungsmesser; P = Potentialausgleichsschiene.

beispielsweise; die Blitzschutzerde; die Erde der Fernmeldeanlage sowie Rohrleitungen, metallene Behälter, Stahlkonstruktionen u. ä.
- Zum Erzielen eines hinreichend niederen Erdungswiderstandes war es erforderlich, mehrere Erder in angemessenem Abstand einzubringen.

Will man nun den anteiligen Erdungswiderstand wissen, so muß jeder einzelne Erder abgetrennt und einzeln vermessen werden. Liegen die Erder räumlich nahe beieinander – und das ist im städtischen oder mit Industrieanlagen besetzten Gebieten praktisch immer der Fall, so fließt im aufgetrennten Zustand auch ein Teilstrom I_K über das leitfähige Erdreich zum benachbarten Erder. Somit wird nicht der Erdungswiderstand allein, sondern eine Parallelschaltung gemessen und damit ein zu kleiner, zu »guter« Wert! Und das obwohl der Erder abgetrennt war.

Zangenstrommessung

Eine Zangenstrommessung bietet hier Abhilfe: Die Erdungsleitung wird NICHT abgetrennt. Der Kopplungswiderstand *RK* ist somit über die Potentialausgleichsschiene kurzgeschlossen, der Strom $I_K = 0$!

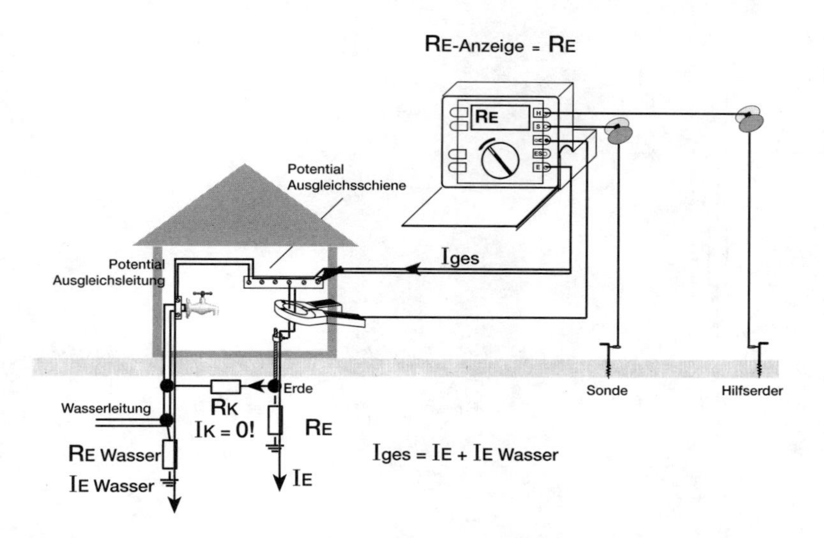

Bild 11-C2: Selektive Messung des Erdwiderstandes ohne Abtrennung des Erdungsleiters von der Potentialausgleichsschiene. Bei dieser Messung teilt sich der Meßstrom I_{ges} in die Teilströme I_E über den Erder und $I_{E\,Wasser}$ über die Wasserleitung. Der Kopplungswiderstand R_K beeinflußt die Messung nicht, da R_K über die Potentialausgleichsschiene kurzgeschlossen ist. Mit dem Zangenstromwandler wird die Erdungsleitung zu R_E umgriffen und so der über den Erder fließende Strom I_E erfaßt. Der Zangenstromwandler ist direkt an das Erdungsmeßgerät angeschlossen. Der Erdungsmesser „kennt" auch den Gesamtmeßstrom I_{ges} und rechnet aus beiden Stromwerten den Erdungswiderstand R_E und zeigt diesen – unbeeinflußt von $R_{E\,Wasser}$ – direkt an. (Werkbild NGI Norma Goerz Instruments GmbH)

Wie ist nun vorzugehen? Zunächst wird der Erdungswiderstand R_{ges} von beiden parallel geschalteten Erdern gemessen. Mit einem Zangenstromwandler wird während der Messung der Strom I_{ges} ermittelt (Erdungsmesser auf Dauermessung schalten!). Dann wird mit dem Zangenstromwandler die Erdungsleitung zum Erder E_1 umgriffen, anschließend die zu E_2. Der Gesamtstrom I_{ges} teilt sich in I_1 und I_2. Nach dem Kirchhoffschen Gesetz sind die Widerstände R_{E1} und R_{E2} umgekehrt proportional zu den Teilströmen. Siehe hierzu Bild 11-C3.

$$I_{ges} \times R_{ges} = U$$

$$I_1 \times R_{E1} = U$$

$$I_2 \times R_{E2} = U$$

$$I_1 \times R_{E1} = I_2 \times R_{E2}$$

$$\frac{I_1}{I_2} = \frac{R_{E2}}{R_{E1}}$$

oder

$$R_{E1} = \frac{I_{ges}}{I_1} \cdot R_{ges}$$

$$R_{E2} = \frac{I_{ges}}{I_2} \cdot R_{ges}$$

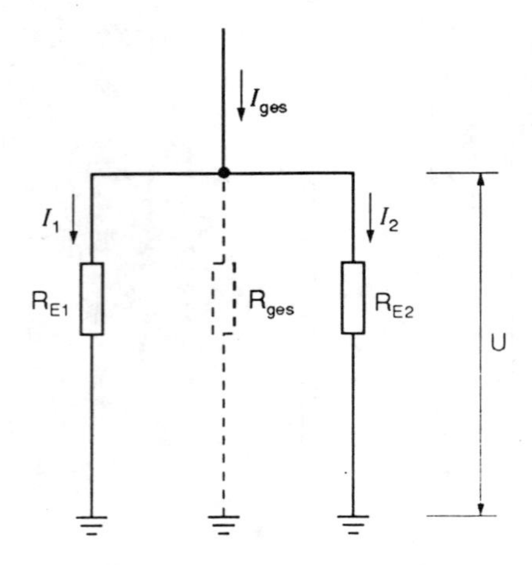

Bild 11-C3: Parallelschaltung zweier Erdungswiderstände.

$I_{ges} = I_1 + I_2$; $R_{ges} = \dfrac{R_{E1} + R_{E2}}{R_{E1} + R_{E2}}$; $U = I_{ges} \bullet R_{ges}$.

Rechenbeispiel

Mit dem Erdungsdurchmesser wird ein Erdungswiderstand R_{ges} = 5,96 Ohm gemessen. Der Meßstrom I_{ges} beträgt 10,2 mA, die Teilströme I_1 = 3,9 mA und I_2 = 6,3 mA.

$$R_{E1} = \frac{I_{ges}}{I_1} R_{ges} = \frac{10{,}2 \text{ mA}}{3{,}9 \text{ mA}} \cdot 5{,}96 \; \Omega = 15{,}58 \; \Omega$$

$$R_{E2} = \frac{I_{ges}}{I_2} R_{ges} = \frac{10{,}2 \text{ mA}}{6{,}3 \text{ mA}} \cdot 5{,}96 \; \Omega = 9{,}65 \; \Omega$$

Der Zangenstromwandler in Verbindung mit einem geeigneten Multimeter muß in der Lage sein, kleine Wechselströme im mA-Bereich zu messen. Der aufgrund von der Frequenz des Meßstromes (zwischen 70 und 140 Hz) und seiner Rechteckform zusätzliche Fehler des Zangenstromwandlers kann unberücksichtigt bleiben, da er bei allen drei Messungen praktisch gleich groß ist und sich durch die Quotientenbildung bei der Rechnung eliminiert.
Besonders einfach zu bedienen ist ein Erdungsmeßgerät, welches die selektive Erdungsmessung in einem einzigen Arbeitsgang vornimmt: Die Erdleitung der zu messenden Erde in einem vermaschten Erdungssystem wird während der Messung mit einem Zangenstromwandler umgriffen, der direkt an den Erdungsmesser angeschlossen ist. Der Erdungsmesser rechnet und zeigt direkt den Erdungswiderstand an, ohne daß aufgetrennt werden muß. In Bild 11-C2 ist der Zangenstromwandler angelegt.

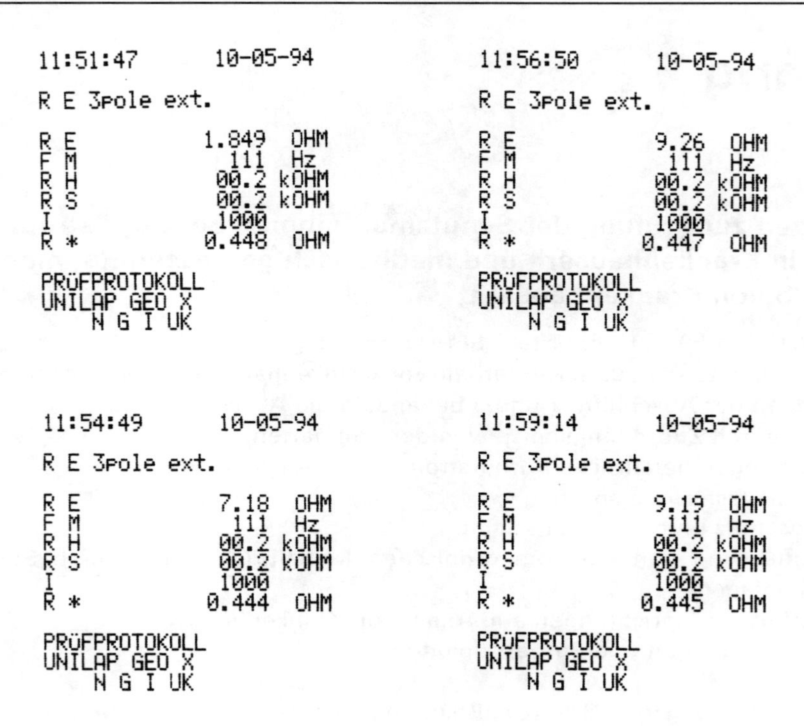

11:51:47 10-05-94

R E 3Pole ext.

R E	1.849 OHM
F M	111 Hz
R H	00.2 kOHM
R S	00.2 kOHM
I	1000
R *	0.448 OHM

PRÜFPROTOKOLL
UNILAP GEO X
N G I UK

11:56:50 10-05-94

R E 3Pole ext.

R E	9.26 OHM
F M	111 Hz
R H	00.2 kOHM
R S	00.2 kOHM
I	1000
R *	0.447 OHM

PRÜFPROTOKOLL
UNILAP GEO X
N G I UK

11:54:49 10-05-94

R E 3Pole ext.

R E	7.18 OHM
F M	111 Hz
R H	00.2 kOHM
R S	00.2 kOHM
I	1000
R *	0.444 OHM

PRÜFPROTOKOLL
UNILAP GEO X
N G I UK

11:59:14 10-05-94

R E 3Pole ext.

R E	9.19 OHM
F M	111 Hz
R H	00.2 kOHM
R S	00.2 kOHM
I	1000
R *	0.445 OHM

PRÜFPROTOKOLL
UNILAP GEO X
N G I UK

Bild 11-C4: Selektive Erdungsmessung: Protokollausdruck der Einzelmessungen an den vier galvanisch miteinander verbundenen Standbeinen eines Hochspannungsmastes, gemessen mit einem speziellen Umbaustromwandler für Messungen an Masterdungen. Aus den hier protokollierten Zeitangaben von 11h 51:47 bis 11h 59:14 ist zu erkennen, daß für die vier Messungen insgesamt weniger als 8 Minuten benötigt wurden! R_E = Erdungswiderstand; F_M = Meßfrequenz; R_H = Hilfserderwiderstand; R_S = Sonderwiderstand; I = Übersetzungsfaktor des Stromwandlers; R = Erdungsimpedanz (Werkbild Norma Goerz Instruments).*

Anhang 1

Messungen zur Prüfung der Schutzmaßnahmen bei Starkstromanlagen in Krankenhäusern und medizinisch genutzten Räumen außerhalb von Krankenhäusern

DIN VDE 0107/11.89 hat den Titel »Starkstromanlagen in Krankenhäusern und medizinisch genutzten Räumen außerhalb von Krankenhäusern«. Neben allgemeinen Aussagen der Abschnitte 1 und 3 behandeln die Abschnitte

2 – Begriffe (mit Zuordnungsbeispielen der Raumarten)
4 – Schutz gegen gefährliche Körperströme
5 – Sicherheitsstromversorgung
6 – Brandschutz und Explosionsschutz
7 – Beeinflussung von elektromedizinischen Meßeinrichtungen durch Starkstromanlagen
8 – Medizinische Einrichtungen außerhalb von Krankenhäusern
9 – Pläne, Unterlagen und Betriebsanleitungen
10 – Püfungen.

Zum Thema Prüfung der Schutzmaßnahmen interessieren vor allem die Abschnitte 4 und 10. Hier werden jedoch nur die Messungen und Prüfungen behandelt, die für die Schutzmaßnahmen von Bedeutung sind.

1. Was sind medizinisch genutzte Räume?

Hierzu zählen Räume in Krankenhäusern und Polikliniken sowie medizinisch genutzte Räume außerhalb von Krankenhäusern, die der Human- und Dentalmedizin dienen. Hinzu kommen Räume der Heim-Dialyse. Je nach den im Fehlerfall zu erwartenden Gefahren werden diese Räume in 3 Anwendungsgruppen unterteilt:

Anwendungsgruppe 0

In diesen Räumen werden elektromedizinische Geräte verwendet

- mit denen die Patienten während der Untersuchung oder Behandlung nicht in Berührung kommen,
- die nach Herstellerangabe auch außerhalb medizinisch genutzter Räume eingesetzt werden dürfen,
- die ausschließlich mit eingebauter netzunabhängiger Stromversorgung betrieben werden.

Hierzu zählen auch Räume, in denen elektromedizinische Geräte nicht angewendet werden.

Beispiele: Bettenräume, OP-, Wasch- und Sterilisationsräume.

Anwendungsgruppe 1

In diesen Räumen werden netzabhängige elektromedizinische Geräte verwendet, mit denen die Patienten während der Untersuchung oder Behandlung in Berührung kommen. Bei Abschaltung durch Körperschluß oder Netzausfall können die Patienten nicht gefährdet werden. Die Anwendung der Geräte kann unterbrochen und wiederholt werden.
Beispiele: Räume für physikalische Therapie, für radiologische Diagnostik und Therapie, Entbindungsräume, Dialyseräume.

Anwendungsgruppe 2

In diesen Räumen werden netzabhängige elektromedizinische Geräte für operative Eingriffe oder lebensnotwendige Maßnahmen verwendet. Die Geräte müssen bei einem Körperschluß oder bei Netzausfall weiter betrieben werden können. Die Anwendung der Geräte kann nicht ohne Gefahr für den Patienten abgebrochen oder wiederholt werden.
Beispiele: Operationsräume, Herzkatheder-Räume, Räume von Intensivstationen.

Die vorstehenden Beispiele von Anwendungsarten elektromedizinisch genutzter Räume stellt nur eine vereinfachte Zuordnung dar, die der allgemeinen Information dienen soll. Einzelheiten und Zuordnung der Raumarten sind in DIN VDE 0107/ Tabelle 1 sowie in Abschnitt 2.3 »Raumarten« nachzulesen.

2. Welche Messung sind für die Prüfung der Schutzmaßnahmen in elektromedizinisch genutzten Räumen gefordert?

A. Die Messungen und Prüfungen gemäß DIN VDE 0100 Teil 610 »Prüfungen; Erstprüfungen«.

B. Funktionsprüfung der Isolationsüberwachungseinrichtungen der IT-Systeme und der Meldekombinationen.

C. Widerstandsmessung an Schutz- und Potentialausgleichsleitern gemäß der Kennzeichnung ①.

D. Spannungsmessung zwischen Schutzkontakten, Körpern fest angeschlossener Verbrauchsmittel und fremden leitfähigen Teilen gemäß der Kennzeichnung ③.

E. Widerstandsmessung an nicht in den Potentialausgleich einbezogenen leitfähigen Teilen gemäß der Kennzeichnungen ① und ②.

3. Wann sind die Prüfungen durchzuführen?

Um die im elektromedizinischen Bereich erforderliche hohe Sicherheit nicht nur bei Inbetriebnahme durch Erstprüfung von Neuanlagen, sondern auf Dauer sicherzustellen, müssen die Anlagen und Betriebsmittel in gewissen Zeitabständen regelmäßig durch eine Elektrofachkraft geprüft werden.

a) Erstprüfung bei Inbetriebnahme die Prüfungen A, B, C, D.
b) Bei Änderungen oder Instandsetzung die Prüfungen A, B, C, D.
c) Wiederkehrende Prüfungen sind nach DIN VDE 0105 Teil 1 vorzunehmen, wobei die Prüffristen gemäß der UVV VB64 auszuwählen sind.
In regelmäßigen Zeitabständen, spätestens alle zwei Jahre, die Prüfungen B, C. Hierzu zusätzlich die in DIN VDE 0105 geforderten Messungen:
- Messung des Schutzleiterwiderstandes von Betriebsmitteln einschließlich dessen Anschluß: = 0,3 Ω.
- Messung des Isolationswiderstandes von Betriebsmitteln:
für Betriebsmittel der Schutzklasse I = 1 kΩ/V Nennspannung,
für Betriebsmittel der Schutzklasse II = 2 MΩ.
- Messung des Isolationswiderstandes der Anlage mit angeschlossenen Betriebsmitteln.
- Prüfung der Isolationswächter und Fehlerstrom-Schutzschalter durch Betätigen der Prüftaste mindestens in Abständen von sechs Monaten. Diese Prüfung kann auch eine elektrotechnisch unterwiesene Person vornehmen.

Prüfbuch und Prüfprotokolle

Die Meßergebnisse und die Betätigung der Prüftasten sind in einem Prüfbuch oder durch Prüfprotokolle zu dokumentieren. Dabei ist festzuhalten, wer der verantwortliche Prüfer war, der durch seine Unterschrift den ordnungsgemäßen Ablauf der Prüfung bestätigt.

4. Was ist beim Isolationsüberwachungsgerät zu beachten?

Für jedes IT-System ist in Abweichung zu DIN VDE 0100 Teil 410 ein Isolationsüberwachungsgerät vorzusehen. Der Isolationswächter muß DIN VDE 0413 Teil 2 entsprechen. Der Wechselstrominnenwiderstand des Isolationswächters muß mindestens 100 kΩ betragen. Die Meßspannung darf maximal 25 V Gleichspannung betragen. Der Meßstrom darf auch bei vollkommenem Erdschluß 1 mA nicht überschreiten. Der Isolationswächter muß anzeigen, wenn der Isolationswiderstand auf 50 kΩ abgesunken ist.
In jedem Raum oder in jeder Raumgruppe ist an einer ständig besetzten Stelle eine Meldekombination zu installieren, die wie folgt bestückt ist:
- eine grüne Meldeleuchte als Betriebsanzeige.
- eine gelbe Meldeleuchte, die bei Unterschreiten des eingestellten Isolationswertes aufleuchtet. Sie darf nicht löschbar und nicht abschaltbar sein.
- eine akustische Meldung parallel zur gelben Meldeleuchte. Sie darf löschbar aber nicht abschaltbar sein.
- eine Prüftaste, mit der ein Prüfwiderstand von 42 kΩ zwischen einen Außenleiter und den Schutzleiter geschaltet wird.

5. Welche Schutzmaßnahmen bei indirektem Berühren sind gefordert?

Die Schutzmaßnahmen richten sich nach der Anwendungsgruppe der Räume.

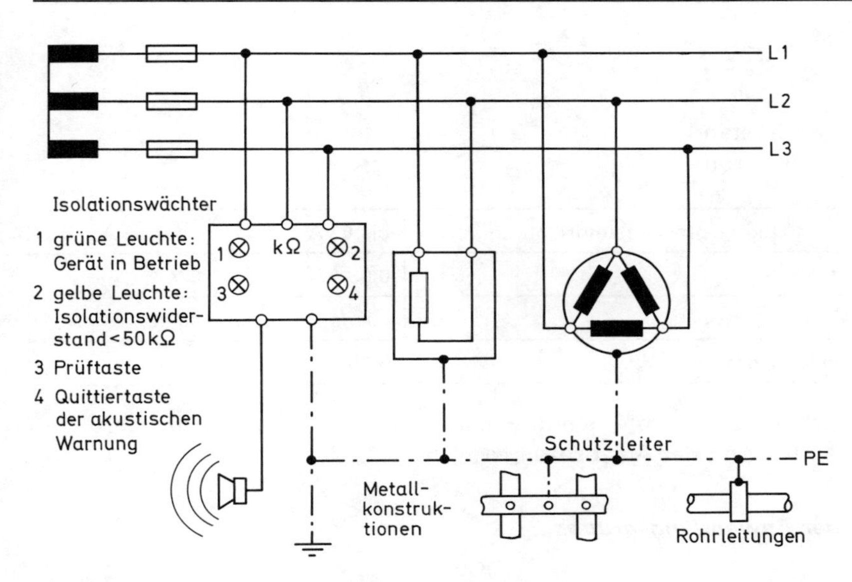

Das Isolationsüberwachungsgerät im IT-System

Für Räume der Anwendungsgruppe 0 und außerhalb elektromedizinisch genutzter Räume

Bei Einspeisung aus dem allgemeinen Versorgungsnetz gelten die Schutzmaßnahmen gemäß DIN VDE 0100.
Bei Einspeisung durch eine Sicherheitsstromversorgung sind bevorzugt anzuwenden:
- Schutz durch Isolationsüberwachungseinrichtung im IT-System
- Schutzisolierung
- Schutzkleinspannung
- Funktionskleinspannung
- Schutztrennung.

Schutz durch Abschaltung nur wenn sichergestellt und nachgewiesen ist, daß die Schutzeinrichtung (Überstrom- oder Fehlerstrom-Schutzeinrichtung) innerhalb der zulässigen Zeit selbsttätig und selektiv abschaltet.

Für Räume der Anwendungsgruppe 1

- Schutzisolierung
- Schutzkleinspannung (max. 25 V~; 60 V=)
- Funktionskleinspannung (max. 25 V~; 60 V=)
- Schutztrennung mit einem Verbrauchsmittel
- Schutz durch Fehlerstrom-Schutzeinrichtung mit folgender Bedingung:

$$R_A \leqq \frac{25\,V}{I_{\Delta n}}$$

R_A = Erdungswiderstand
$I_{\Delta n}$ = Nennauslösestrom

Stromkreise mit Überstromschutzeinrichtung	bis 63 A	über 63 A
Nennfehlerstrom $I_{\Delta n}$	0,03 A	0,3 A
Auslösezeit	40 ms	40 ms
bei einem Fehlerstrom I	0,25 A	1,5 A

Die eingesetzten Fehlerstrom-Schutzschalter müssen diesen Anforderungen genügen. Die Messung der Auslösezeit ist nicht gefordert.

Für Räume der Anwendungsgruppe 2

- Schutzisolierung
- Schutzkleinspannung (max. 25 V~; 60 V=)
- Funktionskleinspannung (max. 25 V~; 60 V=)
  (bei OP-Leuchten nur Funktionskleinspannung *mit* sicherer Trennung)
- Schutztrennung mit einem Verbrauchsmittel
- Schutz durch Fehlerstrom-Schutzeinrichtung nur für Stromkreise für Röntgengeräte
  für Großgeräte über 5 kW Leistung
  für Geräte, die nicht der medizinalen Versorgung dienen
  zur Raumbeleuchtung
  zur elektrischen Ausrüstung von Operationstischen
- Schutz durch Meldung im IT-System mittels Isolationsüberwachungsgerät.

In jedem Raum oder jeder Raumgruppe ist für Geräte, die operativen Eingriffen oder lebenswichtigen Maßnahmen dienen, mindestens ein eigenes IT-System vorzusehen. Das Isolationsüberwachungsgerät hat den zuvor in Punkt 4 genannten Anforderungen zu entsprechen.

6. Was ist in den besonderen Potentialausgleich einzubeziehen?

Mit dem besonderen Potentialausgleich werden die Körper (metallische Gehäuse) elektrischer Betriebsmittel mit anderen fest eingebauten leitfähigen Teilen nichtelektrischer Betriebsmittel (Rohre, Spezialmöbel usw.) verbunden. Es sollen Potentialunterschiede, auch im Fehlerfall, verhindert werden. Einzelheiten über die Ausführung des besonderen Potentialausgleichs enthält Abschnit 4.4 aus DIN VDE 0107. Grundsätzlich sind in den besonderen Potentialausgleich immer einzubeziehen:

a) die Schutzleiter-Sammelschiene
b) alle metallenen Rohrleitungen

c) Abschirmung gegen elektrische Störfelder
d) Ableitnetze leitfähiger Fußböden
e) Ortsfeste, nicht elektrisch betriebene und nicht mit dem Schutzleiter verbundene Operationstische
f) Operationsleuchten
g) leitfähige Teile, die nicht mit dem Schutzleiter verbunden sind in einem Bereich bis 1,25 m um die Patientenposition, wenn die Behandlung mit netzabhängigen elektromedizinischen Geräten erfolgt und deren Widerstand zum Schutzleiter bei Anwendungsgruppe 1 $< 7\,k\Omega$ und bei Anwendungsgruppe 2 $< 2{,}4\,M\Omega$ ist
h) leitfähige Teile, die der Patient während der Heimdialyse berühren kann.

Widerstandsmessung nach (1) für Räume der Anwendungsgruppe 1

Zwischen leitfähigen Teilen elektrischer und nichtelektrischer Betriebsmittel könnte im Fehlerfall eine Spannung von 25 V auftreten. In den Räumen der Anwendungsgruppe 1 darf kein Strom über den Körper des Patienten fließen, der 3,5 mA übersteigt. Aus diesem Grund müssen die leitfähigen Teile aller Betriebsmittel in den besonderen Potentialausgleich einbezogen werden, deren Widerstand gegenüber dem Schutzleiter $< 7\,k\Omega$ beträgt nach der Rechnung

$$\frac{25\,V}{7000\,\Omega} = 3{,}5\,mA.$$

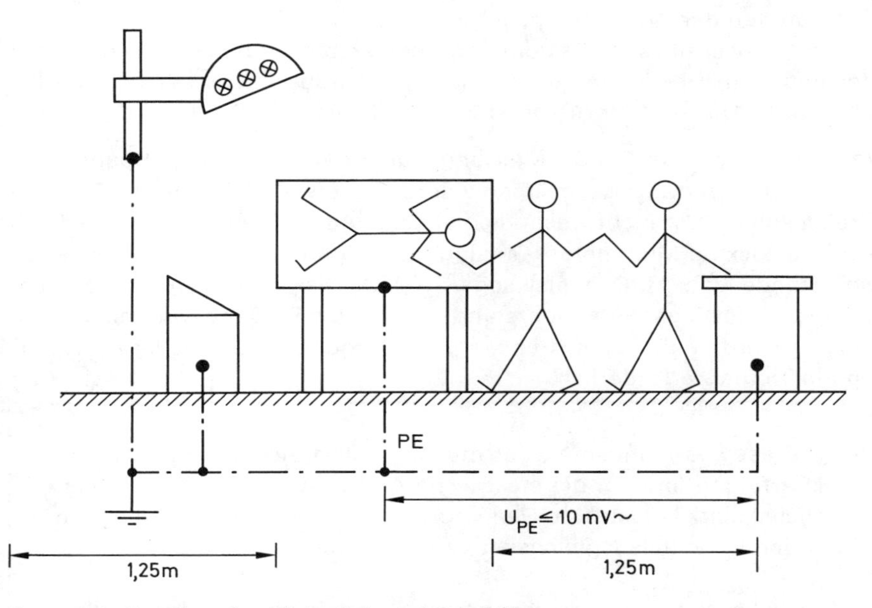

Spannung U_{PE} über dem Potentialausgleichsleiter

Isolationsmessung nach ② für Räume der Anwendungsgruppe 2

Zwischen leitfähigen Teilen elektrischer und nichtelektrischer Betriebsmittel könnte im Fehlerfall eine Spannung von 25 V auftreten. In den Räumen der Anwendungsgruppe 2 darf kein Strom über den Körper fließen, der die Fibrillationsgrenze von 10 µA überschreitet. Im doppelten Handbereich, 1,25 m um die Position des Patienten, sind demnach alle berührbaren leitfähigen Teile in den besonderen Potentialausgleich einzubeziehen, deren Widerstand gegen den Schutzleiter $< 2{,}4\,M\Omega$ beträgt.
Die Isolationsmessung muß mit einem Isolationsmesser gemäß DIN VDE 0413 Teil 1 erfolgen.

7. Wie erfolgt die Spannungsmessung zwischen leitfähigen Teilen und Schutzkontakten

Diese Messung ist immer dann erforderlich, wenn in Krankenhäusern, Polikliniken u. ä. ab dem Hauptverteiler weiterhin ein PEN-Leiter (TN-C-System) verlegt ist. Sie entfällt, wenn ab dem Hauptverteiler getrennte Neutralleiter (N) und Schutzleiter (PE) verlegt sind (TN-S-System).
Die Spannungsmessung erfolgt zwischen fremden leitfähigen Teilen, Körpern fest angeschlossener Verbrauchsmittel und Schutzkontakten von Steckdosen, die sich in einem Bereich von 1,25 m um die Patientenposition befinden. Die Spannung darf folgende Werte nicht überschreiten:
- 1 V in Räumen der Anwendungsgruppe 1, in denen Untersuchungen mit Einschwemmkathedern vorgenommen werden
- 10 mV in Räumen der Anwendungsgruppe 2.

Der Wert von 10 mV ergibt sich aus dem Körperwiderstand von 1 kΩ zwischen einer Elektrodenspitze am Herzinnenmuskel und der Hautoberfläche bei der Fibrillationsgrenze von 10 µA nach der Rechnung $1000\,\Omega \cdot 10\,\mu A = 10\,mV$.

Spannungsmessung nach ③ : Die Messung muß erfolgen mit einem Spannungsmesser für Effektivwerte, dessen Innenwiderstand etwa 1 kΩ beträgt. Der Frequenzbereich sollte 1 kHz nicht wesentlich überschreiten. Die heutigen, mit Meßverstärkern bestückten Multimeter – analog oder digital anzeigend – haben Eingangswiderstände von 1 MΩ, meist sogar 10 MΩ. Hier muß durch einen zum Meßeingang parallel liegenden Widerstand von 1 kΩ der Eingangswiderstand drastisch gesenkt werden. Zur Einschränkung des Frequenzbereiches ist allerdings zusätzlich ein Tiefpaß erforderlich.

Achtung: Diese Spannungsmessung muß im fehlerfreien Betrieb zu einem Zeitpunkt erfolgen, in dem die elektrische Anlage des gesamten Gebäudes möglichst stark belastet ist. Denn nur unter diesen Bedingungen wird sich über den Potentialausgleichsleitern der maximale Spannungsfall ergeben.
Es sind auch die elektromedizinischen Geräte – ortsfeste und ortsveränderliche – einzuschalten.

Anhang 2

Messungen zur Prüfung elektrischer und elektronischer Geräte gemäß der Norm DIN VDE 0701

Häufig werden Meßgeräte bei der Instandsetzung elektrischer Geräte eingesetzt. Es erscheint deshalb angebracht, in einem eigenen Kapitel hierauf näher einzugehen. Für Wiederholungsprüfungen, wie sie im gewerblichen oder öffentlichen Sektor in bestimmten Zeitabständen gefordert sind, ist die neue Norm DIN VDE 0702 in Vorbereitung.
Wurde ein elektrisches oder elektronisches Gerät instandgesetzt oder geändert, so ist gemäß der Norm DIN VDE 0701 eine Prüfung erforderlich. Durch diese Prüfung soll nachgewiesen werden, daß die elektrische Sicherheit des instandgesetzten oder geänderten Gerätes den anerkannten Regeln der Technik entspricht. Dabei dürfen Änderungen nur entsprechend der Angaben des Herstellers erfolgen.

Anforderungen gemäß VBG 4

Weiterhin verlangt die Unfallverhütungsvorschrift für Elektrische Anlagen und Betriebsmittel – VBG 4 die Prüfung von elektrischen Anlagen und Betriebsmitteln
– vor der ersten Inbetriebnahme,
– nach Änderung und Instandsetzung.

Neue Fassung von DIN VDE 0701 Teil 1, gültig ab 1. Mai 1993

Die Norm DIN VDE 0701 besteht aus verschiedenen Teilen, die jeweils bestimmten Gerätearten zugeordnet sind und bei denen besondere Bestimmungen gelten. Für die meisten Gerätearten gelten jedoch die Festlegungen gemäß Teil 1: Allgemeine Anforderungen. Die jetzt gültige Fassung von Teil 1 trägt das Datum 1. Mai 1993, siehe Tabelle A2-1.

A2.1 Allgemeine Anforderungen: Teil 1

A2.1.1 Sichtprüfung

Durch die Sichtprüfung ist der einwandfreie Zustand folgender Teile festzustellen:
– Zur Sicherheit beitragende Geräteteile
– Isolierungen und Isolierteile
– Gehäuse bei Schutzklasse II
– fest montierte oder getrennt beigefügte Geräte-Anschlußleitungen

– Zugentlastungen und Biegeschutzhüllen der Anschlüsse
– Schutzleiter und Schutzleiteranschluß, insoweit dies ohne eine über die Erfordernisse der Instandsetzung bzw. Änderung hinausgehende Zerlegung des Gerätes möglich ist.
– ordnungsgemäßer und gegebenenfalls aktualisierter Zustand der Geräteaufschriften.

Tabelle A2.1: Prüfungen nach Instandsetzung oder Änderung elektrischer Geräte: Allgemeine Anforderungen DIN VDE 0701 Teil 1/5.93

DIN VDE 0701 Teil 1/5.93 Messungen	Schutzklasse I Schutzleiteranschluß	Schutzklasse II Schutzisolierung	Schutzklasse III Schutzkleinspannung
Isolationswiderstand	≥ 0,5 MΩ	≥ 2,0 MΩ	≥ 0,25 MΩ
Schutzleiterwiderstand	≤ 1 Ω[1)]	–	–
Ersatzableitstrom[2)]	≤ 7 mA	–	–
Geräte mit Heizleistung ≥ 6 kW	≤ 15 mA	–	–

[1)] Als Orientierungsgröße für den niederohmigen Durchgang werden Widerstandswerte bis zu etwa 1 Ω angesehen. Je nach Gerätegruppe können kleinere Meßwerte zwischen 0,3 und 0,5 Ω festgestellt werden.

[2)] Nur nach Ersatz oder Nachrüstung von Kondensatoren oder bei Elektrowärmegeräten, die den geforderten Isolationswiderstand von 0,5 MΩ nicht erreichen.

A2.1.2 Messungen

Gemäß den Festlegungen von Teil 1 sind drei verschiedene Messungen durchzuführen:

1. Messung des Isolationswiderstandes

Bei Geräten der Schutzklasse I (Schutzleiteranschluß) erfolgt die Isolationsmessung zwischen dem gesamten Stromkreis, d. h. den parallel geschalteten Netzpolen und dem Schutzleiter. Dabei müssen alle Schalter am Gerät auf »ein« stehen, dies gilt auch für temperaturgesteuerte Schalter oder Temperaturregler. Ist der Prüfling mit einem Programmschaltwerk bestückt, so ist der Einschaltzustand aller Bauteile gleichzeitig kaum machbar, es muß somit in mehreren Programmstufen gemessen werden.
Bei Geräten der Schutzklasse II (Schutzisolierung) und Schutzklasse III (Schutzkleinspannung) wird zwischen den parallel geschalteten Netzpolen und berührbaren Metallteilen gemessen.

Bei Geräten der Schutzklasse III mit einer Nennleistung bis 20 W und einer Nennspannung bis 42 V ist keine Messung erforderlich.
Die Mindestwerte für den Isolationswiderstand betragen:
- bei Schutzklasse I 0,5 MΩ
- bei Schutzklasse II 2,0 MΩ
- bei Schutzklasse III 0,25 MΩ

Die Isolationsmessung erfolgt mit Gleichspannung, wobei bei einem Isolationswiderstand des Prüflings von 0,5 MΩ die Meßspannung mindestens noch 500 V betragen muß. Es sind hier die Festlegungen von DIN VDE 0413 Teil 1 zu beachten.

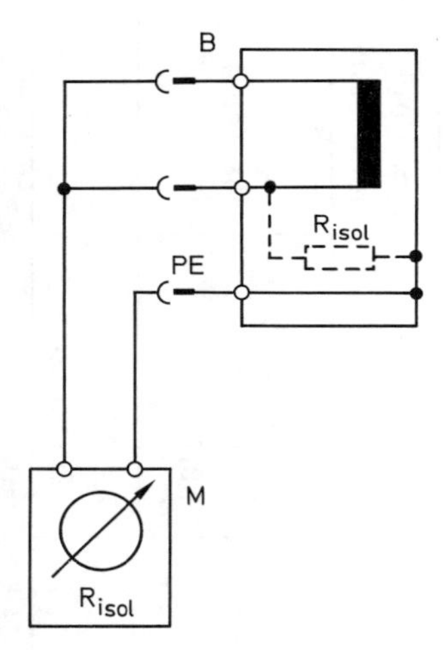

B = Betriebsmittel
R_{isol} = Isolationswiderstand
M = Isolationsmesser
PE = Schutzleiteranschluß

Bild A2-1: Messung des Isolationswiderstandes bei Schutzklasse I

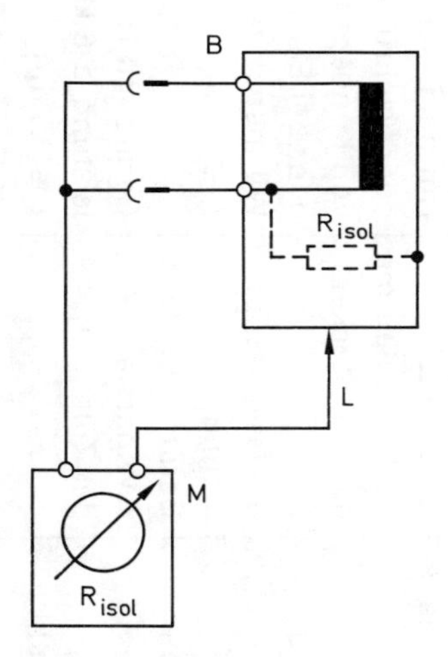

B = Betriebsmittel
R_{isol} = Isolationswiderstand
M = Isolationsmesser
L = Meßleitung zum Körper

Bild A2-2: Messung des Isolationswiderstandes bei Schutzklasse II und III

2. Messung des Schutzleiterwiderstandes

Der Schutzleiterwiderstand wird gebildet durch den Widerstand des grüngelben Leiters der Anschlußleitung und den Übergangswiderständen an Steckern und Klemmstellen. Er stellt insofern eine »verlängerte« Schleifenimpedanz (DIN VDE 0100 Teil 410) dar. Gemessen wird – selbstverständlich nur bei Schutzklasse I – zwischen berührbaren leitfähigen Teilen des Gehäuses und dem
- Schutzkontakt des Netzsteckers oder
- Schutzkontakt des Gerätesteckers

Tabelle A2.2: Prüfungen nach Instandsetzung oder Änderung elektrischer Geräte gemäß DIN DVE 0701, Teile 2-13 (HG: Geräte für den Hausgebrauch)

<table>
<tr><th>DIN VDE 0701</th><th>Teil</th><th>Isolationswiderstand</th><th>Schutzleiter Widerstand</th><th>Ableitstrom im Schutzleiter</th><th>Hochspannungsprüfung</th></tr>
<tr><td>Sprudelbadgeräte</td><td>4</td><td rowspan="11">Bis 500 V Betriebsspannung:

Schutzklasse I:
$\geq$ 0,5 MΩ

Schutzklasse II:
$\geq$ 2 MΩ

Schutzklasse III:
$\geq$ 0,25 mΩ</td><td rowspan="9">$R_L \leq$ 0,3 Ω
bis 5 m Zuleitung einschl. Stecker

Bei längerer Zuleitung:
Gerät: $\leq$ 0,1 Ω
+ Widerstand der Zuleitung</td><td rowspan="8">Nur bei Ersatz oder Nachrüstung von Kondensatoren oder bei Elektro-Wärmegeräten:
$I_a \leq$ 7 mA

Geräte mit Heizleistung $\geq$ 6 kW:
$I_a \leq$ 15 mA</td><td rowspan="9">Entfällt</td></tr>
<tr><td>Ventilatoren und Dunstabzugshauben</td><td>6</td></tr>
<tr><td>Nähmaschinen</td><td>7</td></tr>
<tr><td>Wasserwärmer ortsfest, HG</td><td>8</td></tr>
<tr><td>Speicherheizgeräte</td><td>10</td></tr>
<tr><td>Raumheizgeräte HG</td><td>11</td></tr>
<tr><td>Saunageräte HG</td><td>12</td></tr>
<tr><td>Herde, Tischkochgeräte, Backöfen und ähnliche Geräte für den Hausgebr.</td><td>13</td></tr>
<tr><td>Großküchenanlagen</td><td>5</td><td>$I_a \leq$ 1 mA je kW Heizleistung</td></tr>
<tr><td>Bodenreinigungsgeräte</td><td>3</td><td>Gerät: $R \leq$ 0,1 Ω
+ Zuleitung
$\leq$ 0,7 Ω</td><td>Wie Teil 4</td><td>Bei Schutzkl.
I: 1000 V~
II: 3000 V~
III: 400 V~</td></tr>
<tr><td>Rasenmäher</td><td>2</td><td>$R \leq$ 0,3 Ω
+ Zuleitung</td><td>Entfällt</td><td>Entfällt</td></tr>
</table>

– am netzseitigen Ende der Anschlußleitung bei fest angeschlossenen Verbrauchsmitteln.

Um möglichst auch intermittierende – also nur gelegentlich auftretende – Fehler aufzuspüren, sind die Anschlußleitungen während der Messung zu bewegen.

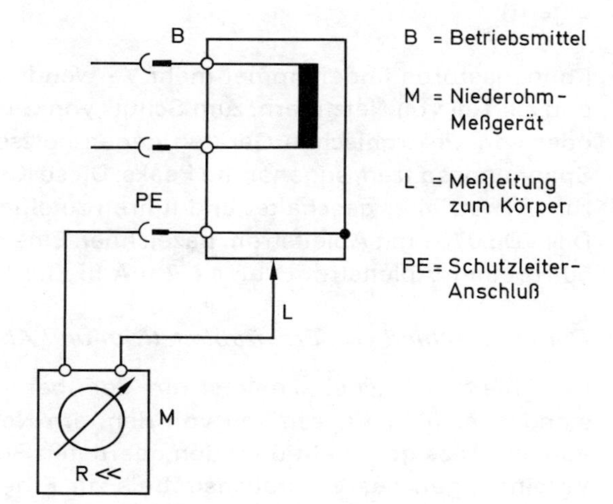

Bild A2-3: Die Messung des Schutzleiterwiderstandes

Der in der bisher gültigen Fassung (Teil 1/10.86) vorgeschriebene Wert von 0,3 Ω wird nicht mehr gefordert. Im maßgebenden Abschnitt 4.2.2 wird kein verbindlicher Wert mehr genannt, vielmehr ist der »niederohmige Durchgang ... nachzuweisen«. In den Erläuterungen werden als »Orientierungsgröße ... Widerstandswerte bis zu etwa 1 Ω angesehen. Je nach Gerätegruppe können kleinere Meßwerte zwischen 0,3 und 0,5 Ω festgestellt werden.«

Zur Beurteilung hier einige Werte für Kupferleitungen unterschiedlicher Querschnitte:

0,75 mm²	ca. 23,3 mΩ
1,0 mm²	ca. 17,5 mΩ
1,5 mm²	ca. 11,6 mΩ
2,5 mm²	ca. 7 mΩ

Die Werte gelten pro Meter Schutzleiter.

3. Messung des Ersatzableitstromes

Die Messung des Ersatzableitstromes wird bei Geräten der Schutzklasse I erforderlich, wenn

– bei Instandsetzung oder Änderung Kondensatoren ersetzt oder nachträglich eingebaut wurden,
– Elektrowärmegeräte mit Heizelementen den geforderten Mindestisolationswert von 0,5 MΩ nicht erreichen.

Der Ersatzableitstrom wird anstelle des »echten« Ableitstromes im Schutzleiter gemessen.

Aber Achtung! Bei elektronischen Geräten der Schutzklasse II wird eine Ersatzableitstrom-Messung zu den Anschlußstellen gefordert. Siehe Teil 200 weiter unten!!

Kondensatoren finden immer mehr Verwendung als Funkentstör-Kondensatoren und als Teil von Netzfiltern, zum Schutz von Geräten mit elektronischen Bauteilen oder von elektronischen Geräten gegen netzseitig einfließende, kurzzeitig hohe Spannungsspitzen, sogenannte Peaks. Diese Kondensatoren sind praktisch immer zum Schutzleiter geschaltet und führen zu einem – kapazitiven – Fehlerstrom, in DIN VDE 0701 mit Ableitstrom bezeichnet. Eine Kapazität von 0,1 µF läßt bei 230 V, 50 Hz einen Ableitstrom von ca. 7 mA fließen!

Der Unterschied von Ersatzableitstrom und Ableitstrom

Der Ableitstrom ist ein Fehlerstrom, der über einen zu niedrigen Isolationswiderstand oder über Kapazitäten von dem am Netz liegenden Stromkreis zur Erde abfließt. Dies geschieht über den geerdeten Schutzleiter, aber auch über andere Verbindungen des Verbrauchsmittels zur Erde, beispielsweise durch den Rohrleitungsanschluß eines Warmwasserspeichers oder Durchlauferhitzers. Aber auch über die Isolation des Bodens am Aufstellungsort des Verbrauchsmittels oder durch die Kapazität des Gehäuses gegen Erde.
Dieser Ableitstrom kann meßtechnisch nur erfaßt werden durch eine direkte Fehlerstrom-Messung während des Betriebes, wie sie in Anhang A3.3 Pkt. 4 beschrieben ist. Im Rahmen der Messungen nach der Norm DIN VDE 0701 müßte der Prüfling isoliert und gegen Ende kapazitätsfrei aufgestellt werden, oder es müßte eine völlig erdfreie Meßspannung eingesetzt werden.
Da beides praktisch nicht durchführbar ist, erfolgt anstelle der »echten« Ableitstrom-Messung die Ersatzableitstrom-Messung. Der Meßkreis hierfür besteht aus einer galvanisch vom Netz getrennten Stromquelle, an die der gesamte Stromkreis, d. h. die parallel geschalteten Netzpole und der Schutzleiter, angeschlossen wird. In Reihe mit dem Schutzleiter liegt ein mA-Meter für Wechselstrom.
Auch hier müssen, wie bei der Isolationsmessung, alle Schalter und Temperaturregler eingeschaltet sein.

Die für den Ersatzableitstrom zulässigen Grenzwerte betragen:

- für Geräte, bei denen Kondensatoren eingebaut oder ersetzt wurden und bei Geräten mit Heizelementen — max. 7 mA,
- für Elektrowärmegeräte mit einer Heizleistung von 6 kW oder mehr — max. 15 mA,
- für Geräte, die mit einem zusätzlichen Potentialausgleichsleiter untereinander verbunden sind (Großküchen, industrielle Waschanlagen) pro kW Heizleistung — max. 1 mA.

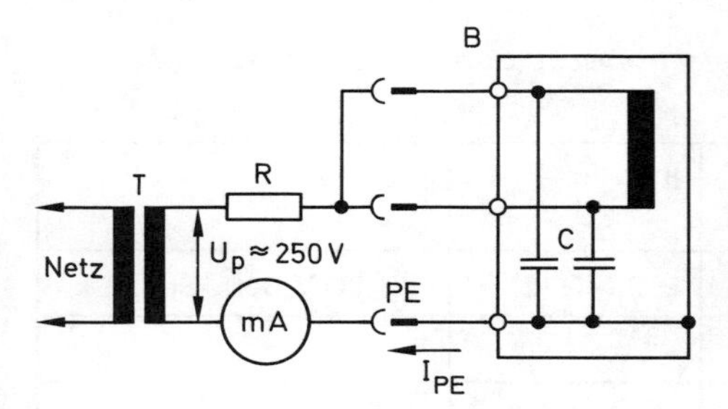

Prüfung mit Nennspannung.

Vorteil: Am Kondensator C liegt Nennspannung, damit gleichzeitig Prüfung auf Durchschlagfestigkeit. Strombegrenzung auf max. 5 mA durch Vorwiderstand R. Gemessener Ableitstrom I_{PE} muß vektoriell korrigiert werden da Reihenschaltung von R und C.

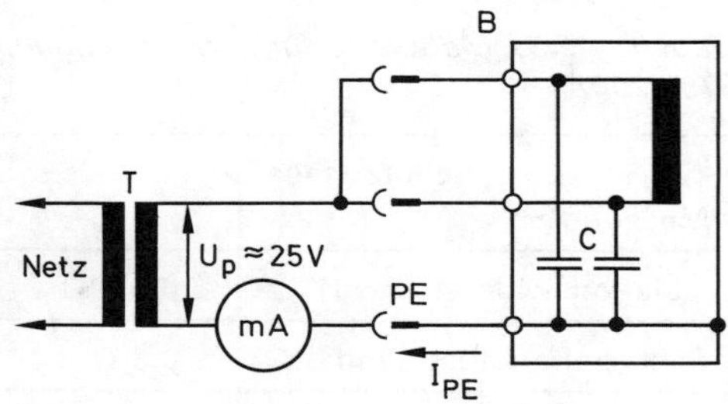

Prüfung mit Kleinspannung.

Gemessener Ableitstrom I_{PE} ist kleiner als der wahre Ableitstrom bei Nennspannung U_o und muß im Verhältnis zur Nennspannung hochgerechnet werden.

T Trenntransfomator
U_P Prüfspannung

B Betriebsmittel mit
C Funkentstörkondensatoren

Bild A2-4: Die Messung des Ersatzableitstromes

A2.2 Besondere Festlegungen Teil 200: Netzbetriebene elektronische Geräte und deren Zubehör

A2.2.1 Sichtprüfung

Die Sichtprüfung erfolgt wie in Teil 1 beschrieben.

A2.2.2 Messungen

Die Messungen bei netzbetriebenen elektronischen Geräten und deren Zubehör weisen gegenüber den »Allgemeinen Anforderungen (Teil 1)« drei zusätzliche Anforderungen auf:

1. Isolationswiderstand bei Geräten der Schutzklasse I und II

Es ist nicht nur zwischen den Netzpolen und dem Schutzleiter (Schutzklasse I) bzw. zwischen den Netzpolen und berührbaren Metallteilen (Schutzklasse II) zu messen. Es muß der Isolationswiderstand auch **zwischen den Netzpolen und allen Anschlußstellen**, die nicht mit dem Blitzpfeil gekennzeichnet sind, gemessen werden. Es gelten die Werte der *Tabelle A2.3*. Wird bei Geräten der Schutzklasse II der geforderte Mindestwert von 2 MΩ nicht erreicht – z. B. durch Entladungswiderstände parallel zu Kondensatoren – so muß auch bei Schutzklasse II eine Ersatzableitstrom-Messung erfolgen.

Tabelle A2.3: Meßwerte für netzbetriebene elektronische Geräte und deren Zubehör (Teil 200)

Schutzklasse Messung	I	II	III
Isolationswiderstand (1)	≥ 0,5 MΩ	≥ 2 MΩ (2)	≥ 1 kΩ/V Betr.-Spg. (3)
Schutzleiterwiderstand	≤ 0,3 Ω	–	–
Ersatzableitstrom	≤ 1 mA (4)	≤ 1 mA (4)	–

(1) und zusätzlich zwischen den Netzpolen und den Anschlußstellen, die *nicht* mit dem Blitzpfeil gekennzeichnet sind.
(2) Wird der Wert von 2 MΩ nicht erreicht, dann muß eine Ersatzableitstrommessung erfolgen.
(3) Bei Geräten mit Nennleistung ≤ 20 VA und Nennspannung ≤ 42 V keine Messung erforderlich.
(4) Bei mehrphasig gespeisten Geräten ≤ 0,5 mA.

2. *Ersatzableitstrom-Messung bei Geräten der Schutzklasse I*

Wie bei Teil 1, den »Allgemeinen Anforderungen«, ist der Ersatzableitstrom im Schutzleiter zu messen, wenn bei Instandsetzung oder Änderung Kondensatoren ersetzt oder zusätzliche eingebaut wurden oder der geforderte Isolationswert nicht eingehalten wird.

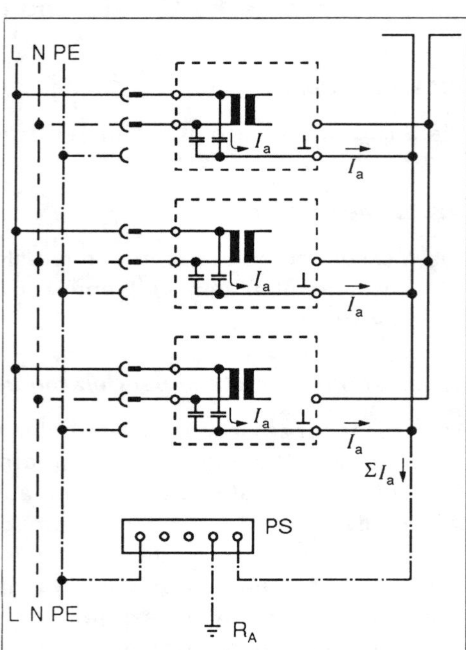

Rechts: Bild A2-6: Kumulierung von Ableitströmen über die Antennenbuchsen in einer Gemeinschafts-Antennenanlage.

Unten: Bild A2-5: Ersatzableitstrom-Messung zu Anschlußstellen bei elektronischen Geräten.

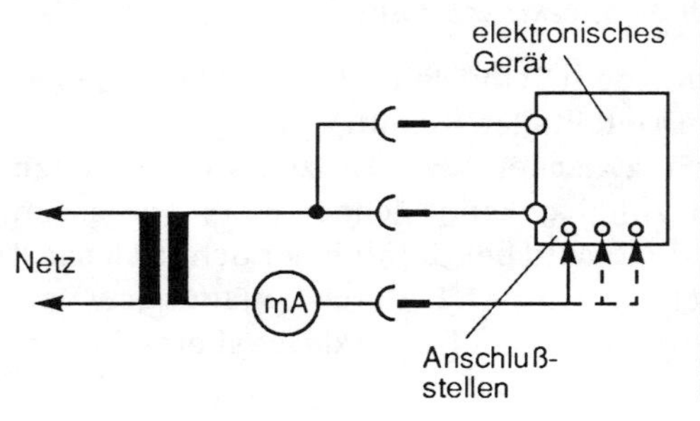

3. Zusätzliche Ersatzableitstrom-Messung bei Geräten der Schutzklasse I und II

Die zusätzliche Ersatzableitstrom-Messung erfolgt zwischen den Netzpolen und berührbaren Teilen sowie den Anschlußstellen der Geräte, z. B. Antennbuchsen, Masse bei Diodensteckern oder Cinch-Buchsen u. ä. Die Messung muß erfolgen, wenn bei Instandsetzung oder Änderung Kondensatoren ersetzt oder zusätzlich eingebaut wurden oder wenn der geforderte Isolationswiderstand nicht eingehalten wird.

Diese zusätzliche Ersatzableitstrom-Messung zu Anschlußstellen hat zu erfolgen unabhängig davon, ob das Gerät einen Schutzleiter hat (Schutzklasse I) oder nicht (Schutzklasse II)!

A2.3 Teil 240: Sicherheitsfestlegungen für Datenverarbeitungs-Einrichtungen und Büromaschinen

A2.3.1 Sichtprüfung

Bei der Sichtprüfung ist besonders auf folgende Punkte zu achten:
- Sind wichtige Teile der Geräte, wie beispielsweise Isolierungen, Isolierteile oder Isoliergehäuse, sichtbar beschädigt?
- Entsprechen die Schmelzeinsätze der Sicherungen den Angaben der Gerätehersteller?
- Sind Schutzabdeckungen der Geräte in Ordnung und gut befestigt?
- Sind Kühlöffnungen nicht verstopft und Kühlrippen nicht zugesetzt?
- Sind eventuell vorhandene Luftfilter sauber und eingebaut?
- Sind die Geräteaufschriften dem neuesten Stand entsprechend korrigiert, lesbar und vollständig?
- Sind Netzanschlußleitungen und Geräteanschlußleitungen sowie Zugentlastung und Biegeschutzhüllen in einwandfreiem Zustand?

A2.3.2 Messungen

Die Messungen bei Datenverarbeitungs-Einrichtungen und Büromaschinen weisen gegenüber den »Allgemeinen Anforderungen (Teil 1)« folgende drei Besonderheiten auf:

1. Isolationswiderstand

Die Messung des Isolationswiderstandes entfällt, sie wird ersetzt durch die in Punkt 3 beschriebene Messung der Spannungsfreiheit berührbarer leitfähiger Teile.

2. Messung von Widerstandsdifferenzen

a. Bei Einzelgeräten mit Anschluß über Netzstecker erfolgt die Schutzleiterprüfung wie in DIN VDE 0701 Teil 1, Abschnitt 4.2 angegeben. Siehe hier Abschnitt A2.1.2 Pkt. 2.

b. Bei fest angeschlossenen Geräten darf der Widerstand zwischen berührbaren leitfähigen Teilen und dem Schutzleiter PE, der beispielsweise am Schutzkontakt einer Steckdose zugänglich ist, max. 1 Ω betragen.

c. Sind mehrere fest angeschlossene Geräte zu Systemen zusammengeschaltet, müssen zunächst die Verbindungsleitungen der Geräte untereinander (z. B. Koaxialkabel, EDV-Kabel) aufgetrennt werden. Der Widerstand zwischen berührbaren leitfähigen Teilen der Geräte untereinander darf maximal 1 Ω betragen.

d. Können die einzelnen Geräte untereinander nicht aufgetrennt werden, so ist der Widerstand zwischen dem Schutzleiter PE, wie er beispielsweise am Schutzkontakt einer Steckdose oder an einer anderen Anschlußstelle zugänglich ist,

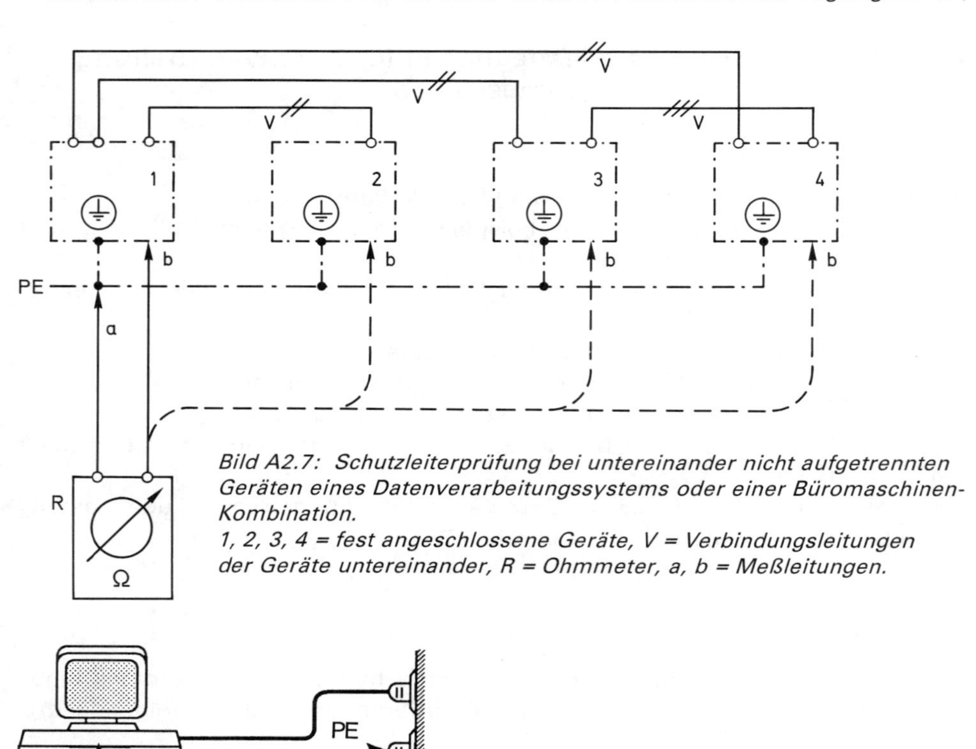

Bild A2.7: Schutzleiterprüfung bei untereinander nicht aufgetrennten Geräten eines Datenverarbeitungssystems oder einer Büromaschinen-Kombination.
1, 2, 3, 4 = fest angeschlossene Geräte, V = Verbindungsleitungen der Geräte untereinander, R = Ohmmeter, a, b = Meßleitungen.

Bild A2-8: Prüfung der Spannungsfreiheit berührbarer leitfähiger Teile.

und den berührbaren leitfähigen Teilen der einzelnen Geräte zu messen. Die für die Geräte ermittelten Widerstandswerte dürfen untereinander nicht um mehr als 0,2 Ω auseinander liegen.

3. Prüfung der Spannungsfreiheit berührbarer leitfähiger Teile

Durch eine Strommessung muß festgestellt werden, ob berührbare leitfähige Teile des Benutzerbereichs spannungsfrei sind. Die Messung muß bei schutzisolierten Geräten (Schutzklasse II) und bei solchen Geräten der Schutzklasse I erfolgen, bei denen die berührbaren Teile nicht mit dem Schutzleiter verbunden sind (!). Bei dieser Messung muß der Netzstecker gedreht werden, damit in beiden Positionen des Netzsteckers gemessen werden kann.
Zwischen den berührbaren leitfähigen Teilen und einem Erdungspunkt, z. B. dem Schutzkontakt einer Steckdose des gleichen Stromkreises, darf ein Strom von maximal 0,25 mA fließen. Der verwendete Strommesser muß einen Meßbereich haben, mit dem kleine Wechselströme gemessen werden können. Der Innenwiderstand des Strommessers in diesem Meßbereich soll maximal 2 kΩ betragen.

Tabelle A2.4: Meßwerte für Datenverarbeitungs-Einrichtungen und Büromaschinen (Teil 240)

Schutzklasse / Messung	I	II
Isolationswiderstand	entfällt, dafür Prüfung der Spannungsfreiheit (s. u.)	
Schutzleiterwiderstand Anschluß über Netzstecker Festanschluß (1)	 ≤ 0,3 Ω ≤ 1 Ω	 – –
Spannungsfreiheit berührbarer leitfähiger Teile (2) In beiden Positionen des Netzsteckers messen.	Strommessung: 0,25 mA ~ Innenwiderstand des Strommessers: ≤ 2 kΩ	

(1) Zu messen zwischen berührbaren leitfähigen Teilen und einem Erdungspunkt, z. B. Schutzkontakt einer Steckdose des gleichen Stromkreises.
(2) Bei Schutzklasse I nur, wenn berührbare leitfähige Teile *nicht* mit dem Schutzleiter verbunden sind (!).

A2.4 Teil 260: Handgeführte Elektrowerkzeuge

A2.4.1 Sichtprüfung

Wie in Teil 1 »Allgemeine Anforderungen«.

A2.4.2 Messungen

Die Messungen bei handgeführten Elektrowerkzeugen beinhalten
- die Isolationsmessung,
- die Schutzleiter-Widerstandsmessung,
- eine Spannungsfestigkeitsprüfung (anstelle der Ersatzableitstrom-Messung).

1. Messung des Isolationswiderstandes

Wie in Teil 1 »Allgemeine Anforderungen«.

2. Messung des Schutzleiterwiderstandes

Diese Messung unterscheidet sich ganz wesentlich von der Schutzleiter-Widerstandsmessung gemäß Teil 1. Hier ist mit einem *Wechselstrom von mindestens 10 A* zu messen. In der Praxis wird dieser hohe Strom einem Trenntransformator entnommen, dessen Leerlaufspannung bei offenen Klemmen 12 V nicht überschreiten darf.

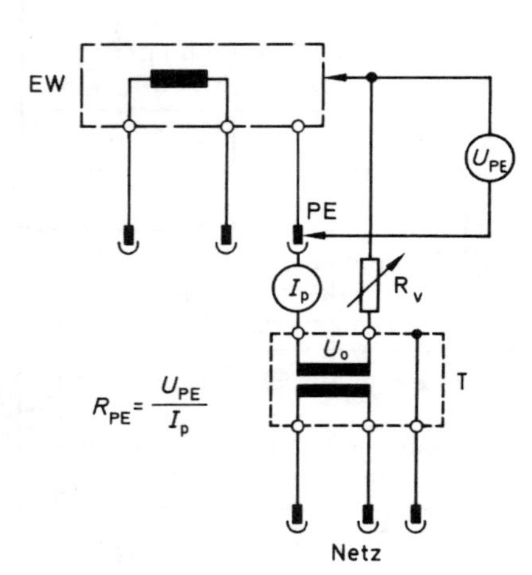

Bild A2-9: Schutzleiter-Widerstandsmessung bei handgeführten Elektrowerkzeugen

R_{PE} = Schutzleiter-Widerstand
U_{PE} = Spannung über dem Schutzleiter
I_P = Prüfstrom
R_V = Vorwiderstand
PE = Schutzleiterklemme bzw. -Anschluß
U_o = Leerlaufspannung max. 12 V ~
EW = Elektrowerkzeug
T = Meßtransformator

Zwischen dem Schutzkontakt des Steckers bzw. der Schutzleiterklemme und allen berührbaren Metallteilen darf der Schutzleiterwiderstand maximal 0,3 Ω betragen. Das gilt für Anschlußleitungen bis 5 m Länge. Ist die Anschlußleitung länger, so darf der Schutzleiterwiderstand je weitere 5 m Leitungslänge zusätzlich 0,12 Ω betragen.

3. Spannungsfestigkeitsprüfung

Eine Spannungsfestigkeitsprüfung tritt an die Stelle der Ersatzableitstrom-Messung. Hier handelt es sich nicht um eine Messung mit dem Ziel, einen Meßwert abzulesen. Vielmehr wird eine Wechselspannung von 50 Hz angelegt zwischen den aktiven Teilen und den berührbaren Metallteilen eines vollständig montierten Elektrowerkzeuges. Bei Werkzeugen der Schutzklasse II wird eine zusätzliche Prüfung zwischen den aktiven Teilen und nicht berührbaren Metallteilen während des Zusammenbaus erforderlich.

Tabelle A2.5: Meßwerte gültig für handgeführte Elektrowerkzeuge

Schutzklasse Messung	I	II	III
Isolationswiderstand	≥ 0,5 MΩ	≥ 2 MΩ	≥ 1 kΩ/V Betr.-Spg.
Schutzleiterwiderstand (1) bis 5 m Anschlußleitung je weitere 5 m Anschlußleitung	 ≤ 0,3 Ω ≤ 0,12 Ω	–	–
Spannungsfestigkeitsprüfung (2)	Dauer 3 s		
zwischen aktiven Teilen und ● berührbaren Metallteilen ● nicht berührbaren Metallteilen (3)	 1000 V ~ –	 3500 V ~ 1000 V ~	 400 V ~ –
(1) Prüfstrom 10 A (2) nur nach Instandsetzung, nicht bei Wiederholungsprüfungen (3) Prüfung während des Zusammenbaus			

Die Prüfdauer beträgt 3 s. Die Prüfung ist bestanden, wenn kein Durchschlag bzw. Überschlag erfolgt. Die hier beschriebene Spannungsfestigkeitsprüfung wird nur nach einer Instandsetzung des Elektrowerkzeugs erforderlich.

A2.5 Prüfgeräte

Um die beschriebenen Messungen entsprechend den Vorgaben von DIN VDE 0701 korrekt vorzunehmen, wurden in Abstimmung mit den Herstellern elektrischer und elektronischer Geräte besondere Prüfgeräte entwickelt, bei denen vor allem auf die drei folgenden Gesichtspunkte Wert gelegt wurde:
- einfache Handhabung, damit auch der weniger mit der Meßtechnik Vertraute leicht messen kann,
- Sicherheit beim Anschließen des Prüfgerätes an das Netz und Sicherheit beim Anschließen des Prüflings an das Prüfgerät,
- kurzer Zeitaufwand für den Meßvorgang.

Prüfprotokoll für instandgesetzte elektrische Geräte ①

ZVEH

Auftrag Nr. ______

Auftraggeber (Kunde) ② Herr/Frau/Firma ______	Elektrohandwerksbetrieb (Auftragnehmer)

Geräteart ______			Hersteller ______
Typenbezeichnung ______		Schutzklasse ______	Nennstrom ______ A
Fabr.-Nr. ______	Baujahr ______	Nennspannung ______ V	Nennleistung ______ W
Annahme/ Anlieferung am: ______	Reparatur am: ______		Rückgabe/ Abholung am: ______

Kundenangaben (Fehler): ______

Durchgeführte Reparaturarbeiten: ______

Prüfung③ nach Instandsetzung gemäß DIN VDE 0701 Teil 1	Besondere Bestimmung DIN VDE 0701 Teil ④

Besichtigung ⑤

- Gehäuse i.O. ☐
- sonstige mechanische Teile ⑥ i.O. ☐
- Geräte-Anschlußleitungen einschl. Steckvorrichtungen mängelfrei ☐

Messung

Schutzleiter ⑦ Ω	Isolationswiderstand ⑧ MΩ	Ersatz-Ableitstrom ⑨ mA

Funktions- und Sicherheitsprüfung mängelfrei ☐

Aufschriften vorhanden bzw. vervollständigt ☐

Nächster Prüfungstermin
gemäß Unfallverhütungsvorschrift VBG 4 ⑩

Das Gerät kann nicht mehr instandgesetzt werden ☐

Das Gerät hat erhebliche sicherheitstechnische Mängel, es besteht
- Brandgefahr ☐
- Gefahr durch elektrischen Schlag ☐
- mechanische Gefahr ☐

Nenndaten des Gerätes stimmen mit den Hersteller-Kennwerten überein ☐

Verwendete Meßgeräte ⑪

Fabrikat ______ Typ ______

Fabrikat ______ Typ ______

Unterschriften

Prüfer ⑫

Ort Datum Unterschrift

Verantwortlicher Unternehmer ⑬

Ort Datum Unterschrift

Zutreffendes ankreuzen ☐

Richard Pflaum Verlag GmbH & Co.KG · Formulardienst · Postfach 19 07 37 · 8000 München 19 – Bestell-Nr. 944

Bild A2-10: Prüfprotokoll für instandgesetzte elektrische Geräte.

Erläuterungen zum Prüfprotokoll für instandgesetzte elektrische Geräte

1. Im **Prüfprotokoll** sind die technischen Werte des Ist-Zustands nach der Instandsetzung festgehalten.
Geräte nach DIN VDE-Normen der Gruppe 7 (Gebrauchsgeräte, Arbeitsgeräte) sind insbesondere Elektro-Motorgeräte, Elektro-Wärmegeräte, Elektro-Werkzeuge, Leuchten.
Geräte nach DIN VDE-Normen der Gruppe 8 (Informationstechnik) sind insbesondere elektronische Geräte (Unterhaltungselektronik), Geräte der Informationstechnik, einschließlich Fernmeldegeräte und elektrische Büromaschinen sowie netzbetriebene Geräte.

2. **Auftraggeber** ist derjenige, in dessen Auftrag und für dessen Rechnung das elektrische Gerät instandgesetzt worden ist. Das kann sowohl ein gewerblicher Auftraggeber als auch eine private Person sein.

3. Die **Prüfung** erstreckt sich auf Maßnahmen zur Feststellung und Beurteilung des Ist-Zustandes nach der Instandsetzung.
Nach der fachgerechten Instandsetzung besteht bei bestimmungsgemäßem Gebrauch des elektrischen Geräts keine Gefahr für den Benutzer oder die Umgebung des Geräts. Die maßgeblichen ausgewechselten Einzelteile, Bauelemente und Baugruppen sind entsprechend ihren Nenndaten und sonstigen Sicherheitsmerkmalen (z. B. zulässige Temperatur, geforderte Schutzart, mechanische Bauart) für das Gerät geeignet; Hersteller-Anleitungen sind beachtet.

4 Weitere Prüfungsanforderungen siehe DIN VDE 0701

Teil 2	Rasenmäher und Gartenpflegegeräte
Teil 3	Bodenreinigungs-Geräte und -Maschinen
Teil 4	Sprudelbadegeräte
Teil 5	Großküchengeräte
Teil 6	Ventilatoren und Dunstabzugshauben
Teil 7	Nähmaschinen
Teil 8	Ortsfeste Wassererwärmer
Teil 10	Speicherheizgeräte
Teil 11	Raumheizgeräte (Direktheizgeräte)
Teil 12	Sauna-Heizgeräte und elektrisches Zubehör
Teil 13	Herde, Tisch-Kochgeräte, Backöfen und ähnliche Geräte
Teil 200	Netzbetriebene elektronische Geräte und deren Zubehör
Teil 240	Sicherheitsfestlegungen für Datenverarbeitungs-Einrichtungen und Büromaschinen
Teil 260	Handgeführte Elektrowerkzeuge.

5. Die **Besichtigung** ist in jedem Fall die erste Phase der Prüfung auf äußerlich erkennbare Mängel und begleitet die gesamte Instandsetzung. Die zur elektrischen und mechanischen Sicherheit beitragenden Teile des Geräts sind weder sichtbar beschädigt noch offensichtlich für das Gerät ungeeignet; dies gilt insbesondere für Isolierungen und Isolierteile.

6. **Mechanische Teile** sind insbesondere:
   - Luftfilter, die vorschriftsmäßig eingebaut sind
   - Kühlöffnungen, Kühlrippen, Austrittsöffnungen, die offen bzw. nicht zugesetzt sind
   - Schutzabdeckungen, die einwandfrei befestigt sind
   - Aufschriften, die einwandfrei lesbar sind.

7. Der **Schutzleiter** wurde in seinem Verlauf soweit verfolgt, wie es bei der Instandsetzung des Geräts ohne weitere Zerlegung in Einzelteile möglich ist. Bei der Messung tritt keine Widerstandsänderung ein, die auf eine Beschädigung des Schutzleiters oder der Anschlußstelle schließen läßt.
Anmerkung: Als Orientierungsgröße für den niederohmigen Durchgang werden Widerstandswerte bis zu etwa 1 Ω angesehen.

8. Isolationswiderstand bei
Schutzklasse I: ≥ 0,5 MΩ
Schutzklasse II: ≥ 2 MΩ
Schutzklasse III: ≥ 250 kΩ

9. **Ersatz-Ableitstrommessungen** sind bei Geräten der Schutzklasse I durchgeführt,
— bei denen im Zuge der Instandsetzung oder Änderung Funk-Entstörkondensatoren eingebaut oder ersetzt wurden oder
— die mit Heizelementen ausgestattet sind und bei denen die geforderten Sollwerte des Isolationswiderstandes nicht eingehalten werden.
Meßwert: ≤ 7 mA (bei Geräten mit Heizleistung ≥ 6 kW: ≤ 15 mA).
Bei netzbetriebenen elektronischen Geräten nach DIN VDE 0860 einphasig: ≤ 1 mA; mehrphasig: ≤ 0,5 mA.

10. **Prüffristen** sind nach Unfallverhütungsvorschrift „Elektrische Anlagen und Betriebsmittel" (VBG 4) § 5 Abs. 1 beachtet; siehe auch DIN VDE 0105 Teil 1 Abschnitt 5 „Erhalten des ordnungsgemäßen Zustands".

11. Die verwendeten **Meßgeräte** entsprechen folgenden Normen:
   - DIN VDE 0404 Messen, Steuer, Regeln
     Geräte zur sicherheitstechnischen Prüfung von elektrischen Betriebsmitteln
     Teil 1 Allgemeine Festlegungen
     Teil 2 Geräte bei wiederkehrenden Prüfungen
   - DIN VDE 0410 VDE-Bestimmungen für elektrische Meßgeräte; Sicherheitsbestimmungen für anzeigende und schreibende Meßgeräte und ihr Zubehör
   - DIN VDE 0413 Messen, Steuern, Regeln
     Geräte zum Prüfen der Schutzmaßnahmen in elektrischen Anlagen
     Teil 1 Isolations-Meßgeräte

12. **Prüfer** ist eine besonders qualifizierte Elektrofachkraft; dies kann der Unternehmer (Auftragnehmer) selbst oder eine von ihm mit der Duchführung der Prüfung ausdrücklich beauftragte Person sein. Der Prüfer bestätigt mit seiner Unterschrift die vorschriftsmäßig durchgeführte Prüfung. Damit wird zum Ausdruck gebracht, daß das instandgesetzte und geprüfte elektrische Gerät den anerkannten Regeln der Elektrotechnik entspricht.

13. **Verantwortlicher Unternehmer** ist der mit der Durchführung der Instandsetzung beauftragte **Auftragnehmer** oder die von ihm beauftragte besonders qualifizierte Person. Mit der Unterschrift gibt der Unternehmer gleichzeitig seiner Überzeugung Ausdruck, daß die besonders qualifizierte Elektrofachkraft aufgrund ihrer Kenntnisse, Erfahrungen sowie Fort- und Weiterbildung das elektrische Gerät vorschriftsmäßig geprüft hat.

Stand 9/92

Weiterhin sollte die Möglichkeit bestehen, zusätzlich zu den aus Gründen der Sicherheit vorgegebenen Messungen auch die Betriebsspannung und die Stromaufnahme des instandgesetzten Gerätes zu messen als Hilfe bei der Funktionsprüfung. All das ist in einem kleinen handlichen Meß- und Prüfkoffer konzentriert, den der Kundendienstmonteur mitnehmen kann, wenn er Geräte beim Kunden instandsetzt. Besondere Bedeutung bekommt zunehmend ein anschließbarer oder aufsetzbarer Protokolldrucker, dessen Ausdruck dem Prüfprotokoll beigegeben werden kann.

A2.6 Protokollieren

Um auch nach längerer Zeit die ermittelten Meßwerte dokumentarisch zur Hand zu haben, ist es unbedingt notwendig, die gemessenen Werte wie auch die Ergebnisse der Sichtprüfung schriftlich festzuhalten.
So gibt es ein neues Prüfprotokoll für die Prüfung gemäß DIN VDE 0701 (Pflaum Verlag, Formulardienst, Postfach 190 737, 80607 München, Bestellnummer 944).
Schließlich können die Meßwerte auf der Kundenrechnung festgehalten werden.
Wichtig ist, die Daten auch nach längerer Zeit im Falle von Reklamationen oder haftungsrechtlichen Ansprüchen zur Hand zu haben.

Anhang 3

Die Wiederholungsprüfungen für elektrische Betriebsmittel gemäß DIN VDE 0702

A3.1 Welche elektrischen Betriebsmittel sind zu prüfen?

Die neue Norm DIN VDE 0702 beinhaltet Wiederholungsprüfungen von elektrischen Geräten, die durch Steckvorrichtungen von der Anlage getrennt werden können. Hier sind zu nennen:
Elektro-Motorgeräte
Elektro-Wärmegeräte
Elektro-Werkzeuge
Leuchten mit Steckvorrichtungen
Geräte der Unterhaltungselektronik
Geräte der Informations- und Bürotechnik
Verlängerungsleitungen
Geräteanschlußleitungen
Meßgeräte mit Netzanschluß
Transformatoren
Für fest angeschlossene Geräte und Betriebsmittel gilt die Norm DIN VDE 0105. Das Vorgehen bei Wiederholungsprüfungen, beispielsweise in welchen Zeitabständen geprüft werden soll und wer prüfen darf ist in der berufsgenossenschaftlichen Unfallverhütungsvorschrift (UVV) VBG 4 in § 5 festgelegt.

Anforderungen gemäß VBG 4

Gemäß der Durchführungsanweisung zu VBG 4 (§ 5, Absatz 1 Nr. 2) sind nicht ortsfeste elektrische Betriebsmittel, Anschlußleitungen mit Steckern sowie Verlängerungs- und Geräteanschlußleitungen mit ihren Steckvorrichtungen mindestens alle 6 Monate zu prüfen. Die Prüfungen nach DIN VDE 0702 als auch nach VBG 4 umfassen grundsätzlich

- die Sichtprüfung
- das Ermitteln bestimmter Meßwerte nach vorgegebenen Meßschaltungen und mit Hilfe von Meßgeräten, die im DIN VDE 0702 näher beschrieben sind.

Erfüllt ein Betriebsmittel nicht die hier genannten Anforderungen, so muß es entweder instandgesetzt werden oder es darf nicht weiter verwendet werden.

A3.2 Besichtigen

Von größter Bedeutung bei Wiederholungsprüfungen ist die Sichtprüfung. Während durch Messen die »versteckten« Mängel aufgespürt werden müssen, also solche, die man durch Besichtigen nicht erkennen kann, läßt sich durch die Sichtprüfung nicht nur der aktuelle Zustand eines elektrischen Betriebsmittels erkennen sondern auch, ob es bestimmungsgemäß eingesetzt und vorschriftsmäßig gewartet wird. Durch Besichtigung sind die äußerlich erkennbaren Mängel *ohne* Öffnen oder Zerlegen des Betriebsmittels festzustellen.

Im einzelnen ist folgendes zu prüfen:
- Sind Schäden am Gehäuse?
- Sind die Anschlußleitungen einschließlich der Zugentlastung und der Biegeschutz beschädigt?
- Wurden unzulässige Eingriffe oder Änderungen vorgenommen?
- Wurde das Betriebsmittel unsachgemäß gebraucht oder überlastet?
- Ist das Gerät übermäßig verschmutzt oder korrodiert?
- Sind die serienmäßigen Schutzabdeckungen in einwandfreiem Zustand und ordnungsgemäß befestigt?
- Sind serienmäßig vorgesehene Luftfilter eingebaut?
- Sind Kühlöffnungen offen und die Kühlrippen sauber?
- Sind die Geräteaufschriften gut lesbar?
- Liegt die Bedienungsanleitung und die darin enthaltenen Warnhinweise vor?

A3.3 Messen

Wie in der für die Prüfung instandgesetzter Geräte gültigen Norm DIN VDE 0701 Teil 1 sind auch bei der Wiederholgungsprüfung die Messung von
- Schutzleiterwiderstand
- Isolationswiderstand
- Ersatzableitstrom

vorgesehen. Aus diesem Grund kann hier auf die entsprechenden Abbildungen in Anhang 2 verwiesen werden, in denen die Meßkreise dargestellt sind. Zusätzlich zu diesen 3 Messungen werden für besondere Fälle noch die folgenden Messungen gefordert:
- Fehlerstrom bzw. Ableitstrom
- Berührungsstrom.

1. Messung des Isolationswiderstandes

Bei Geräten der Schutzklasse I erfolgt die Isolationsmessung zwischen dem gesamten Stromkreis, d. h. den parallel geschalteten Netzpolen und dem Schutzleiter. Dabei müssen alle Schalter am Gerät auf »ein« stehen, das gilt auch für temperaturgesteuerte Schalter oder Temperaturregler. Bei Betriebsmitteln mit Programmschaltwerk muß in allen Programmstufen gemessen werden.

Meßkreis gemäß Bild A2-1.

Bei Geräten der Schutzklasse II (Schutzisolierung) und Schutzklasse III (Schutzkleinspannung) wird zwischen den parallel geschalteten Netzpolen und den von außen berührbaren leitfähigen Teilen gemessen.

Meßkreis gemäß Bild A2-2.

Die Mindestwerte für den Isolationswiderstand betragen:
- bei Schutzklasse I 0,5 MΩ
- bei Schutzklasse II 2,0 MΩ
- bei Schutzklasse III 0,25 MΩ.

Die Isolationsmessung erfolgt mit Gleichspannung, wobei bei einem Isolationswiderstand des Prüflings von 0,5 MΩ die Meßspannung des Isolationsmessers noch mindestens 500 V Gleichspannung betragen muß. Es sind hier die Festlegungen von DIN VDE 0413 Teil 1 zu beachten, in der die Anforderungen an Isolationsmeßgeräte genau spezifiziert sind.
Erreichen Elektro-Wärmegeräte nicht den Mindestwert des Isolationswiderstandes, so ist der Ersatz-Ableitstrom zu messen.

Anmerkung

Bei Betriebsmitteln, die äußerlich stark verschmutzt sind, sollte eine Isolationsmessung nach Bild A2-2 an den Stellen mit den Schmutzablagerungen vorgenommen werden, um zu erkennen, ob durch die Ablagerungen ein Isolationsfehler entstanden ist.

2. Messung des Schutzleiterwiderstandes

Der Schutzleiterwiderstand wird gebildet durch den Widerstand des grüngelben Leiters der Anschlußleitung bzw. der Verlängerungsleitung oder Geräteanschlußleitung und den Übergangswiderständen der Steckverbindungen und Klemmstellen. Gemessen wird zwischen berührbaren leitfähigen Teilen des Gehäuses und den
- Schutzkontakten des Netzsteckers,
- Schutzkontakten des Gerätesteckers,

bei Verlängerungsleitungen zwischen den Schutzkontakten des Netzsteckers und den Schutzkontakten der Kupplung,
bei Geräteanschlußleitungen zwischen den Schutzkontakten des Netzsteckers und den Schutzkontakten des geräteseitigen Anschlußsteckers.
Um nur manchmal auftretende Fehler aufzuspüren, sind die Anschlußleitungen während der Messung zu bewegen. Als Grenzwert für den Schutzleiterwiderstand wird ein Wert von 1 Ω angesehen. Dieser Wert ist sehr hoch. In der alten Fassung von DIN VDE 0701 Teil 1 war ein Maximalwert von 0,3 Ω gefordert, der auch weiterhin – nicht nur aus der Sicht der Berufsgenossenschaft – eingehalten werden sollte,

wenngleich auch die neue Fassung der Norm DIN VDE 0701 Teil 1/5.93 als Richtwert 1 Ω nennt. Richtwert bedeutet in jedem Fall, daß der gemessene Wert vom Prüfer dahingehend zu beurteilen ist, ob er als »sicher« anzusehen ist oder nicht. Die Verantwortung liegt also jetzt beim Prüfer.

Meßkreis gemäß Bild A2-3.

Bei der Beurteilung des Schutzleiterwiderstandes sind Leitungslänge und Leitungsquerschnitt zu berücksichtigen. Leiterquerschnitte für Kupferleitungen je Meter Leitungslänge
0,75 mm ca. 23,3 mΩ
1,0 mm ca. 17,5 mΩ
1,5 mm ca. 11,6 mΩ
2,5 mm ca. 7 mΩ

3. Messung des Ersatzableiterstromes

Die Messung des Ersatzableiterstromes wird erforderlich bei Geräten mit Heizelementen der Schutzklasse I, wenn sie den Mindestisolationswiderstand von 0,5 MΩ nicht einhalten. Der Meßkreis ist in Bild A2-4 dargestellt und besteht aus einer galvanisch vom Netz getrennten Stromquelle, an die der gesamte Stromkreis, also die parallel geschalteten Netzpole und der Schutzleiter, angeschlossen sind. In Reihe mit dem Schutzleiter liegt ein mA-Meter für Wechselstrom. Alle Schalter usw. müssen eingeschaltet sein, wie bei der Isolationsmessung. Es gelten folgende zulässigen Grenzwerte:
Geräte der Schutzklasse I 7 mA
Geräte der Schutzklasse I mit einer Heizleistung über 6 KW 15 mA.

4. Messung von Fehlerstrom und Ableitstrom

Die Messung des Fehlerstroms wird erforderlich, wenn eine Isolationsmessung aller Netzspannung führenden Teile nicht möglich ist wie beispielsweise bei einem über Schütze oder über ein Programmschaltwerk gesteuerten Gerät.

Fehlerstrom und Ableitstrom

Es wird unterschieden zwischen Fehlerstrom und Ableitstrom. Der Fehlerstrom ist der Strom, der zum Schutzleiter und damit zu geerdeten Anlagenteilen abfließt, entweder über den Isolationswiderstand oder den kapazitiven Widerstand des Betriebsmittels gegen Erde. Die Summe der Ströme in allen Außenleitern plus Neutralleiter – nicht Schutzleiter – ist dann nicht gleich null. Der Ableitstrom ist dabei die Stromkomponente, die über den Schutzleiter abfließt.
Der Fehlerstrom wird mit einem Summenstromwandler in allen stromführenden Polen gemessen. Der Ableitstrom wird dagegen im Schutzleiter gemessen, er kann nur gleich groß oder kleiner sein. Fließt ein Teil des Fehlerstromes über eine

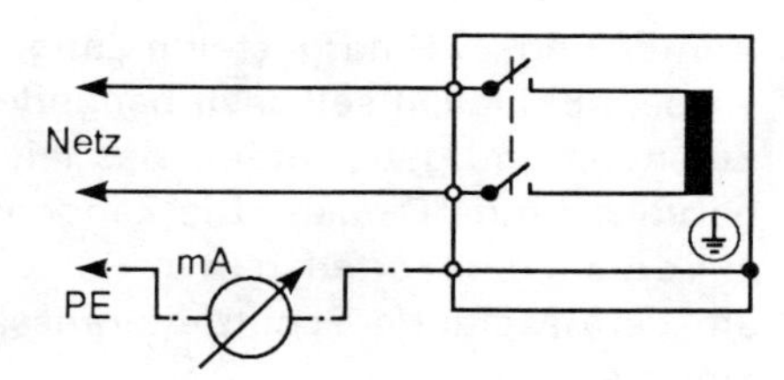

Bild A3-1: Messung des Ableitstromes im Schutzleiter PE bei Betriebsmitteln der Schutzklasse I.

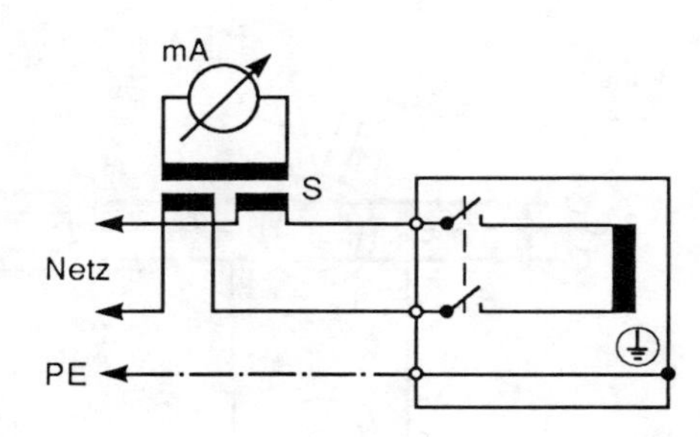

Bild A3-2: Messung des Fehlerstromes mit einem Summenstromwandler S in den beiden stromführenden Zuleitungen bei Schutzklasse I.

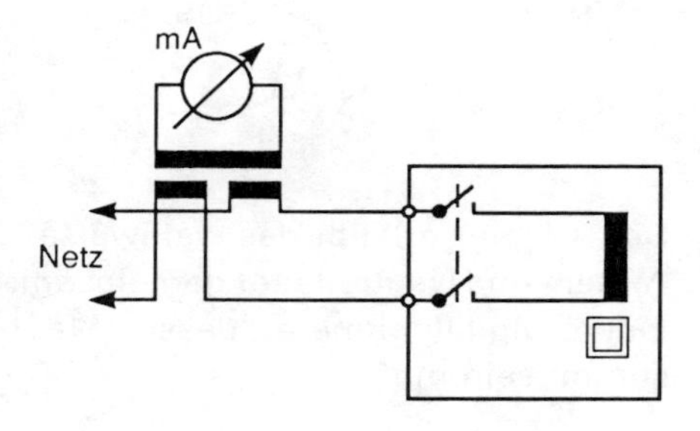

Bild A3-3: Messung des Fehlerstromes mit einem Summenstromwandler S in den beiden stromführenden Zuleitungen bei Schutzklasse II.

parallel zu dem geerdeten Schutzleiter liegende Verbindung zu Erde ab, so ist der Ableitstrom im Schutzleiter kleiner als der Fehlerstrom.
Beispiel: Ein Parallelwiderstand durch die Wasserleitung bei einem Warmwasserspeicher oder durch die Kapazität des Betriebsmittels gegen Erde (Stahlbeton am Ort der Aufstellung). Siehe hierzu auch Kapitel 10, Anmerkung 10 H.
Für den Ableitstrom und den Fehlerstrom gelten die folgenden Werte:
Schutzklasse I 3,5 mA
Schutzklasse II 0,5 mA.
Das Betriebsmittel ist während der Prüfung mit Nennspannung zu betreiben, alle Schalter usw. müssen eingeschaltet sein. Es ist bei beiden Polaritäten des Netzsteckers zu prüfen. Fallen zwei unterschiedliche Meßwerte an, so gilt der größere der beiden Werte.
Kann eine gegen Ende isolierte und kapazitiv vernachlässigbare Aufstellung des Prüflings nicht sichergestellt werden, so muß anstelle der Ableitstrommessung eine Fehlerstrommessung vorgenommen werden. Hier sei auf die in Kapitel 10,

Anmerkung 10 H dargestellte Zangenstrommessung kleiner Wechselströme verwiesen. Ein leicht selbst zu bauender Adapter, bestehend aus einer zweipoligen Zuleitung und getrenntem, also leicht umgreifbaren Schutzleiter PE, leistet hier hervorragende Dienste. Die Zangenmessung hat gegenüber der Direktmessung außerdem den Vorteil, daß im Fehlerfall – bei mehr oder minder hoher Spannung am geräteseitigen Schutzleiteranschluß – keine Beschädigung des mA-Meters eintreten wird.

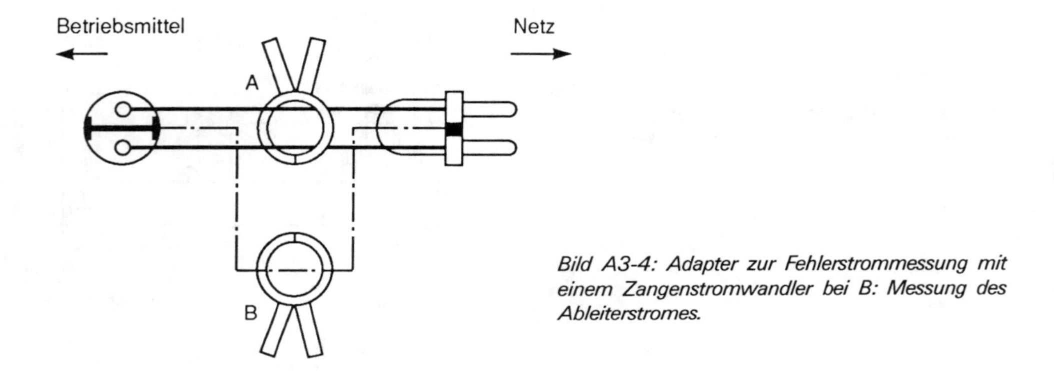

Bild A3-4: Adapter zur Fehlerstrommessung mit einem Zangenstromwandler bei B: Messung des Ableiterstromes.

Der Adapter erlaubt das wahlweise Umgreifen vom Schutzleiter allein oder von Außen- und Neutralleiter gemeinsam. Die Anzeige erfolgt zweckmäßigerweise auf einem Digitalvoltmeter, dessen Meßbereich auf den Zangenstromwandler abgestimmt sein muß.

5. Messung des Berührungsstromes

Der Berührungsstrom ist der Strom, der in einem geerdeten Netz bei Berührung eines leitfähigen Teils über die Impedanz des menschlichen Körpers abfließt. Gemäß DIN VDE 0411 dient ein Widerstand von 2000 Ω als Nachbildung der Körperimpedanz.

Der Berührungsstrom darf maximal 0,5 mA betragen.

Das Betriebsmittel ist während der Prüfung mit Nennspannung zu betreiben, alle Schalter usw. müssen eingeschaltet sein. Es ist mit beiden Polaritäten des Netzsteckers zu prüfen. Fallen zwei unterschiedliche Meßwerte an, so gilt der größere der beiden Werte.

Diese Messung ist anstelle der Isolationsmessung zulässig bei Betriebsmitteln der Schutzklassen II und III sowie bei Betriebsmitteln der Schutzklasse I, bei denen berührbare leitfähige Teile nicht mit dem Schutzleiter verbunden sind (!!), und zwar

– wenn sie für eine Wiederholungsprüfung nicht vom Netz abgeschaltet werden dürfen, oder

– bei denen durch die hohe Meßspannung des Isolationsmessers eine Beschädigung zu befürchten ist, beispielsweise wenn das Betriebsmittel mit elektronischen Bauelementen bestückt ist.

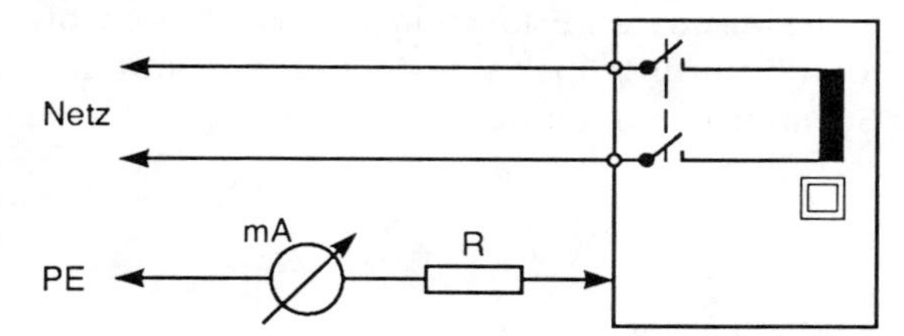

Bild A3-5: Messung des Berührungsstromes. R = 2000 Ω , Widerstand zur Nachbildung der Impedanz des menschlichen Körpers.

A3.4 Protokollieren

Zur gewissenhaften Durchführung von Wiederholungsprüfungen ist es zweckmäßig, Inventarnummer des Betriebsmittels, Prüfdatum und die ermittelten Werte dokumentarisch festzuhalten, in einem Prüfbuch oder mit Hilfe eines Prüfprotokolls. So kann zu einem späteren Zeitpunkt auf die Prüfungsergebnisse zurückgegriffen werden. Der Trend geht zu Prüfgeräten, an die ein Protokolldrucker angeschlossen oder aufgesteckt werden kann.
Fallen sehr häufig Messungen an vielen Geräten an, beispielsweise an der Werkzeugausgabe eines Industriebetriebes, so empfehlen sich weitgehend automatisierte Prüfgeräte, die auch von sogenannten »unterwiesenen Personen« (VBG 4) leicht zu bedienen sind. Über einen Drucker können beispielsweise die Meßwerte bei jeder Prüfung, und das kann täglich sein, auf einer gerätespezifischen Protokollkarte oder einem Datenträger festgehalten werden.

Tabelle A3.1: Messungen bei der Wiederholungsprüfung gemäß DIN VDE 0702

DIN VDE 0702 Messungen	Schutzklasse I Schutzleiteranschluß	Schutzklasse II Schutzisolierung	Schutzklasse III Schutzkleinspannung
Isolationswiderstand	$\geq 0{,}5$ MΩ	$\geq 2{,}0$ MΩ	$\geq 0{,}25$ MΩ
Schutzleiterwiderstand	≤ 1 Ω	–	–
Ersatzableitstrom[1] Geräte mit Heizleistung > 6 KW	≤ 7 mA ≤ 15 mA	– –	– –
Fehlerstrom bzw. [2] Ableitstrom	$\leq 3{,}5$ mA	$\leq 0{,}5$ mA	–
Berührungsstrom[3]	$\leq 0{,}5$ mA	$\leq 0{,}5$ mA	$\leq 0{,}5$ mA

1) Nur bei Elektro-Wärmegeräten mit Heizelementen.
2) Nur erforderlich, wenn eine korrekte Isolationsmessung nicht möglich ist.
3) Nur erforderlich, wenn Geräte zur Isolationsmessung nicht vom Netz abgeschaltet werden dürfen oder bei der Isolationsmessung beschädigt werden könnten.

Eine entscheidende Voraussetzung für einen automatisierten Prüfvorgang stellt die zuverlässige Zuordnung der Meßwerte zum geprüften Betriebsmittel dar. Um beispielsweise Übertragungsfehler bei Ablesung und Eingabe der Gerätenummer in die Meßdaten-Erfassung auszuschließen, bietet sich die Möglichkeit, die Geräteidentifizierung über einen auf dem Gerät aufgebrachten Strichcode durch einen Scanner vorzunehmen.

Anhang 4

Wiederkehrende Prüfungen gemäß DIN VDE 0105 und VBG 4

Im gewerblichen und landwirtschaftlichen Bereich sind in bestimmten Zeitabständen wiederkehrende Prüfungen gefordert. Da dieser Bereich der berufsgenossenschaftlichen Sicherheitsüberwachung unterliegt, ist hier neben DIN VDE 0105 eine berufsgenossenschaftliche Unfallverhütungs-Vorschrift maßgebend, die VBG 4. Die genaue Bezeichnung beider lautet:

DIN VDE 0105 Betrieb elektrischer Starkstrom-Anlagen
mit Abschnitt 5.3 »Wiederkehrende Prüfungen«.

UVV VBG 4 Elektrische Anlagen und Betriebsmittel
mit § 5 »Prüfung«.

1. Welche Messungen sind bei den Prüfungen durchzuführen?

Zu den wiederkehrenden Prüfungen gehören:
- die Isolationsmessung.
- die Messung niederohmiger Widerstände der Potentialausgleichsleiter und Schutzleiter.
- die Schleifenimpedanzmessung.
- die Messung von Berührungsspannung und Erdungswiderstand bei Verwendung von Fehlerstrom-Schutzeinrichtungen und deren Auslöseprüfung.

Bei der Prüfung sind die elektrotechnische Regeln, also die VDE-Bestimmungen, anzuwenden. Es ist also in der gleichen Weise und mit den gleichen Geräten zu prüfen, wie dies für die Erstprüfung elektrischer Anlagen in den vorausgegangenen Kapiteln beschrieben ist. Neu sind die in der UVV VBG 4 genannten Fristen für die wiederkehrenden Prüfungen. Hier der Wortlaut des § 5 »Prüfungen«:

(1) Der Unternehmer hat dafür zu sorgen, daß die elektrischen Anlagen und Betriebsmittel auf ihren ordnungsgemäßen Zustand überprüft werden
   1. Vor der ersten Inbetriebnahme und nach einer Änderung oder Instandsetzung vor der Wiederinbetriebnahme durch eine Elektrofachkraft oder unter Leitung und Aufsicht einer Elektrofachkraft und
   2. in bestimmten Zeitabständen. Die Fristen sind so zu bemessen, daß entstehende Mängel, mit denen gerechnet werden muß, rechtzeitig festgestellt werden.

(2) Bei der Prüfung sind die sich hierauf beziehenden elektrotechnischen Regeln zu beachten.

(3) Auf Verlangen der Berufsgenossenschaft ist ein Prüfbuch mit bestimmten Eintragungen zu führen.

(4) Die Prüfung vor der ersten Inbetriebnahme nach Absatz 1 ist nicht erforderlich, wenn dem Unternehmer vom Hersteller oder Errichter bestätigt wird, daß die elektrischen Anlagen und Betriebsmittel den Bestimmungen dieser Unfallverhütungsschrift entsprechend beschaffen sind.

2. In welchen Zeiträumen ist zu prüfen?

In der Durchführungsanweisung zu § 5 Abs. 1 Nr. 2 sind die folgenden, für normale Betriebs- und Umgebungsbedingungen festgelegten Prüffristen angegeben:

- Elektrische Anlagen und ortsfeste elektrische Betriebsmittel mindestens alle vier Jahre durch eine Elektrofachkraft.
- Nicht ortsfeste elektrische Betriebsmittel, Anschlußleitungen mit Steckern sowie Verlängerungs- und Geräteanschlußleitungen mit ihren Steckvorrichtungen mindestens alle sechs Monate durch eine Elektrofachkraft, oder bei Verwendung geeigneter Prüfgeräte auch durch eine unterwiesene Person auf sicheren Zustand zu prüfen. Hier handelt es sich um Prüfungen wie bei den elektrischen Geräten gemäß DIN VDE 0701.
- Fehlerstrom-Schutz-»Schaltungen« sind
  – bei fliegenden Bauten arbeitstäglich,
  – bei den übrigen nichtstationären Anlagen mindestens einmal im Monat
  durch eine Elektrofachkraft oder bei Verwendung geeigneter Prüfgeräte auch durch eine unterwiesene Person auf Wirksamkeit zu prüfen.
- Fehlerstrom- und Fehlerspannungs-Schutzeinrichtungen sind auf einwandfreie Funktion durch Betätigen der Prüfeinrichtung
  – bei nichtstationären Anlagen arbeitstäglich und
  – bei stationären Anlagen mindestens alle sechs Monate
  zu prüfen.

Die Tabelle der Prüffristen ist entnommen aus dem Merkblatt für die Unfallverhütung 11/85, Berufsgenossenschaft der Feinmechanik und Elektrotechnik, Köln.
Die angegebenen Prüffristen sind als mittlere Zeiträume zu verstehen. Die sehr unterschiedlichen Umgebungsbedingungen der angesprochenen Anlagen machen sehr unterschiedliche Prüffristen erforderlich. So wird in Anlagen mit aggresiver Umgebung, mit hoher Feuchtigkeit oder starker mechanischer Beanspruchung eine Prüfung in viel kürzeren Zeitabständen erforderlich werden als beispielsweise im Bürobereich. Der für die Prüfung Verantwortliche muß hier in Kenntnis der Gegebenheiten die Prüfintervalle festlegen.

3. Wer darf prüfen?

Die UVV VBG 4 unterscheidet drei genau definierte Personengruppen, die Prüfungen vornehmen dürfen:
– die Elektrofachkraft,
– die elektrotechnisch unterwiesene Person,
– elektrotechnische Laien.

Prüffristen und Art der Prüfung von elektrischen Anlagen und Betriebsmitteln

Art des Betriebsmittels	Prüffrist	Art der Prüfung
Elektrohandwerkszeug auf Baustellen	3–6 Monate evtl. kürzer*	Inaugenscheinnahme (Prüfung auf mech. Beschädigung), Prüfung der *angewendeten Maßnahme* zum Schutz bei indirektem Berühren
Elektro-Handwerkszeuge im stationären Betrieb	6 Monate	wie vor
Büromaschinen	1–2 Jahre	wie vor
Fertigungseinrichtungen	1–2 Jahre	Sichtkontrolle und Prüfung des Schutzleiteranschlusses in Steckdosen mittels Prüfgerät
Elektrische Anlagen und ortsfeste elektrische Betriebsmittel	mind. alle 4 Jahre	Schleifenwiderstand messen. (Außenleiter L1, L2, L3 gegen Mittelpunktleiter N und Außenleiter L1, L2, L3 gegen Schutzleiter)
Fehlerstrom-Schutzschaltungen		
– bei fliegenden Bauten	arbeitstäglich	Messung der Fehlerspannung,
– übrige nichtstationäre Anlagen	monatlich	Erdungswiderstandsmessung
FI- und FU-Schutzschalter		Durch Betätigen der Prüfeinrichtung
– bei nichtstationären Anlagen	täglich	
– bei stationären Anlagen	alle 6 Monate	
Isolierende Schutzbekleidung	alle 6 Monate und vor jeder Benutzung	auf augenfällige Mängel
Isolierte Werkzeuge	vor jeder Benutzung	auf augenfällige Mängel
Isolierte Schutzvorrichtungen	vor jeder Benutzung	auf augenfällige Mängel
Betätigungs- und Erdungsstangen	vor jeder Benutzung	auf augenfällige Mängel
Spannungsprüfer	vor jeder Benutzung	auf augenfällige Mängel

* im rauhen Baustellenbetrieb oder auf Mehrschicht-Baustellen

Quelle: Berufsgenossenschaft der Feinmechanik und Elektrotechnik, Köln

1. Die Elektrofachkraft

Dieser Personenkreis im Sinne der VBG 4 hat in der Regel eine Fachausbildung (als Ingenieur der Elektrotechnik, Elektrotechniker, Elektromeister, Elektrogeselle) erfolgreich abgeschlossen. Nach mehrjähriger Tätigkeit kann die Qualifikation der Elektrofachkraft für begrenzte Aufgabengebiete auch nach Absolvierung einer betrieblichen Ausbildung durch den Unternehmer erteilt werden.
Die Elektrofachkraft ist in der Lage, eigenverantwortlich zu handeln und Fachverantwortung zu tragen. Sie trägt auch die Verantwortung für andere, unter ihrer Aufsicht tätigen Mitarbeiter, z. B. der elektrotechnisch unterwiesenen Personen. Im

Rahmen der Prüfungen sind die elektrischen Anlagen und ortsfesten elektrischen Betriebsmittel zwingend von einer Elektrofachkraft zu prüfen.

2. Die elektrotechnisch unterwiesene Person

Diese Personengruppe muß
- über die übertragenen Aufgaben und die möglichen Gefahren bei unsachgemäßem Handeln sowie
- über die notwendigen Schutzeinrichtungen und Schutzmaßnahmen unterwiesen oder angelernt worden sein.

Von der elektrotechnisch unterwiesenen Person wird fachgerechtes Verhalten verlangt, sie darf jedoch nicht selbständig elektrische Anlagen errichten, ändern oder instandsetzen.
Im Rahmen der in der vorstehenden Tabelle aufgeführten wiederkehrenden Prüfungen dürfen – mit Ausnahme der elektrischen Anlagen und ortsfesten elektrischen Betriebsmittel – alle anderen Prüfungen von elektrotechnisch unterwiesenen Personen durchgeführt werden.

3. Elektrotechnische Laien

Laien im Sinne der UVV VBG 1 und VBG 4 dürfen
- elektrische Anlagen und Betriebsmittel bestimmungsgemäß verwenden,
- beim Errichten, Ändern und Instandhalten elektrischer Anlagen und Betriebsmittel unter Leitung und Aufsicht durch eine Elektrofachkraft mitwirken,
- im Rahmen der Prüfung nichtstationärer und stationärer Anlagen nur durch Betätigen der Prüftaste die Funktion von Fehlerstrom-Schutzeinrichtungen prüfen. Bei Nichtauslösen ist sofort eine Elektrofachkraft zu verständigen.

4. Warum die wiederkehrenden Prüfungen so wichtig sind

Innerhalb der *aktiven Leiter* wird ein Fehler bei der Funktionskontrolle fast immer schnell entdeckt: Kurzschlüsse innerhalb der Stromkreise führen beim Einschalten zur Auslösung der Überstrom-Schutzeinrichtungen. Bei Unterbrechungen zeigt ein angeschlossenes Betriebsmittel keine Funktion.

Fehler innerhalb der Schutzleiter bleiben lange unentdeckt.

Anders jedoch bei Fehlern innerhalb der Schutzleiter: Ohne Prüfung bleibt ein hochohmiger oder unterbrochener Schutzleiter lange Zeit unentdeckt, im allgemeinen tritt der Fehler erst bei einem Schaden oder einem Elektrounfall zutage. Statistiken lassen erkennen, daß Fehler des Schutzleiters häufig angetroffen werden, meist handelt es sich um Unterbrechungen. Besondere Gefahr geht von spannungführenden Schutzleitern aus, denn hier werden die Körper der Betriebsmittel auf Außenleiterpotential angehoben!

Zwei Formulare erleichtern das Protokollieren der Prüfungen. Sie sind abschließend vollständig, jedoch verkleinert, abgebildet. Diese Formulare sind beim Pflaum Verlag in München erhältlich.

Da im Rahmen der »Meßpraxis Schutzmaßnahmen DIN VDE 0100 Teil 600« das Thema »wiederkehrende Prüfungen« nur kurz angesprochen werden kann, sei hier auf zwei Fachbücher hingewiesen:

– Betrieb von Starkstromanlagen – allgemeine Festlegungen – Erläuterungen zu DIN VDE 0105 Teil 1/07.83, VDE-Verlag Berlin 1986.
– Elektrische Anlagen und Betriebsmittel VBG 4, Erläuterungen und Hinweise für den betrieblichen Praktiker, Berufsgenossenschaft der Feinmechanik und Elektrotechnik, Köln 1982.

Prüfprotokoll für elektrische Anlagen

Blatt-Nr.:		
Gesamte Blatt-Zahl:		
Bez. der Anlage:		
Ort/Firma:		
Grund der Überprüfung:		
Prüfer 1:	Prüfer 2:	Anwesende:
Netz:	Schutzmaßnahme:	Zust. EVU:

Verteiler/Schaltschränke

Nr.	Bezeichnung/Ort	Art	Zahl der Stromkreise	Zuleitung A	Zuleitung mm²	Sonderbereiche	bes. Schutzmaßnahmen	1 ↓	2 ↓	3 ↓
								0	0	0
								0	0	0
								0	0	0

Stromkreise

Messungen nach DIN VDE 0100

Verteiler-Nr.	Stromkreis-Nr.	Stromkreis Bezeichnung Ort	Stromart	I_N Schutzorgan A	R_{iso} Mindestwiderst. MΩ	R_{iso} zwischen N-PE MΩ	R_d Durchgang PE Ω	R_A Erdungswiderstand Ω	Z_s Impedanz der Fehlerschl. oder I_k Kurzschlußstrom Ω A	U_F Fehlerspannung oder U_N Nennspannung V	Sonderbereiche ↓	besondere Schutzmaßnahmen ↓	1 Besicht.mängel ↓	2 Brandgefahr ↓	3 Lebensgefahr ↓
					0	0	0	0	0	0	0	0	0	0	0
					0	0	0	0	0	0	0	0	0	0	0
					0	0	0	0	0	0	0	0	0	0	0
					0	0	0	0	0	0	0	0	0	0	0
					0	0	0	0	0	0	0	0	0	0	0
					0	0	0	0	0	0	0	0	0	0	0
					0	0	0	0	0	0	0	0	0	0	0
					0	0	0	0	0	0	0	0	0	0	0
					0	0	0	0	0	0	0	0	0	0	0
					0	0	0	0	0	0	0	0	0	0	0
					0	0	0	0	0	0	0	0	0	0	0
					0	0	0	0	0	0	0	0	0	0	0
					0	0	0	0	0	0	0	0	0	0	0
					0	0	0	0	0	0	0	0	0	0	0
					0	0	0	0	0	0	0	0	0	0	0
					0	0	0	0	0	0	0	0	0	0	0
					0	0	0	0	0	0	0	0	0	0	0
					0	0	0	0	0	0	0	0	0	0	0
					0	0	0	0	0	0	0	0	0	0	0
					0	0	0	0	0	0	0	0	0	0	0
					0	0	0	0	0	0	0	0	0	0	0
					0	0	0	0	0	0	0	0	0	0	0

Prüfprotokoll für elektrische Anlagen, Blatt 1, Seite 1.

Erläuterungen

Mängelliste (Unter Erprobungs- bzw. Besichtigungsmängel nur die jeweiligen Nummern eintragen)

Verteilung und Zählerplätze

① Größe unzureichend
② Schutzart oder Kapselung unzureichend
③ Abdeckungen fehlerhaft oder nicht vorhanden
④ Nicht frei zugänglich
⑤ Gehäuse verschmutzt
⑥ Hauptschalter fehlt
⑦ Leitungseinführungen mangelhaft
⑧ Sicherungselemente nicht vollzählig
⑨ Sicherungselemente beschädigt
⑩ Leitungsschutzschalter beschädigt
⑪ Stromkreisbezeichnungen nicht erkennbar oder nicht vorhanden
⑫ Klemmenanordnung unvorschriftsmäßig
⑬ Grüngelbe Schutzleiterkennzeichnung nicht erkennbar
⑭ ______________________
⑮ ______________________

Installationsanlage

⑯ Stegleitungsinstallation unzulässig
⑰ Leitungsquerschnitt nicht ausreichend
⑱ Aderzahl der Leitung nicht ausreichend
⑲ Leitungseinführungen mangelhaft
⑳ Zugentlastung der Leitung fehlt bzw. defekt
㉑ Schutzleiter-Anschluß fehlerhaft oder nicht vorhanden
㉒ Unzulässige Installation im Schutzbereich
㉓ Leitungsbefestigung unzureichend
㉔ Fehlerhafter Geräteanschluß
㉕ Schadhafte Leitung
㉖ Abdeckung fehlt
㉗ Schadhafter Schalter
㉘ Kontrollampe funktioniert nicht
㉙ Abzweigdosendeckel fehlt
㉚ Installationsschalter defekt
㉛ Steckdose defekt
㉜ Nicht erlaubte alte Drehstrom-Steckvorrichtung
㉝ Drehrichtung falsch
㉞ Geräte-Schutzart unzureichend
㉟ Geräte-Anschlußdose fehlt
㊱ Gerätebefestigung unzureichend
㊲ Leuchte defekt
㊳ Brandschutzmaßnahme an der Leuchte unzureichend
㊴ Leuchten-Schutzart unzureichend
㊵ Beleuchtungsstärke unzureichend
㊶ Fehlender Schutz gegen mechanische Beschädigungen
㊷ Anlageteile verschmutzt
㊸ ______________________
㊹ ______________________
㊺ ______________________

Erläuterungen zum Formular

Im Prüfbericht Angaben zur Anlage, den Verteilern (maximal 3 pro Blatt) und den Stromkreisen (maximal 22 pro Blatt) eintragen. Meßwerte ermitteln und einschreiben. In den jeweiligen Spalten können die folgenden Kurzbezeichnungen verwendet werden:

Spalten „Messungen"

Bei Über- bzw. Unterschreitung des zulässigen Wertes Mängelstrich eintragen.

1. Geringster Wert des Isolationswiderstandes R_{iso}
2. Isolationswiderstand R_{iso} zwischen Mittelleiter N und Schutzleiter PE bzw. Erde.
3. Durchgangswiderstand R_d des Schutzleiters, Maximalwert.
4. Erdungswiderstand R_A der Erder der Körper, Maximalwert.
5. Impedanz der Fehlerschleife $Z_s \leq U_o : I_a$, (Maximalwert) oder Kurzschlußstrom $I_k \geq I_a$, (Minimalwert) je nach Anzeige des vorhandenen Meßgerätes.
6. Fehlerspannung $U_F \leq U_L$ bei FI- oder FU-Schutzschaltung oder Nennspannung U_N bei Schutzmaßnahmen ohne Schutzleiter.

Spalte „Sonderbereiche"

Naß	Feuchter oder nasser Raum (DIN VDE 0100 Teil 737)
Bad	Bade- oder Duschraum (DIN VDE 0100 Teil 701)
Schw	Schwimmbäder (DIN VDE 0100 Teil 702)
Sau	Sauna-Anlagen (DIN VDE 0100 Teil 703)
El	elektrische Betriebsstätte (DIN VDE 0100 Teil 731)
aEl	abgeschlossene elektr. Betriebsstätte (DIN VDE 0100 Teil 731)
Fre	Anlagen im Freien (DIN VDE 0100 Teil 737)
Feu	feuergefährdete Betriebsstätte (DIN VDE 0100 Teil 720)
Lab	Labor, Prüffeld o. ä. (DIN VDE 0100 Teil 723)
Bau	Baustelle (DIN VDE 0100 Teil 704)
La	Landwirtschaftliche Betriebsstätte (DIN VDE 0100 Teil 705)
Ex	Explosionsgefährdete Betriebsstätte (DIN VDE 0165)
Med	Medizinisch genutzter Raum (DIN VDE 0107)
Cam	Camping- oder Bootsliege-Platz (DIN VDE 0100 Teil 721)
Bat	Batterieraum (VDE 0100 § 52)
Möb	Elektr. Anlage in Möbeln (DIN VDE 0100 Teil 724)
H	Hohlwandinstallation (DIN VDE 0100 Teil 730)
Ver	Versammlungsstätte (DIN VDE 0108)
War	Warenhaus (DIN VDE 0108)
Kra	Krankenhaus (DIN VDE 0108)
HH	Hochhaus (DIN VDE 0108)
The	Theater (DIN VDE 0108)
Gar	Garage (DIN VDE 0108)

Spalte „besondere Schutzmaßnahmen"

SFI	„schnelle Nullung" (TN-Netz mit FI-Schutzschalter)
PFI	Personenschutzschalter
FU	Fehlerspannungsschutzschalter
FI	Fehlerstromschutzschalter
Iso	Schutzisolierung
SKS	Schutzkleinspannung
-⦶-	Schutztrennung

Spalten „Besichtigungsmangel" „Brandgefahr" „Lebensgefahr"

Markieren des Mangels durch einen Bleistiftstrich. Erläuterung auf 2. Blatt.

Spalte „Art der Verteiler"

AP	auf Putz
UP	unter Putz
Sch	Schienenverteiler
Iso	Isolierstoffverteiler
H	Hohlwandverteiler

Spalte „Stromart"

1~	Einphasen-Wechselstrom 220V, 50 Hz
3~	Drehstrom 220/380V, 50 Hz
—	Gleichstrom
≈	Mittelfrequenz bis 1 kHz
KS	Kleinspannung
So	andere Stromarten und Spannungen

Prüfprotokoll für elektrische Anlagen, Blatt 1, Seite 2.

Prüfprotokoll

Bezeichnung der Anlage	Blatt-Nr.:
	Gesamte Blatt-Zahl:

Erprobungsmängel

Stromkreis-Nr.	Art und Fehler des Schutzschalters (Codierung der Mängel: siehe Erläuterungen)

Besichtigungsmängel

Stromkreis-Nr.	Beschreibung (Codierung der Mängel: siehe Erläuterungen)
Potentialausgleich	

▮ Bedeutet Mangel; ▯ Kein Mangel. Auflistung der Besichtigungs- und Erprobungsmängel: Siehe oben.
Lebensgefahr: Mangel sofort beseitigen, Stromkreis außer Betrieb setzen, Beseitigung der bei Besichtigung, Erprobung und Messung festgestellten Mängel und Brandgefahren spätestens bis:

Prüfung abgeschlossen, Bericht Anlagenbenutzer ausgehändigt:	Empfang des Prüfprotokolls u. Unterrichtung über Mängel bestätigt:
Datum:	Datum:
Unterschriften:	Unterschrift: Stempel
Stempel	Im Prüfprotokoll aufgeführte Mängel beseitigt:
Prüfer 1	Datum:
	Unterschrift: Stempel
Prüfer 2	

Pflaum Verlag – Formulardienst – 8000 München 19 Bestell-Nummer 940

Prüfprotokoll für elektrische Anlagen, Blatt 2, Seite 1.

Übergabebericht + Prüfprotokoll

Blatt 1 ZVEH

Übergabebericht① **Nr.** **Auftrag Nr.** ____________

Auftraggeber②
Herr/Frau/Firma ____________

Elektroinstallationsbetrieb (Auftragnehmer)

Anlage: ____________

EVU ____________ Netzspannung ______ V

Netz: ☐ TN-System ☐ TT-System ☐ IT-System

Zähler-Nr. ____________ Zählerstand ____________

Schaltungsunterlagen übergeben ☐

Übergabebericht + Prüfprotokoll bestehend aus Blatt 1 bis ______

Anzahl der Betriebsmittel	Raum ③ Anlagenteil	Wohnzimmer		Schlafzimmer	Kinderzimmer	Balkon/Terrasse		Bad		Küche	Flur	Treppe	Keller	Boden		Toilette	Garage		Aufenthaltsraum	Büro		Laden	Werkstatt			Lager		Hof	Stall	Scheune
Elektroinstallation	Leuchten-Auslaß																													
	Leuchten																													
	Ausschalter																													
	Wechselschalter																													
	Serienschalter																													
	Stromstoßschalter																													
	Dimmer																													
	Taster																													
	Steckdosen 1fach																													
	Steckdosen .....fach																													
Geräte	Heizgerät																													
	Warmwasserbereiter																													
	Elektroherd																													
Elektrische Maschinen																														
	Verteiler																													

Gemäß Übergabebericht elektrische Anlage funktionsfähig übernommen:

Auftraggeber ②:

Ort ____________ Datum ____________ Unterschrift ____________

Richard Pflaum Verlag GmbH & Co.KG · Formulardienst · Postfach 19 07 37 · 8000 München 19 – Bestell-Nr. 997

Formular Nr. 2, Übergabebericht + Prüfprotokoll. Bestell-Nr. 997

Übergabebericht und Prüfprotokoll des ZVEH, Blatt 1.

Erläuterungen zum Übergabebericht + Prüfprotokoll

① Der **Übergabebericht** bezieht sich auf die tatsächlich ausgeführten Arbeiten, gemäß Auftrag.

Im **Prüfprotokoll** sind die technischen Werte des Istzustands festzuhalten

② **Auftraggeber** (Anschlußnehmer und/oder Anlagenbenutzer bzw. Anlagenbetreiber) ist derjenige, in dessen Auftrag und für dessen Rechnung die elektrische Anlage errichtet, erweitert, geändert oder instandgesetzt worden ist. Das kann sowohl ein gewerblicher Auftraggeber als auch eine private Person sein. Er bestätigt mit seiner Unterschrift:

„Die erstellte Anlage ist vom Auftragnehmer (verantwortlicher Unternehmer oder mit Vollmacht versehener Prüfer) in dem Umfang übergeben worden, wie es im Übergabebericht niedergelegt worden ist."

Mit der Unterschrift bestätigt der Auftraggeber die Abnahme und vertragsgemäße Lieferung. Damit ist der Stichtag für die Übergabe der hergestellten elektrischen Anlage festgelegt. Das bedeutet in der Praxis:
Bei einer Vertragsvereinbarung nach DIN 1961 **VOB** „Verdingungsordung für Bauleistungen; Teil B, Allgemeine Vertragsbedingungen für die Ausführung von Bauleistungen" §12 Nr. 6 beginnt mit der Abnahme die Frist für die Gewährleistung, soweit sie nicht schon nach VOB Teil B §7 begonnen hat. Nach VOB Teil B §13 Nr. 4 beträgt die Gewährleistungsfrist für Arbeiten an Bauwerken zwei Jahre.

③ Elektrische Anlagen für Wohnungen, für Büros, landwirtschaftliche, gewerbliche oder öffentliche Bereiche.

④ Die Prüfung ist nach der Norm DIN VDE 0100 Teil 600 „Errichten von Starkstromanlagen mit Nennspannungen bis 1000 V; Erstprüfungen" durchzuführen. Im Einzelfall können bei besonderen Anlagen noch folgende Festlegungen von Bedeutung sein:

- Gewerbeordnung und die dazugehörigen Verordnungen für überwachungsbedürftige Anlagen nach §24 GewO, z.B. Aufzugsanlagen, elektrische Anlagen in besonders gefährdeten Räumen,
- Bauordnungen der Länder und die dazugehörigen Verwaltungsvorschriften und Richtlinien,
- weitere Rechts- und Verwaltungsvorschriften der Länder, z.B. über elektrische Betriebsräume, Garagen, Krankenhäuser, Versammlungsstätten, Rettungswege,
- Unfallverhütungsvorschrift „Elektrische Anlagen und Betriebsmittel" (VBG 4),
- Allgemeine Bedingungen für die Elektrizitätsversorgung von Tarifkunden (AVBEltV),
- weitere VDE-Bestimmungen,
- Verdingungsordnung für Bauleistungen (VOB) Teil C; Allgemeine Technische Vertragsbedingungen für Bauleistungen (ATV),
  DIN 18299 „Allgemeine Regelungen für Bauarbeiten jeder Art",
  DIN 18382 „Elektrische Kabel-und Leitungsanlagen in Wohngebäuden",
- weitere DIN-Normen,
- Richtlinien des Verbands der Sachversicherer (VdS).

⑤ **Prüfer** ist der Unternehmer (Auftragnehmer) selbst oder die von ihm mit der Durchführung der Prüfung ausdrücklich beauftragte Elektrofachkraft.
Der Prüfer bestätigt mit seiner Unterschrift sowohl gegenüber seinem Unternehmer (Arbeitgeber) als auch gegenüber dem Auftraggeber die vorschriftsmäßig durchgeführte Prüfung:
„Die elektrische Anlage entspricht den anerkannten Regeln der Elektrotechnik."

⑥ **Verantwortlicher Unternehmer** ist der mit der Durchführung beauftragte **Auftragnehmer** oder dessen verantwortlicher Beauftragter (verantwortliche Elektrofachkraft), der mit dem Elektroinstallateur-Handwerk in die Handwerksrolle und beim örtlichen Elektkrizitätsversorgungsunternehmen (EVU) in das Installateurverzeichnis eingetragen ist.
Er bestätigt mit seiner Unterschrift:
„Ich habe die Elektrofachkraft und / oder den Prüfer nach bestem Wissen und Gewissen ausgewählt, die erforderlichen Informationen, Instruktionen und Anweisungen gegeben und im Rahmen des in einem ordnungsgemäß geleiteten Elektroinstallationsbetrieb üblichen Umfangs beaufsichtigt."

Mit der Unterschrift gibt der Unternehmer gleichzeitig seiner Überzeugung Ausdruck, daß die Elektrofachkraft und/oder der Prüfer aufgrund seiner Kenntnisse, Erfahrungen sowie Fort-und Weiterbildung in der Lage ist, die elektrische Anlage vorschriftsmäßig zu prüfen und nachstehende Erklärung abzugeben:
„Die elektrische Anlage enspricht den anerkannten Regeln der Elektrotechnik."

Übergabebericht und Prüfprotokoll des ZVEH, Rückseite von Blatt 1 mit den Erläuterungen.

Übergabebericht + Prüfprotokoll

Blatt 2 ZVEH

Prüfprotokoll① **Nr.** 548761 — **Auftrag Nr.** ____________

Prüfung④ durchgeführt nach:
- UVV „Elektrische Anlagen und Betriebsmittel" (VBG4) ☐
- nach DIN VDE 0100 T. 610 ☐
- ____________ ☐
- nach DIN V VDE 0829/EN 50090 ☐

Grund der Prüfung: Neuanlage ☐ Erweiterung ☐ Änderung ☐ Instandsetzung ☐

Besichtigung:

- Richtige Auswahl der Betriebsmittel ☐
- Schäden an Betriebsmitteln ☐
- Schutz gegen direktes Berühren ☐
- Sicherheits-Einrichtungen ☐
- Brandabschottung ☐
- Wärmeerzeugende Betriebsmittel ☐
- Zielbezeichnung der Leitungen im Verteiler ☐
- Leitungsverlegung ☐
- Kleinspannung mit sicherer Trennung ☐
- Schutztrennung ☐
- Schutzisolierung ☐
- Hauptpotentialausgleich ☐
- Zusätzlicher (örtlicher) Potientialausgleich ☐
- ____________ ☐
- ____________ ☐
- Anordnung der Busgeräte im Stromkreisverteiler ☐
- Busleitungen/Aktoren ☐

Erprobung: Bemerkungen: ____________

- Funktion der Schutz- und Überwachungseinrichtungen ☐
- Funktion der Starkstromanlage ☐
- Rechtsdrehfeld der Drehstrom-Steckdosen ☐
- Drehrichtung der Motoren ☐
- Funktion der Installationsbus-Anlage *EIB* ☐
- ____________ ☐

Messung: Erdungswiderstand .... Ω
Isolationswiderstand der Busleitung .... kΩ
Durchgängigkeit Schutzleiter/Potentialausgleich ☐
Durchgängigkeit/Polarität der Busleitungen ☐

Verwendete Meßgeräte nach DIN VDE	Fabrikat Typ	Fabrikat Typ	Fabrikat Typ
	Fabrikat Typ	Fabrikat Typ	Fabrikat Typ

Stromkreis Nr.	Ort/Anlagenteil	Leitung/Kabel Art	Leiter-anzahl	Quer-schnitt mm²	Überstrom-Schutzeinrichtung Art/Charak-teristik	I_n A	Z_s *) Ω oder I_k A	R_{isol} MΩ	Fehlerstrom-Schutzeinrichtung I_n/Art A	$I_{\Delta n}$ mA	I_{mess} mA	U_L ≤......V U_{mess} V
	Hauptleitung											
	Verteiler-Zuleitung											

Prüfergebnis: Mängelfrei ☐ Prüfplakette in Stromkreisverteiler eingeklebt ☐ Nächster Prüfungstermin: ____________

Unterschriften

*) Nichtzutreffendes streichen!

Die elektrische Anlage entspricht den anerkannten Regeln der Elektrotechnik
Prüfer⑤ Verantwortlicher Unternehmer⑥

Ort Datum Unterschrift — Ort Datum Unterschrift

Übergabebericht und Prüfprotokoll des ZVEH, Blatt 2.

Verzeichnis der im Text angezogenen VDE-Bestimmungen mit Ausgabedatum

Bestimmung	Titel	Ausgabe
DIN VDE 0100g/7.76	Änderung zu DIN VDE 0100 (05.73)	07.76
DIN VDE 0100 Teil 200	Allgemeingültige Begriffe	07.85
DIN VDE 0100 Teil 300	Allgemeine Angaben zur Planung elektrischer Anlagen	11.85
DIN VDE 0100 Teil 410	Schutzmaßnahmen, Schutz gegen gefährliche Körperströme	11.83
DIN VDE 0100 Teil 430	Schutz von Leitungen und Kabeln gegen zu hohe Erwärmung	11.91
DIN VDE 0100 Teil 520	Kabel, Leitungen und Stromschienen	11.85
DIN VDE 0100 Teil 540	Auswahl und Errichtung elektrischer Betriebsmittel; Erdung, Schutzleiter, Potentialausgleichsleiter	11.91
DIN VDE 0100 Teil 600	Erstprüfungen	11.87
DIN VDE 0100 Teil 610	Prüfungen; Erstprüfungen	04.94
DIN VDE 0105 Teil 1	Betrieb von Starkstromanlagen – Allgemeine Festlegungen	07.83
DIN VDE 0106 Teil 100	Anordnung von Betätigungselementen in der Nähe berührungsgefährlicher Teile	03.83
DIN VDE 0106 Teil 101	Grundanforderungen für die sichere Trennung in elektrischen Betriebsmitteln	11.86
DIN VDE 0107	Starkstromanlagen in Krankenhäusern und medizinisch genutzten Räumen außerhalb von Krankenhäusern	11.89
DIN VDE 0108 Teil 1	Starkstromanlagen und Sicherheitsstromversorgung in baulichen Anlagen für Menschenansammlungen	10.89
DIN VDE 0413 Teil 1	Messen Steuern Regeln; Geräte zum Prüfen der Schutzmaßnahmen in elektrischen Anlagen – Isolationsmeßgeräte	09.80
DIN VDE 0413 Teil 2	Isolationsüberwachungsgeräte zum Überwachen von Wechselspannungsnetzen mittels überlagerter Gleichspannung	01.73
DIN VDE 0413 Teil 3	Schleifenwiderstands-Meßgeräte	07.77
DIN VDE 0413 Teil 4	Widerstands-Meßgeräte	07.77
DIN VDE 0413 Teil 5	Erdungs-Meßgeräte nach dem Kompensations-Meßverfahren	07.77
DIN VDE 0413 Teil 6	Geräte zum Prüfen der Wirksamkeit von FI- und FU-Schutzeinrichtungen in TN- und TT-Netzen	08.87
DIN VDE 0413 Teil 7	Erdungs-Meßgeräte nach dem Strom-Spannungs-Meßverfahren	07.82

Verzeichnis der im Text angezogenen VDE-Bestimmungen mit Ausgabedatum

Bestimmung	Titel	Ausgabe
DIN VDE 0530 Teil	Umlaufende elektrische Maschinen; Allgemeines	11.72
DIN VDE 0550 Teil 3	Besondere Bestimmungen für Trenn- und Steuertransformatoren und Drosselspulen	12.69
DIN VDE 0551	Bestimmungen für Sicherheitstransformatoren	05.72
DIN VDE 0636 Teil 1	Niederspannungssicherungen – Allgemeine Festlegungen	12.83
DIN VDE 0641 Teil 11	Leitungsschutzschalter für den Haushalt und ähnliche Anwendungen	08.92
DIN VDE 0660 Teil 101	Leistungsschalter	07.92
DIN VDE 0660 Teil 102	Elektromechanische Schütze und Motorstarter	07.92
DIN VDE 0664 Teil 1	Fehlerstrom-Schutzeinrichtungen	10.85
DIN VDE 0664 Teil 2	Fehlerstrom-Schutzeinrichtungen – Fehlerstrom-Schutzschalter mit Überstromauslöser (FI/LS-Schalter) für Wechselspannung bis 415 V und bis 63 A	08.88
DIN VDE 0701 Teil 1	Instandsetzung, Änderung und Prüfung elektrischer Geräte – Allgemeine Anforderungen	05.93
DIN VDE 0701 Teil 200	Netzbetriebene elektrische Geräte und deren Zubehör für den Hausgebrauch und ähnliche allgemeine Anwendung	06.88
DIN VDE 0701 Teil 240	Sicherheitsfestlegungen für Datenverarbeitungs-Einrichtungen und Büromaschinen	04.86
DIN VDE 0701 Teil 260	Handgeführte Elektrowerkzeuge	06.86
DIN IEC 38	Normspannungen Diese Norm ist keine VDE-Bestimmung	05.87

Norm-Entwürfe – sogenannte Gelbdrucke – sind im vorliegenden Werk nicht berücksichtigt. Die endgültig verabschiedete Norm (sogenannter Weißdruck) kann erheblich von dem vorausgegangenen Entwurf abweichen.

Genormte Begriffe

Im Text enthaltene Begriffe, die gemäß DIN VDE 0100 Teil 200 international oder national genormt sind:

Aktives Teil
Anlagen auf Baustellen
Anlagen im Freien
Ansprechstrom, vereinbarter
Ausbreitungswiderstand
Außenleiter (L)

Berührungsspannung
Berührungsspannung, vereinbarte Grenze (U_L)
Betriebserdung
Betriebsmittel, elektrische
– festangebrachte
– ortsfeste
– ortsveränderliche
Betriebsspannung
Betriebsstätten, elektrische
Betriebsstrom
Bewegliche Leitung

Differenzstrom
Direktes Berühren

Elektrische Anlage
Erde
Erder
Erder, elektrisch unabhängige
– natürliche
Erdschluß
Erdschlußstrom
Erdung
Erdungsanlage
Erdungsleiter

Fehlerstrom
Fester Anschluß
Feuchte und nasse Räume
Freileitung
Fremdes leitfähiges Teil
Fundamenterder
Funktionskleinspannung

Gesamterdungswiderstand
Gleichzeitig berührbare Teile

Handbereich
Handgeräte
Haupterdungsklemme (-schiene)
Hausinstallation
Hindernis

Indirektes Berühren
Isolationsfehler

Körper (eines elektrischen Betriebsmittels)
Körperschluß
Körperstrom, gefährlicher
Kurzschluß
Kurzschlußstrom

Leiterschluß

Nennspannung
Neutralleiter (N)

Ortsfeste Leitung

PEN-Leiter
Potentialausgleich
Potentialausgleichsleiter
Potentialausgleichsschiene
Potentialsteuerung

Schleifenimpedanz
Schutz gegen direktes Berühren
Schutz bei indirektem Berühren
Schutzisolierung
Schutzkleinspannung
Schutzleiter (PE)
Schutztrennung
Spannung gegen Erde
Spezifischer Erdwiderstand
Strombelastbarkeit, zulässige
Stromkreis, elektrischer

Trockene Räume

Überlaststrom
Überstrom
Umgebungstemperatur
Umhüllung (Gehäuse)

Verbraucheranlage
Verbrauchsmittel, elektrische

Sachwortregister

Zu den hier genannten Begriffen finden Sie in DIN VDE 0100 Teil 610 wesentliche Aussagen in den jeweils rechts ausgewiesenen Abschnitten:

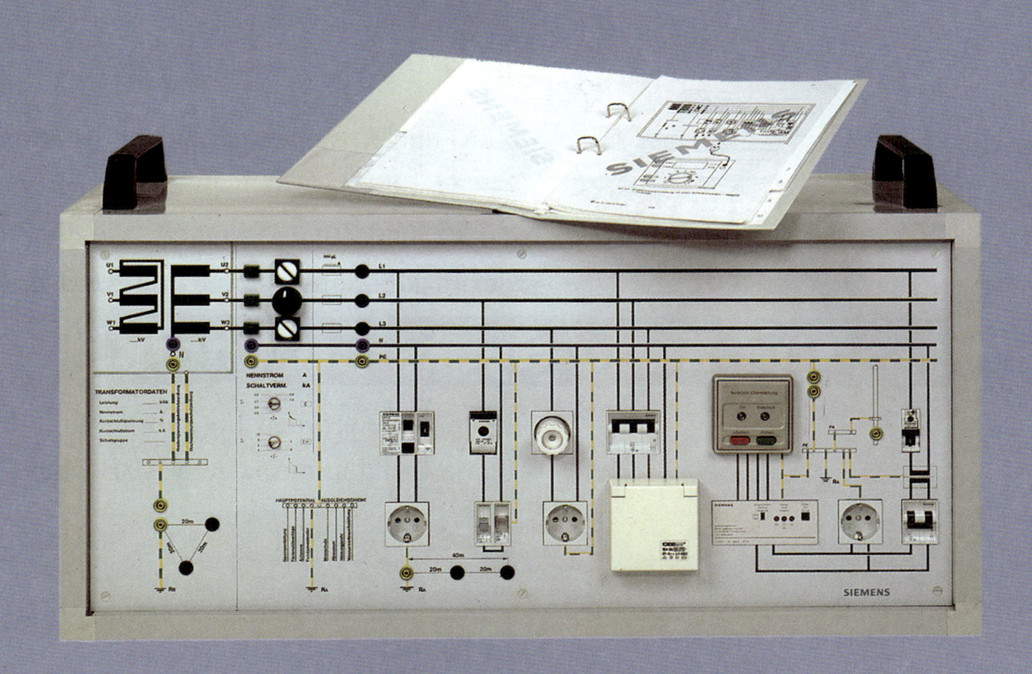

Gerätevorderseite (oben)
Geräterückseite (unten)

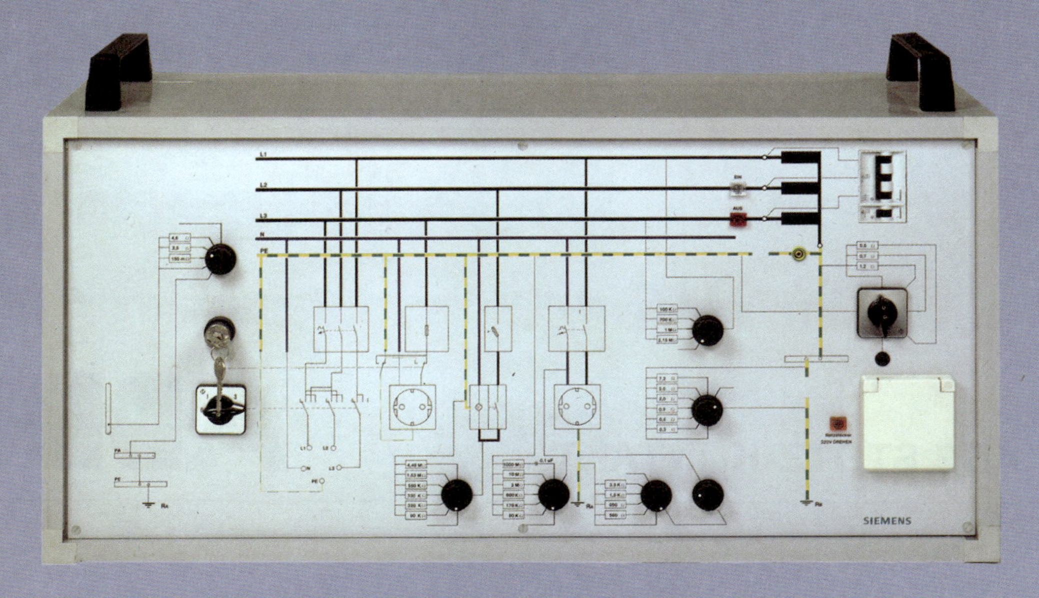

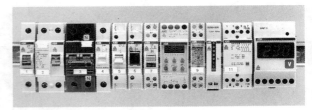

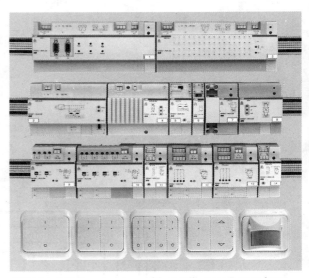

GOSSEN
METRAWATT
CAMILLE BAUER